国家科学思想库

中国学科发展战略

先进电工材料

国家自然科学基金委员会
中　国　科　学　院

科学出版社
北　京

内 容 简 介

本书重点关注了先进导电材料、先进绝缘材料、先进半导体材料、先进磁性材料与先进储能材料相关的问题。深入探讨了几类先进电工材料的战略需求、国内外研究现状与发展趋势、关键科学问题与技术挑战、重点发展方向等；总结了各类电工材料的关键科学问题与技术挑战；通过详细的分析对比，明确了我国在各类电工材料领域与先进发达国家的差距，并结合我国实际情况，提出了先进电工材料的重点研究方向与发展战略规划，为从根本上解决制约我国电气装备关键特性的材料基础科学与技术问题奠定学科基础，也为电气工程学科的发展赋予新的生命力。

本书适合高层次的战略和管理专家、相关领域的高等院校师生、研究机构的研究人员阅读，是科技工作者洞悉学科发展规律、把握前沿领域和重点方向的重要指南，同时也是社会公众了解先进电工材料领域发展现状及趋势的权威读本。

图书在版编目（CIP）数据

先进电工材料 / 国家自然科学基金委员会，中国科学院编. —北京：科学出版社，2022.7

（中国学科发展战略）

ISBN 978-7-03-071892-1

Ⅰ.①先⋯　Ⅱ.①国⋯ ②中⋯　Ⅲ.①电工材料　Ⅳ.①TM2

中国版本图书馆 CIP 数据核字（2022）第044916号

丛书策划：侯俊琳　牛　玲
责任编辑：朱萍萍　高　微 / 责任校对：韩　杨
责任印制：师艳茹 / 封面设计：黄华斌　陈　敬

科学出版社 出版
北京东黄城根北街 16 号
邮政编码：100717
http://www.sciencep.com
北京中科印刷有限公司 印刷
科学出版社发行　各地新华书店经销
*

2022年7月第 一 版　　开本：720×1000　1/16
2024年1月第二次印刷　　印张：21 3/4
字数：370 000

定价：138.00元

（如有印装质量问题，我社负责调换）

中国学科发展战略

联合领导小组

组　　长：高鸿钧　李静海

副 组 长：包信和　韩　宇

成　　员：张　涛　裴　钢　朱日祥　郭　雷　杨　卫
　　　　　王笃金　苏荣辉　王长锐　姚玉鹏　董国轩
　　　　　杨俊林　冯雪莲　于　晟　王岐东　刘　克
　　　　　刘作仪　孙瑞娟　陈拥军

联合工作组

组　　长：苏荣辉　姚玉鹏

成　　员：范英杰　龚　旭　孙　粒　高阵雨　李鹏飞
　　　　　钱莹洁　薛　淮　冯　霞　马新勇

中国学科发展战略·先进电工材料

全书编委会

主　任：　程时杰

成　员：　肖立业　李盛涛　盛　况　杨庆新　蒋　凯　周　敏

分编委会

先进导电材料专题

主　任：　高召顺

成　员（以姓名笔画为序）：

马衍伟　王　威　古宏伟　石全强　左婷婷　卢　磊

吕春祥　朱　波　闫　果　孙利昕　杨　柯　李　周

李红英　李清文　肖　柱　吴广宁　汪　航　张现平

张骁骅　陈名海　邵　伟　卓龙超　姜雁斌　梁淑华

谢建新　魏文斌

先进绝缘材料专题

主　任：　刘文凤

成　员（以姓名笔画为序）：

王　文　王　熠　王威望　田付强　刘　锋　刘金刚

江平开　杨士勇　杨海霞　李　果　李　剑　李　琦

李学敏　何金良　张金永　查俊伟　赵学童　夏　宇

党智敏

先进半导体材料专题

主　任：郭　清

成　员（以姓名笔画为序）：

王　玮　　王宏兴　　王建峰　　刘　扬　　孙国胜　　杨　霏
吴煜东　　张　波　　张乃千　　陆　海　　陈小龙　　陈秀芳
罗小蓉　　柏　松　　徐　科　　徐现刚　　郭丽伟　　黄润华
彭勇殿　　蔡树军

先进磁性材料专题

主　任：李永建

成　员（以姓名笔画为序）：

王　为　　毛卫民　　方泽民　　叶　丰　　卢志超　　闫荣格
杨文荣　　杨勇杰　　李　琳　　李云辉　　李德仁　　严　彪
严鹏飞　　汪汝武　　张元祥　　陈俊全　　周　星　　郑　萍
南策文　　赵同云　　贺　建　　骆忠汉　　程志光　　裴瑞林
魏　斌

先进储能材料专题

主　任：王康丽

成　员（以姓名笔画为序）：

王　玮　　王如星　　许晓雄　　杨汉西　　李　泓　　李宝华
李浩秒　　来小康　　张华民　　陈人杰　　袁利霞　　高云芳
高立军　　陶宏伟　　黄云辉　　曹元成　　曹余良　　温兆银
谢　佳

总　序

白春礼　杨　卫

　　17 世纪的科学革命使科学从普适的自然哲学走向分科深入，如今已发展成为一幅由众多彼此独立又相互关联的学科汇就的壮丽画卷。在人类不断深化对自然认识的过程中，学科不仅仅是现代社会中科学知识的组成单元，同时也逐渐成为人类认知活动的组织分工，决定了知识生产的社会形态特征，推动和促进了科学技术和各种学术形态的蓬勃发展。从历史上看，学科的发展体现了知识生产及其传播、传承的过程，学科之间的相互交叉、融合与分化成为科学发展的重要特征。只有了解各学科演变的基本规律，完善学科布局，促进学科协调发展，才能推进科学的整体发展，形成促进前沿科学突破的科研布局和创新环境。

　　我国引入近代科学后几经曲折，及至上世纪初开始逐步同西方科学接轨，建立了以学科教育与学科科研互为支撑的学科体系。新中国建立后，逐步形成完整的学科体系，为国家科学技术进步和经济社会发展提供了大量优秀人才，部分学科已进入世界前列，有的学科取得了令世界瞩目的突出成就。当前，我国正处在从科学大国向科学强国转变的关键时期，经济发展新常态下要求科学技术为国家经济增长提供更强劲的动力，创新成为引领我国经济发展的新引擎。与此同时，改革开放 30 多年来，特别是 21 世纪以来，我国迅猛发展的科学事业蓄积了巨大的内能，不仅重大创新成果源源不断产生，而且一些学科正在孕育新的生长点，有可能引领世界学科发展的新方向。因此，开展学科发展战略研究是提高我国自主创新能力、实现我国科学由"跟跑者"向"并行者"和"领跑者"转变的一项基础工程，对于更好把握世界科技创新发展趋势，发挥科技创新在全面创新中的引领作用，具有重要的现实意义。

学科发展战略研究的核心是结合科学技术和经济社会的发展需求，在分析科学前沿发展趋势的基础上，寻找新的学科生长点和方向。在这个过程中，战略科学家的前瞻引领作用十分重要。科学史上这样的例子比比皆是。在1900年8月巴黎国际数学家代表大会上，德国数学家戴维·希尔伯特发表了题为"数学问题"的著名讲演，他根据过去特别是19世纪数学研究的成果和发展趋势，提出了23个最重要的数学问题，即"希尔伯特问题"。这些"问题"后来成为许多数学家力图攻克的难关，对现代数学的研究和发展产生了深刻的影响。1959年12月，美国物理学家、诺贝尔奖得主理查德·费曼在加利福尼亚理工学院举行的美国物理学会年会上发表了题为"物质底层大有空间——一张进入物理新领域的请柬"的经典讲话，对后来出现的纳米技术作出了天才的预见。

学科生长点并不完全等同于科学前沿，其产生和形成不仅取决于科学前沿的成果，还决定于社会生产和科学发展的需要。1841年，佩利戈特用钾还原四氯化铀，成功地获得了金属铀，可在很长一段时间并未能发展成为学科生长点。直到1939年，哈恩和斯特拉斯曼发现了铀的核裂变现象后，人们认识到它有可能成为巨大的能源，这才形成了以铀为主要对象的核燃料科学的学科生长点。而基本粒子物理学作为一门理论性很强的学科，它的新生长点之所以能不断形成，不仅在于它有揭示物质的深层结构秘密的作用，而且在于其成果有助于认识宇宙的起源和演化。上述事实说明，科学在从理论到应用又从应用到理论的转化过程中，会有新的学科生长点不断地产生和形成。

不同学科交叉集成，特别是理论研究与实验科学相结合，往往也是新的学科生长点的重要来源。新的实验方法和实验手段的发明，大科学装置的建立，如离子加速器、中子反应堆、核磁共振仪等技术方法，都促进了相对独立的新学科的形成。自20世纪80年代以来，具有费曼1959年所预见的性能、微观表征和操纵技术的仪器——扫描隧道显微镜和原子力显微镜终于相继问世，为纳米结构的测量和操纵提供了"眼睛"和"手指"，使得人类能更进一步认识纳米世界，极大地推动了纳米技术的发展。

作为国家科学思想库，中国科学院（以下简称中科院）学部的基本职责和优势是为国家科学选择和优化布局重大科学技术发展方向提供科学依据、发挥学术引领作用，国家自然科学基金委员会（以下简称基金委）则承担着协调学科发展、夯实学科基础、促进学科交叉、加强学科建设的重大责任。继基金委和中科院于2012年成功地联合发布"未来10年中国学科发展战略研究"报告之后，双方签署了共同开展学科发展战略研究的长期合作协议，通过联合开展学科发展战略研究的长效机制，共建共享国家科学思想库的研究咨询能力，切实担当起服务国家科学领域决策咨询的核心作用。

基金委和中科院共同组织的学科发展战略研究既分析相关学科领域的发展趋势与应用前景，又提出与学科发展相关的人才队伍布局、环境条件建设、资助机制创新等方面的政策建议，还针对某一类学科发展所面临的共性政策问题，开展专题学科战略与政策研究。自2012年开始，平均每年部署10项左右学科发展战略研究项目，其中既有传统学科中的新生长点或交叉学科，如物理学中的软凝聚态物理、化学中的能源化学、生物学中生命组学等，也有面向具有重大应用背景的新兴战略研究领域，如再生医学、冰冻圈科学、高功率、高光束质量半导体激光发展战略研究等，还有以具体学科为例开展的关于依托重大科学设施与平台发展的学科政策研究。

学科发展战略研究工作沿袭了由中科院院士牵头的方式，并凝聚相关领域专家学者共同开展研究。他们秉承"知行合一"的理念，将深刻的洞察力和严谨的工作作风结合起来，潜心研究，求真唯实，"知之真切笃实处即是行，行之明觉精察处即是知"。他们精益求精，"止于至善"，"皆当至于至善之地而不迁"，力求尽善尽美，以获取最大的集体智慧。他们在中国基础研究从与发达国家"总量并行"到"贡献并行"再到"源头并行"的升级发展过程中，脚踏实地，拾级而上，纵观全局，极目迥望。他们站在巨人肩上，立于科学前沿，为中国乃至世界的学科发展指出可能的生长点和新方向。

各学科发展战略研究组从学科的科学意义与战略价值、发展规律和研究特点、发展现状与发展态势、未来5～10年学科发展的关键科学问题、发展思路、发展目标和重要研究方向、学科发展的有效资助机制与政策建议等方面进行分析阐述。既强调学科生长点的科学意义，也考虑其重要的社会价值；既着眼于学科生长点的前沿性，也兼顾其可能利用的资源和条件；既立足于国内的现状，又注重基础研究的国际化趋势；既肯定已取得的成绩，又不回避发展中面临的困难和问题。主要研究成果以"国家自然科学基金委员会—中国科学院学科发展战略"丛书的形式，纳入"国家科学思想库—学术引领系列"陆续出版。

基金委和中科院在学科发展战略研究方面的合作是一项长期的任务。在报告付梓之际，我们衷心地感谢为学科发展战略研究付出心血的院士、专家，还要感谢在咨询、审读和支撑方面做出贡献的同志，也要感谢科学出版社在编辑出版工作中付出的辛苦劳动，更要感谢基金委和中科院学科发展战略研究联合工作组各位成员的辛勤工作。我们诚挚希望更多的院士、专家能够加入到学科发展战略研究的行列中来，搭建我国科技规划和科技政策咨询平台，为推动促进我国学科均衡、协调、可持续发展发挥更大的积极作用。

前　言

　　多年来，我国传统电气工程学科主要被局限在强电气工程领域，包括与电能生产、传输、分配和利用等相关的几个方面。100多年来，这个学科的发展将人类社会从机械化带入电气化的发展阶段，不仅从根本上改变了人们的日常生活方式，而且对人类社会的进步、工农业生产的发展起到至关重要的支撑作用。正因为如此，电能的广泛应用被誉为20世纪人类社会最伟大的工程技术成就之一，当前这个趋势正在以前所未有的速度向前发展。如何适应这种发展趋势、认清学科发展所面临的问题、找准今后应该重点关注的研究方向、再创电气工程学科的辉煌是电气工程学科人必须面对的问题。

　　当前电气工程学科在向纵深两个方向发展的过程中，可能会遇到以下两个方面的问题。

　　一方面，由于电能具有易与其他形式的能源进行高效转换、方便进行快速精准控制和实现能源清洁高效利用的特点，已经成为人类社会最重要的二次能源。随着电能应用范围的不断扩大，电能在人类总终端能源中的占比也在不断加大。在当今一次能源有限和碳排放过量导致人类生存环境被破坏的双重压力下，我们必须寻求新的电能生产、传输和分配方式，以保证能源的充分供给。当然，在电能的高效使用方面，如何摒弃粗放的用能方式、实现节能降耗，还有许多具有挑战性的工作要做。

　　另一方面，由于电能是一种高品位的能源形式，潜在的高性能应用价值已经逐渐得到人们的广泛认可。前沿科学技术的探索性研究需要具有能够挑战极限参数的尖端科学实验仪器，国防能力的提高离不开具有高电磁性能的武器装备，信息化社会的实现需要传统电气工程向以电子化、光子化为特点的弱电系统渗透、交叉与融合的方向发展。这些问题的解决离不开高性能电气装备的研究与制造，其中首先需要解决的一个核心问题便是具有可以挑战电气装备运行工况极限的先进电工材料的制备和生产问题。电工新材料及其应用研究问题的解决具有特殊的战略地位，应该给予充分的重视。

新中国成立以来，我国的电气工程学科得到较快发展，在广大电气工作者的共同努力下，已经建成了较完整的基础工业体系，基本实现了传统电气装备的生产和电工材料的完全自主供给。改革开放以来，我国加快了吸纳发达国家先进技术的步伐，电气工程学科也得到更快的发展，这在我国的电力系统和电力装备制造领域表现得最突出。我们现在有能力生产世界上容量最大的水电、火电、核电、风电发电机组和与其配套的其他电力装备，建造和运行着世界上电压等级最高、输电距离最长、规模最大、结构最复杂的电力系统。我国以高速铁路为代表的交通电气化得到世界上许多国家的高度评价，技术的先进性和给国人的出行提供的便捷性及所产生的社会效益让国人自豪。在其他方面，以先进电磁科学实验仪器、高端医疗装备、高性能国防武器装备等为代表的研究也在如火如荼地进行中，这些骄人的成果极大地提高了我国的国家形象和国际影响力。

然而不得不承认的事实是，由于历史遗留问题，现阶段我国在电工材料的基础与应用方面的研究与西方发达国家还存在较大差距。在制备高端电工装备所需的电工材料方面，我国的自给率还不高，近三成材料的制备还完全处在空白状态。这种状况直接导致我国生产的某些电工装备由于达不到所需的性能要求而不能运行，或者只能在降低运行参数的条件下工作。这在一定程度上会进一步加大我国和发达国家在科学技术、国防安全、国民经济发展方面的差距，我们必须迎头赶上。

21世纪以来，在实现以清洁能源为主的能源革命中，风能、太阳能等可再生能源存在时空波动性和不确定性的固有特性。这些特性的存在对电能的高效转换、大功率远距离传输、大规模存储与利用、电能质量的改善和保障电力系统的安全运行等方面提出了更高的要求。以传统电工材料为基础的发电、输电、配电装备的性能常受到材料的本征电磁和其他物理参数的限制，无法满足复杂运行环境下大容量、高参数电力传输的需求。例如，特高压（UHV）输电技术用的导电材料除了需要满足电导率高、电阻小等要求外，还需要具有机械强度高、质量轻、环境稳定性好等优点。传统导电材料（以铜和铝为代表）在实际应用中面临着强度不足的问题，传统提高导线强度的方法会造成其电导率下降。因此，如何探索新的强化机制获得兼具优异力学性能和导电性能的材料是导电金属材料研究和发展的关键问题。此外，兼具高力学特性、高导热性、高导电性、强耐电弧烧蚀等特性的导电材料的研发也是国防军工、高端仪器制造等领域的核心与关键。

高速列车在我国得到快速发展，我国已经建成世界上里程最长、覆盖面积最大的高速铁路网线，极大地改变了人们的出行方式，也产生了很大的国际影响。作为一张具有代表性的"名片"，我国高速铁路的建设已经走向世界。但是在高速铁路的驱动系统中，与牵引电机有关的绝缘材料，与列车受电系统相关的耐磨损、耐电弧烧蚀的受电弓材料和器件还主要依赖进口。再如，我国自主研发的大型飞机 COMAC919（简称 C919）的绝缘系统大量采用进口耐高温绝缘材料。此外，国内的某些高端产品虽然已经研发成功，但关键性能与发达国家的产品还有一定的差距。以碳化硅材料及器件为例，我们现在还不具备大规模生产高质量 6 英寸碳化硅单晶的能力，碳化硅的厚外延生长质量也有待提高。这些直接导致我国还很难制造出超高耐压（>10 000V）的碳化硅电力电子器件，而国外碳化硅金属-氧化物-半导体场效应晶体管（MOSFET）器件已经更新到远远领先于我们的第三代产品。

此外，在多项重要材料的制备领域中，我国仍然存在工艺落后、规模化生产的关键技术有待突破，对新工艺、新技术的研究不够深入、疲于跟踪模仿国外先进技术、原始创新不足，难以形成自主知识产权的问题。例如，中国是全球电工钢生产和消费的绝对第一大国，但高端电工钢的生产大多基于引进的技术。更严重的是，在先进电工材料方面，我国没有显著有效的原始创新技术，且在产品质量的稳定控制和新技术发展方面仍存在不少障碍。这些都成为制约我国国民经济、航空航天、国防军工等领域高速发展的"卡脖子"关键技术。

解决上述问题需要电气、材料、物理、化学等学科工作者的共同努力，进行学科间实质的交叉与融合，才能实现我国先进电工材料的跨越式发展。从事传统电气工程学科研究的人员应该打破电气装备制造和电力系统运行的限制，从保证高端电气装备有效运行的目标出发，提出对电工材料本征电磁特征参数的明确需求，发挥需求牵引的作用。而从事材料相关学科研究的人员应将研究工作集中在如何利用材料领域的最新研究成果，提出材料的本征电、热、光、磁等特性的理论和方法，以满足生产高端电气装备所需高性能电工材料的需求。

先进电工材料方面的研究早已得到国内专家、学者的关注，有的高校较早设立了绝缘专业，专门从事电力装备中电绝缘材料方面的研究，有些研究单位还进行了超导电工材料、电化学储能材料、磁性材料、半导体材料方面的研究。为了系统性地整理我国在先进电工材料方面的现有成果，了解发达国家在先进电工材料方面的发展状况，明确我国与发达国家在先进电工材料方面的差距，确定我国在先进电工材料方面的发展方向，我们于 2015 年在中国科学院学部技术科学部提出开展先进电工材料学科发展战略研究的建议，并获批立项。经过两年多的努力，形成了初步的研究成果。国家自然科学基金委员会专门增设了"超导与电工材料"（E0702）二级学科代码；国家电网有限公司也设立了"先进电工材料"研究专题，并将储能技术的研究确定为公司"十四五"时期科学技术的重点发展方向。教育部、发展和改革委员会、国家能源局联合发出在国内高等学校设立"储能专业"的通知。此外，国内多所高校相继组建了"电工材料"交叉研究团队，旨在彻底打破既有的学科壁垒，以电力需求为牵引、材料创新为源泉，加快高性能电工材料与器件的研究进程，实现新型装备技术与人才培养的重大突破。

在已有研究成果的基础上，2018 年 11 月，国家自然科学基金委员会-中国科学院学科发展战略研究工作联合小组第七次会议批准了"先进电工材料发展战略"项目。项目于2019年1月召开了启动会，确立了项目的总体研究目标、主要研究内容和各专题的分工。根据电气工程装备所涉及材料的电磁物理现象及电磁场与物质相互作用的机制分析，我们将研究重点确定在先进导电材料（包括超导材料）、先进绝缘材料、先进半导体材料、先进磁性材料与先进储能材料等五个方面。从理论上来讲，电工材料的种类远不止这些。从大的分类方面来看，电工材料还应该包括电工传感材料，更细的划分还有压电材料、热电材料、电致伸缩材料、磁制冷材料、巨磁阻材料、压敏材料、金属相变电功能材料等许多内容。由于篇幅的限制，本项目的研究聚焦于上述五种常用的电工材料。

在项目执行期间，我们邀请了国内外相关单位的一百多位专家、学者开展了电工材料基础科学问题的国内外研究现状、国际前沿动态、学科优先发展方向、学科增长点等问题的深入探讨，明确了重点支持的研究方向，为我国先进电工材料的发展提出咨询意见和建议。本书汇集了中国科学院电工研究所肖立业、高召顺等专家完成的先进导电材料发展战略报告，西安交通大学李盛涛、刘文凤等专家完成的先进绝缘材料发展战略报告，浙江大学盛况、郭清等专家完成的先进半导体材料发展战略报告，天津理工大学杨庆新、河北工业大学李永建等专家完成的先进磁性材料发展战略报告，以及华中科技大学蒋凯、王康丽等专家完成的先进储能材料发展战略报告。经过两年多的讨论与修改，在大家的共同努力下，最终形成了本书的内容。此外，在项目执行期间，雷清泉院士、周孝信院士、马伟明院士、陈维江院士、南策文院士、谢建新院士、沈保根院士、张清杰院士、姜德生院士、王秋良院士、郭剑波院士、罗安院士、汤广福院士、夏长亮院士、吴锋院士、邹志刚院士、孙世刚院士、郝跃院士、丁荣军院士、邱爱慈院士、李德群院士，国家自然科学基金委员会电气工程学科负责人丁立健教授、关永刚教授等都提出了不少中肯有益的建议。项目还受到许多院校的老师和相关产业界同仁的关注，有些还主动参与专题的讨论和文稿的修改。项目的完成得到中国科学院学部与国家自然科学基金委员会的大力支持。此外，项目的顺利实施还得到国家电网–华中科技大学未来电网研究院的关心和诸多帮助。在此，作者向所有关心和支持本项目的学术同行们致以崇高的敬意与衷心的感谢。

由于时间与笔者能力所限，书中难免存在不足之处，欢迎同仁们提出批评和建议。

程时杰

2021 年 1 月 9 日

摘　要

　　电工材料是电气装备的基础，材料特性直接决定电气装备的极限电磁参数。随着科学技术的进步和生产、生活水平的不断提高，人们对于电气装备所具有的功能和性能不断提出新的要求。理论研究和工程实践都表明，以传统电工材料为基础生产的电气装备在功能和性能方面都不能完全满足人类社会对先进电气装备快速增长的需求。电工新材料及其应用研究使未来的电工装备具有挑战更高电磁参数极限的能力，以满足探索更多未知现象和发现更多自然规律的要求，对促进我国国民经济发展和科学技术进步具有非常重要的意义。

　　21世纪以来，建设以特高压（UHV）电网为骨干网架、输送清洁能源为主导的坚强智能电网也显现了更加重要的战略作用。电工材料与器件广泛应用于发电、输电、配电与用电的各个环节，是所有电工设备、电气装备及电子器件的基础，在以清洁能源为主的能源革命中发挥着基础性与支撑性作用。发展电气化交通、以电代油是减少石油消费、提高能源效率、改善环境质量的重要途径。锂离子电池等二次电池是电动汽车的主要供能元件，其储能材料的综合性能直接决定着电动汽车的续驶里程、加速性能、爬坡能力等关键性能指标。在国防方面，以电磁能武器为代表的现代国防装备具有能量利用率高、以快制慢和性能调控容易准确的突出优势，但其作战效能的发挥常常受到基础核心材料性能的制约。其中，导电材料需要承受高达数兆安的极高电流、数兆牛的极大电磁力、数百兆帕的极强应力和极大变形等。此外，随着科学技术的不断进步，超高（>30T）磁场对于基础科学研究用的科学设施、生物医学工程、高精度科学仪器的发展有极重要的作用。在磁场达到100T时，产生的电磁应力高达4000MPa，远超高强度钢等材料的抗拉强度（约1500MPa）。因此，脉冲磁体性能的大幅度提升一定是建立在材料性能的突破之上。在医疗民生方面，以核磁共振成像（NMRI）、电磁导航、重离子加速等为代表的高端医疗装备是近年来涌现出的一批建立在新作用机制上的高端医疗设备。高端医疗设备对相应的磁性材料、超导材料、绝缘材料的性能也提出了更高的要求。

电工材料是电气工程学科的一个新的研究方向，旨在通过电气工程与物理、材料、化学等学科的交叉和融合，突破传统电气工程学科发展所面临的基础瓶颈问题。传统的电气工程学科涵盖范围有限，研究工作集中在装备与系统层面，受材料本征电磁和其他物理参数的限制，学科发展面临重大瓶颈；而典型材料学科的研究则集中在材料的本征电、热、光、磁等基本特性，缺乏应用需求的牵引和工程研究的基础，难以开展突破性与颠覆性研究。电工材料研究方向的建立将进一步拓展电气工程学科的内涵与外延，解决电工材料研究所面临的跨学科、跨专业瓶颈问题，理顺学科关系，为从根本上解决制约电气装备关键特性的材料基础科学与技术问题奠定学科基础，为电气工程学科的发展赋予新的生命力。

一、先进电工材料的国内外研究现状与发展趋势

（一）导电材料

导电材料的作用主要包括三个方面：输送电能、传递信息和实现电-磁-光-热等能量之间的转换。

1. 超导材料

实用化超导材料主要分为低温超导材料［以铌钛（NbTi）和铌锡（Nb_3Sn）为代表］和以钇钡铜氧化物（YBCO）和铋锶钙铜氧化物（BSCCO）为代表的高温超导材料。由于其具有优良的机械加工性能及超导电性，传统的低温超导材料在一段相当长的历史时期内仍将居于超导市场的主导地位。以YBCO涂层导体为代表的第二

代高温超导带材由于具有优异的超导电性，在近年来成为超导材料领域的研究热点。

2. 传统导电材料（以铜和铝为代表）

随着电子技术的发展，微电子、超微电子产品的应用越来越普遍，对超精细高性能铜导线材料的需求量越来越大。我国的超细（0.015~0.04mm）铜导线及 0.015mm 以下的超精细铜导线主要依赖进口。在铝导线方面，当前在高压、超高压和特高压架空输电线路中应用最广泛和成熟的是普通钢芯铝绞线。与传统的钢芯硬铝绞线相比，耐热钢芯铝绞线的电力输送能力可提升 40% 以上，正在成为钢芯铝绞线的发展热点。

3. 新型纳米导电金属材料

将金属显微结构尺寸减小至小于100nm，可以有效提高其强度。纳米晶或纳米孪晶结构的纯铜的强度极限可由 400MPa 提高至大于 1GPa，且电导率减小程度较低。提高金属材料综合性能的另一条有效途径是将具有不同优异性能的材料复合化。由于纳米碳具有密度小、力学性能优异、高温导电性能好、载流量大、热导率高等优点，发展纳米碳增强铜/铝复合导电材料有望实现导电材料综合性能的突破性提升。

4. 碳纤维复合芯导线

碳纤维复合芯导线是一种全新概念的输电线路用导线，具有大容量、低损耗、节能环保、质量轻、抗拉强度大、耐高温、耐腐蚀、热膨胀系数小等特点。在已经取得的新型复合材料合成导线中，日本的碳纤维芯铝绞线、美国的碳纤维和玻璃纤维混合芯铝绞线较典型。我国碳纤维复合芯导线研究起步较晚，近年来发展迅速，已基本实现了批量挂网应用。

5. 电接触材料

触头是开关电器中实施接通和断开的关键核心部件，110kV 及以上电压等级的高压断路器中采用的是 CuW 合金；35kV 以下中压断路器采用的是 CuCr 合金；10kV 以下低压、中低负荷使用的是银基触头材料；滑动接触装置导轨材料必须能够承受兆安级的强脉冲电流，同时还应具有高强度、高硬度与耐磨性及强耐电弧烧蚀的能力。受电弓滑板是电力机车供电系统的关键部件,按所使用材料的不同可分为纯金属滑板、纯碳滑板、粉末冶金滑板、浸金属碳滑板和碳基复合材料滑板。

(二)绝缘材料

1.高击穿场强绝缘材料

击穿场强是评价绝缘材料介电性能的基本参数。采用具有绝缘、导电或导热特性的纳米尺度粒子改性聚合物基体,制备纳米复合电介质材料,进一步通过表面修饰和微观-介观-宏观的关联研究是开发高击穿绝缘材料的发展趋势。国内高击穿场强材料的研究主要存在缺乏对电介质击穿过程和耦合作用下的击穿机制的深入理解,材料更新换代缓慢等问题。

2.智能绝缘材料

自适应材料一般由微纳米功能填料填充高聚物来实现,这类材料能够实现"电场提升—材料电导/介电提升—电场下降"的负反馈闭环调节过程,能够均匀电场。自修复材料的研究工作主要集中在对材料机械损伤的修复上,国内研究人员提出了光触发基体/微胶囊自愈绝缘材料体系。

3.耐电晕和耐电痕绝缘材料

在聚合物中加入一定量纳米尺度的氧化硅或氧化铝可以大幅度提高聚合物基体的耐电晕老化特性;通过提高材料的抗污能力、抑制放电、提高耐放电侵蚀能力、阻碍炭层形成、改善绝缘电场分布等手段都可提高绝缘材料的耐电痕老化能力。在基础研究方面,国内对电晕、电痕老化机理及其老化过程缺乏足够理解。

4.高导热绝缘材料

当前主要通过对聚合物本体进行改性形成本征导热聚合物,或者在聚合物中填充高导热填料制备填充型导热聚合物。日本和美国在高导热绝缘材料的研究方面处于领先地位。国内在基础理论与高端材料工艺方面与发达国家还有一定的差距。

5.高储能密度绝缘材料

电介质是电容器的重要组成部分,为了减小电容器的质量和体积，需要发展更高储能密度的新型介质材料。现阶段的研究主要集中在发展高介电强度的电介质材料及高介电常数复合材料的制备。当前，国产电容器产品的比特性和工作电场强度与国外先进水平相差较大。

6. 耐高低温绝缘材料

开展耐温等级超过 H 级（180℃）的聚合物绝缘材料及耐超低温（液氮温度为-196℃，液氦温度为-269℃）绝缘材料的基础与应用研究对工作于特种环境的电力设备具有重要意义。耐高温材料主要包括清漆、薄膜、塑料等，耐低温材料除了传统的聚酰亚胺外，还包括新型的玻璃纤维增强塑料、柔韧性环氧树脂等。

7. 耐辐射和耐候绝缘材料

当前主要通过复合高分子材料和无机物，或者在材料外层增加防护层来提高材料的耐辐射性。实现长效优能防污闪涂料的途径包括改善涂料基体材料、改变涂料成分、构筑类荷叶超疏水结构的材料等。

8. 环境友好型绝缘材料

相关研究集中在发展氢氟碳化物——卤族元素、卤代基团取代的烃类化合物等取代 SF_6 的低温室效应气体，开展满足绝缘强度、耐热等级和机械强度要求的环保型绝缘纸的研究，开发用植物绝缘油替代矿物绝缘油的相关技术。

（三）半导体材料

1. 硅材料及器件

硅是Ⅳ族元素半导体材料，具有储量丰富、化学性质稳定等优点，是集成电路和半导体器件的首选材料。当前，国内硅材料的水平已经与国际先进水平接近，而且硅基电力电子器件也取得了明显的进步。但是从高性能功率 MOSFET 及绝缘栅双极型晶体管（IGBT）器件及模块的发展水平方面来看，我国的产品性能与国外优秀公司的产品性能还有不小的差距。

2. 碳化硅

碳化硅是Ⅳ-Ⅳ族二元化合物半导体，具有宽禁带、高热导率、高击穿场强、高饱和电子漂移速率和高键合能等优点，被认为是宽禁带半导体材料的代表。当前，我国还不具备大规模制造高质量6英寸碳化硅单晶的能力，碳化硅的厚外延生长质量也有待提高，这直接导致我国还很难制造出超高耐压（>10 000V）的碳化硅电力电子器件，碳化硅 MOSFET 器件也刚处于实验室试制阶段。而国外先进水平碳化硅 MOSFET 器件已经更新到第三代。

3. 氮化镓

氮化镓是Ⅲ-Ⅴ族二元化合物半导体，具有禁带宽度大、击穿电场强度高、电子饱和漂移速度快、介电常数小、抗辐射能力强等特性，是未来先进电力半导体材料的主要发展方向之一。当前，硅基氮化镓材料及器件离进入商用阶段的目标相距甚远，我国在氮化镓本征衬底及外延方面也落后于日本及欧美发达国家。

4. 金刚石和氮化铝

金刚石作为一种新型宽禁带半导体材料，在热、电、声、光和机械等方面具有优异的性能。氮化铝作为一种典型的Ⅲ族氮化物，是继硅和砷化镓之后的第三代半导体材料之一，是制备光电子和微电子器件的理想材料。当前，在前沿的金刚石与氮化铝材料及器件的研究上，我国处于刚起步阶段。

5. 功率模块封装材料

功率模块封装结构主要是将半导体分立器件通过某种特定方式封装到模块内部，以实现外部电气连接、散热通路、机械支撑、外部环境保护等功能。近几年，我国功率器件的封装水平有了较大的发展。但是，在高温封装及宽禁带电力电子器件的封装方面与国外先进水平还有明显的差距。

（四）磁性材料

现阶段，磁性材料在电工装备中的应用逐渐呈现"高磁密、高频率、低损耗"和"轻质、微型、多功能"两种模式发展的格局。

1. 电工钢

电工钢是电工装备使用的主体软磁材料，需要具备轻质、高效、低损耗、高强度等特性。国际研究和开发的重点是高面织构新型无取向电工钢与双取向电工钢。中国取向及无取向电工钢相关领域的技术水平正不断接近甚至达到国际先进水平，可制备出厚度为几十微米的高硅钢薄带。然而，国内许多企业现有产品质量水平和技术积累仍处在较初级的阶段，缺乏具有自主知识产权支撑的核心技术。

2. 非晶和纳米晶磁性材料

非晶和纳米晶磁性材料的独特之处在于其微观组织结构是由晶粒尺寸小于100nm的晶体相和体积分数小于30%的残余非晶相构成，具有突出的高频软磁特性。日本在国际上一直引领高能效变压器的发展，拥有完整的非晶合金材料的制造技术和产业链。纳米晶材料的重点发展方向主要有：①带材更薄，满足高频化要求；②饱和磁感更高，满足小型化的需要。当前，国产非晶带材的产品性能和质量全面达到日本日立金属公司产品的水平；纳米晶合金薄带大量出口欧洲，成功应用于汽车电子、风力发电、变频驱动等领域。

3. 软磁铁氧体

未来软磁铁氧体的特点为高频率、高磁导率与低损耗。基于纳米技术研究制备高端软磁铁氧体产品是国际各大科研机构、企业未来的工作重点。日本在研究开发与生产制造方面居于领先地位。近几十年来，我国软磁铁氧体材料发展迅速，通过合理掺杂、优化配方等方式提高产品质量，取得了显著的成绩。

4. 电化学磁性超薄带技术

电化学磁性超薄带技术是指在常温常压条件下，通过借助电场作用下溶液中相关离子在阴极表面的电化学还原反应，使原子沉积在电极表面并随后进入金属晶格的过程，制备磁性超薄带的技术。该方法制造的磁性薄膜材料包括 Fe-Mn、Fe-Co-W 和 Fe-Co-M 合金磁性薄膜等，可以调节薄带的厚度为 $8 \sim 100 \mu m$。

5. 软磁复合材料

广义的软磁复合材料是一种以金属基磁性颗粒为原料，在颗粒表面包覆绝缘介质，通过粉末成形工艺与热处理退火而得到的软磁性材料。铁粉基软磁复合材料已成为当今世界软磁材料的一大研究热点。我国在软磁复合材料领域与发达国家还有一定的差距，主要产品仍然依赖进口。

6. 钕铁硼永磁体

钕铁硼永磁体被称为第三代稀土永磁材料，是当前磁性能最好的永磁材料，被广泛应用于计算机、新能源、信息通信、航空航天等领域。我国是世界上最大的稀土永磁材料生产国、出口国和消费国，但存在稀土永磁材料价格偏高、稀土资源管理欠缺、综合研发能力相对较弱及专利限制等问题。

7. 先进功能磁性材料

磁性液体是一种新型的功能材料，兼有磁性和液体的流动性双重性质，并具有非常独特的力学、热学、光学及声学特性，应用于生物医学、航空航天及国防军工领域。超磁致伸缩材料是一种新型稀土功能材料，最早应用于军工领域。现阶段的研究主要集中在材料特性建模、器件设计、建模仿真及控制等方面。左手材料是一类可通过结构调控来控制电磁参数，实现特殊电磁特性（如负折射、近场聚焦、电磁隐身等）的材料。

8. 磁性材料的磁特性测量

按当前研究情况可分为一维（交变）磁特性测量、二维（平面）磁特性测量和三维（旋转）磁特性测量。近年来，动态磁畴观测技术、微磁学原理及微磁学仿真技术的发展，为高频交变磁场条件下非晶合金、纳米晶合金等新型磁性材料的磁化和损耗机制研究提供了新的契机。

（五）储能材料

发展高效安全的规模储能技术是提高电网对可再生能源的接纳能力、保障电网安全稳定运行、建设坚强智能电网的关键。电化学储能技术高效灵活，是现阶段增长速度最快的一类规模化储能技术。

1. 锂离子电池

锂离子电池是现阶段综合性能最优异的一类电池体系。锂离子电池的发展目标是在进一步提高其能量密度和功率密度的同时降低成本、提高安全性能。电极材料是电池体系的核心：正极材料的研究集中在三元正极材料的富镍层状氧化物、富锂富锰层状氧化物材料、高电压尖晶石锂镍锰氧正极材料（$LiNi_{0.5}Mn_{1.5}O_4$）等；负极材料的发展集中在碳包覆氧化硅、纳米硅碳复合材料等。

2. 高温钠电池

高温钠电池包括钠硫电池和钠氯化物（ZEBRA）电池。固体电解质材料对于高温钠电池的功率密度、长期稳定性和安全性有重要且基础性的影响，相关研究集中在 β/β''-Al_2O_3 陶瓷、快离子导体（$Na_3Zr_2Si_2PO_{12}$，NASICON）型陶瓷、玻璃和玻璃陶瓷等四种。日本在钠硫电池的研究方面处于领先地位，日本 NGK 公司的钠硫电池已成功被应用于城市电网的储能中。国内的中国科学院上海硅酸盐研究所、国网上海市电力公司和上海电气集团股份有限公司联合成立了钠硫电池储能技术有限公司，发展势头迅猛，成为世界上第二大钠硫电池生产企业。

3. 全钒液流电池

全钒液流电池是研究最成熟的一类液流电池体系，主要通过钒离子价态变化实现化学能和电能的相互转变。考虑到金属钒的价格波动问题，锌基液流电池近年来在规模储能领域备受关注。其中，锌/溴液流电池的工作电压为 1.6V，理论能量密度为 419W·h/kg。抑制 Br_2 穿透隔膜及锌离子在沉积过程中形成金属锌枝晶，是推进锌/溴液流电池应用开发的关键。

4. 铅炭电池

铅炭电池集合了超级电容的大功率密度与铅酸电池的高能量密度的优势。碳材料的加入缓解了铅酸电池负极的硫酸盐化现象，延长了电池的寿命。但碳材料存在阴极析氢效应严重的问题。现阶段的研究集中在引入高析氢过电位金属材料进行表面修饰及氮、氧官能团掺杂等抑制析氢。

5. 超级电容器

超级电容器的电极材料可以分为基于双电层反应的电极材料与基于赝电容反应的电极材料。基于双电层反应的电极材料大多为碳基材料，基于赝电容反应的电极材料主要有金属氧化物及其衍生物和导电聚合物。混合离子型电容器是近年来衍生出的新体系，结合了二次电池及超级电容器的储能机制，能够保证在大倍率充放电条件下具有高的能量密度，是未来电容器发展的重要方向。

6. 新概念电池

钠资源储量丰富，成本低廉，室温钠离子电池被认为是可以代替锂离子电池的下一代储能技术。发展具有较宽离子通道、良好的导电骨架且结构稳定的储钠材料，是构建高能量密度与长循环寿命钠离子电池的关键；水溶液电解质价格便宜、安全性好，更适合在注重成本与安全性的大规模储能领域应用。如何提高水溶液电池的工作电压是发展水溶液电池的重点；全固态化是提高现有高能量密度二次电池安全性的一种共性技术。现阶段的研究集中在研发电导率高、化学稳定性好且电化学窗口宽的固体电解质；液态金属电池是一类最新提出的全液态电化学储能技术，在固定型、大规模储能领域极具竞争力。降低液态金属电池的运行温度，提高电池体系的电压，是现阶段液态金属电池发展的重点方向。

二、关键科学问题

（一）导电材料

导电材料方面的关键科学问题主要有以下几点。

（1）导电材料微合金化理论及复合相设计与组织均匀性调控机制。

（2）导电材料的界面及性能均匀性调控机制。

（3）制备加工工艺-组织演变-力学/物理性能的定量关系。

（4）极端条件下导电材料的组织结构演变规律及其定量描述。

（5）超导材料的磁通钉扎与磁通动力学。

（二）绝缘材料

绝缘材料方面的关键科学问题主要有以下几点。

（1）高性能绝缘材料的设计、制备与应用。

（2）高性能绝缘材料的极限应用理论。

（3）高性能绝缘材料的精确服役特性。

（三）半导体材料

半导体材料方面的关键科学问题主要有以下几点。

（1）大尺寸碳化硅单晶和外延的生长及缺陷控制。

（2）碳化硅 MOSFET 栅介质界面态控制及优化。

（3）异质外延氮化镓及本征氮化镓材料生长。

（4）金刚石生长动力学理论，晶体生长中的应力、缺陷，多核生成机制及降低或阻断的控制理论。

（四）磁性材料

磁性材料方面的关键科学问题主要有以下几点。

（1）电工磁性材料（非）晶态结构（织构）的成相原理与精确控制技术。

（2）服役条件下材料微观结构动态演变规律及宏观特性描述。

（3）纳米复合永磁材料的软磁相交换耦合机制。

（4）磁特性测试技术与极限应用理论。

（五）储能材料

储能材料方面的关键科学问题主要有以下几点。

（1）电极微结构与材料反应性质的调控。

（2）电极/电解质界面的结构修饰与功能调控。

（3）电荷多尺度输运特性与强化机制。

（4）电池反应的安全性控制机制。

三、重点发展方向

（一）导电材料

导电材料方面有以下几个重点发展方向。

（1）通过结构设计和微结构控制，提高超导材料在高背景磁场下的无阻载流能力，改善超导材料的磁通钉扎特性、增强复合超导体的磁稳定性与热稳定性，以提高性价比并满足实际应用的需求。

（2）发展高精、极细（薄）、超长及高强度、高弹性、高电导率的铜铝导线材料；建立新型高性能铜铝导电材料及其产品的设计选型、加工制造、检验及其运行维护的技术标准体系和研发平台。

（3）批量化生产及机械合金化制备碳纳米管/金属复合材料技术。

（4）加快碳纤维芯导线原材料碳纤维的国产化进程，完善复合芯导线的专业设计软件及工程应用数据库。

（5）发展新型耐磨、耐烧蚀导电材料的短流程低成本制造技术、失效控制与延寿技术。

（二）绝缘材料

绝缘材料方面有以下几个重点发展方向。

（1）发展主动自修复绝缘材料，简化材料制备工艺，降低材料成本。

（2）开发适用于不同环境工况特别是极端和特殊环境条件要求的耐电晕和耐电痕绝缘材料。

（3）研发低成本、低填充、高热导率、可工业化生产的复合导热聚合物绝缘材料。

（4）通过改善制备工艺、加入改性填料、研发高比表面积电极和能耐受更高电压的电解质等方法来提高材料的储能密度。

（5）加快空间领域、航空领域、海洋环境领域、核能领域、超导领域及深空探测领域用耐高低温绝缘材料的基础与应用研究。

（6）发展耐高压、耐热、耐冲击、耐腐蚀、耐潮湿、耐深冷、耐辐射及阻燃材料、环保节能材料。

（7）突破分子结构设计、优化与筛选技术，开展与固体绝缘材料的相容性及其调控方法及在大电流开端下的灭弧条件、分解机制及环境影响研究；发展高介电能力、高力学性能、高环保性能的绝缘纸。

（三）半导体材料

半导体材料方面有以下几个重点发展方向。

（1）硅材料。大直径、低缺陷的晶体生长技术，晶体加工技术，晶体加工设备，以及与之匹配的关键耗材等。

（2）碳化硅。大直径单晶生长，应力与缺陷密度的控制，大尺寸、低缺陷密度的碳化硅外延材料，碳化硅厚膜外延技术、多层外延生长技术，低基平面位错（BPD）或"零"基平面位错的碳化硅外延材料。

（3）氮化镓。低成本、大尺寸硅衬底氮化镓外延生长技术，高耐压、厚膜化硅衬底氮化镓外延材料技术，高质量、低缺陷硅衬底氮化镓外延材料制备技术。

（4）新型半导体材料。3～4英寸电子器件级的单晶金刚石晶圆，大尺寸、低缺陷密度的氮化铝单晶生长。

（5）功率模块封装材料。新型、高可靠性封装材料；应用于碳化硅、氮化镓、金刚石等新型高功率密度电力电子器件的封装工艺；基于银或铜烧结/铜线键合体系的高温模块封装平台。

（四）磁性材料

磁性材料方面有以下几个重点发展方向。

（1）电工钢的磁特性新检测方法的研究，研发和制造国产的磁性能测试设备。

（2）非晶和纳米晶软磁合金材料的理性设计与性能调制，快速凝固过程平衡的极限稳定性规律。

（3）高磁导率、高频率、低损耗材料的软磁铁氧体的设计研发。

（4）电化学磁性超薄带制造技术的产业化，电化学技术制造磁性超薄带的产品系列及产品标准。

（5）软硬结合的低成本高性能高强度复合硬磁材料及空间取向调控。

（6）新型永磁相探索，化学成分与制备工艺优化，稀土永磁材料的回收与利用。

（7）基于多物理场耦合的磁性液体传感器和阻尼减震器的机制研究，超磁致伸缩材料应用的产学研用结合，左手材料的精密加工、测试技术研究与先进电磁仿真平台建设。

（8）建立我国电工磁性材料磁性能模拟技术体系，自主研发、制造系列的磁性能测试装置，建立和不断完善国家电工磁性材料磁性能数据库。

（五）储能材料

储能材料方面有以下几个重点发展方向。

（1）发展能量型与功率型的第三代锂离子电池，延长电池的循环寿命，提高电池的安全性、可靠性及环境适应性。

（2）优化高温钠电池的结构设计，提高安全稳定性；加快新材料与新体系的研发；开发高温钠电池规模化制造及其配套的先进制造装备。

（3）开展高能量密度液流电池体系的基础研究，寻求可靠、安全、成本低廉的液流电池新体系。

（4）研发低成本、高比表面积活性炭材料，降低铅炭电池制造成本；提高铅资源利用效率，确保生产过程安全、环保。

（5）发展新型高比能混合型超级电容器；发展超级电容器智能管理系统；实现自主化生产设备及生产工艺。

（6）开发具有良好稳定性的水系锂离子和钠离子嵌入材料，构建高电压、大容量水系嵌入型电池；通过正负极界面修饰、电解液组成调控等方式提高水溶液工作电压；电化学兼容性固/固界面的构筑和实现技术；低熔点液态金属电池熔盐的设计与界面稳定技术，高效液态金属电池新体系。

Abstract

Electrical materials are the foundation of electrical equipments, and their characteristics directly determine the limitations of electromagnetic parameters for electrical equipments. With the advance of science and technology as well as the continuous improvement of production and living standards, people have put forward new requirements for the function and performance of electrical equipments. Both theoretical research and engineering practice indicated that the function and performance of electrical equipments based on the existing electrical materials can't keep up with rapidly increasing demand for advanced electrical equipments, with the development of the human society. The research on new electrical materials and applications enables the future electrical equipment with the ability to challenge more stringent limits of electromagnetic parameters, and to meet the purpose of exploring unknown phenomena and discovering novel natural laws, which is important for the development of China's national economy and the progress of science and technology.

Since the 21st century, building smart grid, constructing the ultra-high voltage (UHV) based backbone transmission system to support integration and transmission of clean energy has also played an important strategic role. The electrical materials and devices are the foundation for power generation, transmission, distribution and consumption, playing a cirtical role in supporting the energy revolution dominated by clean energy. Developing electrified transportation and replacing gasoline based automobiles is an important way to cut down oil consumption and improve energy efficiency and environmental quality. Since lithium-ion batteries and other secondary batteries are the main energy supply components of electric vehicles, their integrated performance directly determines the key parameters of electric vehicles, such as driving range, acceleration performance, climbing ability. Modern information war is not only the war of high-tech equipment, but also the war of high-performance materials. Modern national defense equipment, represented by electromagnetic energy weapons, has prominent advantages such as high energy utilization rate, fast response rate and accurate control performance, while its combat effectiveness is restricted by the performance of basic core materials. Conductive materials need to withstand extremely high current up to several MA, high electromagnetic force up to several MN, strong stress and deformation up to hundreds of MPa, et al. With the progress of science and technology, ultra-high (>30T) magnetic field plays a critical role in the development of fundamental science facilities, biomedical engineering and high-precision scientific equipments for basic scientific research. When the magnetic field reaches 100T, the electromagnetic stress is as high as 4,000MPa, which is much higher than the tensile strength of high strength steel (~1,500MPa). The further improvement of the performance of pulsed magnet must be based on the breakthrough of material performance. In the medical field and in the people's lifewood area, the NMRI, electro-magnetic navigation, and heavy-ion accelerators are realized based on the new discoveries in the electrical-magnetic area. High-end medical equipment puts forward higher requirements for the performance of corresponding magnetic materials, superconducting materials and insulating materials.

As a new research direction in electrical engineering, "electrical materials" aims to overcome the bottlenecks in the development of traditional electrical disciplines by bridging the conventional electrical engineering field with other disciplines, such as physics, materials, chemistry. The scope of traditional electrical engineering is limited, and the research work mainly focuses on the equipment and system levels. Limited by intrinsic electromagnetic parameters of materials, the development of the subject is facing a major barrier. Meanwhile, the research of typical materials mainly focuses on the intrinsic electrical, thermal, optical and magnetic properties of materials, which lacks application requirements and engineering research foundation. Thus, it is difficult to carry out groundbreaking research. The establishment of the electrical material research direction will further expand the scope of the electrical discipline, solve the interdisciplinary bottlenecks in the electrical materials research, straighten out the disciplinary relationship. In addition, it will lay the disciplinary foundation for fundamentally solving the material basic science and technology problems that restrict the key characteristics of electrical equipment, as well as give new vitality to the development of the electrical engineering discipline.

The advancement of research at the present is on electrical materials are as follows:

1. Conducting Materials

The role of conducting material mainly includes three aspects: transmission of electric energy, transmission of information and realization of the conversion between electricity, magnetism, light, heat and other energy form.

(1) Superconducting materials: Practical superconducting materials are mainly divided into low temperature superconducting materials (represented by NbTi and Nb_3Sn) and high temperature superconducting materials represented by YBCO and BSCCO (bismuth strontium calcium copper oxide). Traditional low temperature superconducting materials will still dominate of the superconducting market in a long historical period, due to their excellent machining properties and superconductivity. The second-generation high-temperature superconducting tape represented

by YBCO coated conductors has become a research focus in the field of superconducting materials due to its excellent superconductivity.

(2) Copper and aluminum traditional conductive materials: With the development of electronic technology, microelectronics and ultra-microelectronics products are becoming increasingly popular, and the demand for ultra-fine high-performance copper wire materials is rising. At the present stage, the supply of copper wires for ultra-fine (0.015~0.04mm and below 0.015mm) are mainly imported. In terms of aluminum conductors, ordinary steel-cored aluminum stranded wires are currently the most widely used and mature in high-voltage, and ultra-high voltage overhead transmission lines. Heat-resistant steel core aluminum stranded wire can increase its power transmission capacity by more than 40%, and it is becoming a hot spot for the development of steel core aluminum stranded wire.

(3) Novel conductive metal nano-materials: Reducing the size of the metal microstructure to within 100nm can effectively improve its strength. The strength limit of pure copper with nano-crystalline or nanotwin structure can be increased from 400MPa to more than 1GPa, and the degree of decrease in electrical conductivity is relatively low. Another effective way to improve the overall performance of metal materials is to compound materials with different excellent properties. Because nano-carbon has the advantages of low density, high mechanical properties, good high-temperature conductivity, high current-carrying capacity, and high thermal conductivity, the development of nano-carbon reinforced copper/aluminum composite conductive materials is expected to achieve a breakthrough in the overall performance of conductive materials.

(4) Carbon fiber composite core conductors: Carbon fiber composite core wire represents a new concept for transmission lines, which has the characteristics of high capacity, low loss, environmental friendly, light weight, high tensile strength, high temperature resistance, corrosion resistance, and low thermal expansion coefficient. Among the new

composite wires that have been made, the carbon fiber core aluminum stranded wire in Japan and the carbon fiber and glass fiber mixed core aluminum stranded wire in the United States are more typical. The research on carbon fiber composite core conductors in our country started late and has developed rapidly in recent years. Domestic carbon fiber has basically realized the application of batch netting.

(5) Electrical contact materials: The contact is the key core component of the switch for making and breaking. According to the voltage level of the use environment: CuW alloy is used in high voltage circuit breakers with voltage levels of 110kV and above; CuCr alloy is used in medium voltage circuit breakers below 35kV; low voltage and medium load use below 10kV is silver-based contact material. The rail material for electromagnetic gun must pass a mega-ampere strong pulse current. It should also have high strength, high hardness, and wear resistance. The pantograph skateboard is a key component of the power supply system of electric locomotives. The pantograph skateboards for electric locomotives can be divided into pure metal skateboards, pure carbon skateboards, powder metallurgy skateboards, metal-impregnated carbon skateboards and carbon-based composite skateboards.

2. Insulating Materials

(1) High breakdown field strength insulating materials: The breakdown field strength is a basic parameter to evaluate the dielectric properties of insulating materials. Adopting nanoscale particle modified polymer matrix with insulating, conductive or thermal properties, producing nano-composite dielectric materials, surface modification and further study on the correlation between microscopic-mesoscopic-macroscopic are the development trend of insulation material with high breakdown field strength.

(2) Intelligent insulating materials: Intelligent insulating materials mainly include adaptive materials and self-repairing materials. The adaptive material is generally realized by filling high polymer with

micro and nano functional fillers, which can realize the negative feedback closed-loop condition process of "electric field lift-material conductance/dielectric lift-electric field drop". The research work of self-healing materials mainly focuses on the repair of mechanical damage of materials.

(3) Corona and electrical tracking resistant insulating material: Adding a certain amount of nanoscale silicon oxide or alumina into the polymer can greatly improve the corona aging resistance of the polymer matrix. By improving the anti-fouling ability of the material, inhibiting the discharge, improving the corrosion resistance to discharge, preventing the formation of the carbon layer, improving the distribution of the insulation electric field and other means, the ability of resistance to electric mark aging could be improved for insulating materials.

(4) High thermally conductive insulating materials: The research of flexible high thermally conductivity insulating material is a globally recongnized problem. At present, the main method is modifying the polymer body to form the intrinsic thermal conductivity polymer, or filling the polymer with high thermal conductivity filler to prepare the filled thermal conductive polymer. Japan and the United States are leading the research on high thermal conductivity insulating materials.

(5) High energy storage density insulating materials: In order to reduce the weight and volume of capacitors, it is necessary to develop new dielectric materials with higher energy density. At present, the research mainly focuses on developing dielectric materials with high dielectric strength and preparing high dielectric composites.

(6) High and low temperature resistant insulating materials: It is of great significance to carry out research on polymer insulating materials with temperature resistance over H-level (180℃) and ultra-low temperature (liquid nitrogen temperature is −196℃, liquid helium temperature is −269℃) for power equipment in special environmental. High temperature resistant materials mainly include varnish, film, plastic,

etc. In addition to the traditional polyimide, while the low temperature resistant materials include new glass fiber reinforced plastics, flexible epoxy resin, etc.

(7) Irradiation and weathering resistant insulating materials: The irradiation resistance of materials is mainly improved by the combination of polymer materials and inorganic materials, or adding protective layer on the outer layer of materials. The ways to realize long-term excellent antifouling flash coating include: improving the coating substrate material, changing the coating composition, and constructing the lotus leaf like superhydrophobic structure.

(8) Environmentally friendly insulation materials: The research focus on the development of environment-friendly gas insulation, such as the HFCs halogen elements and halogenated groups, to replace SF_6. With the increase in voltage level, the insulating paper needs to meet the requirements of insulating strength, heat resistance level and mechanical strength. In addition, the technical route of developing plant-based insulating oil to replace mineral insulating oil has drawn significant attention since the 21st century, but it is still in the laboratory stage.

3. Semiconductive Materials

(1) Silicon materials and devices: Silicon is a group Ⅳ element semiconductor material, with abundant reserves and stable chemical properties. Silicon is the first choice for materials of integrated circuits and semiconductor devices. At present, the quality of silicon materials domesticly is close to the international advanced level, and our silicon-based power electronic devices have also made significant progress. However, with regards of high-performance power metal-oxide-semiconductor field effect transistor (MOSFET) and insulated gate bipolar transistor (IGBT) devices and modules, there is still a big gap between our country and advanced international companies.

(2) Silicon carbide: Silicon carbide is a group Ⅳ-Ⅳ binary compound

semiconductor. It shows the advantages of wide band gap, high thermal conductivity, high breakdown field strength, high saturated electron drift rate and high bonding energy, and thus is considered as a representative of semiconductor materials with a wide band gap. At present, we can not produce high-quality 6-inch silicon carbide single crystals on a large scale, and the quality of thick epitaxial growth of silicon carbide needs to be improved. This directly leads to our country's difficulty in manufacturing Silicon carbide power electronic devices of ultra-high withstand voltage (>10,000V). Silicon carbide MOSFET devices have just been in the laboratory trial production stage, and foreign silicon carbide MOSFET devices is already in the third generation.

(3) Gallium nitride: Gallium nitride is a group Ⅲ - Ⅴ binary compound semiconductor, which has the characteristics of large forbidden band width, high breakdown electric field, high electron saturation drift speed, small dielectric constant, and strong radiation resistance. It is one of the main development directions of advanced power semiconductor materials. At present, the development of GaN materials on Si substrates with large size and good thermal conductivity is the focus of future work of major international scientific research institutions and enterprises. Our country's gallium nitride on silicon substrate materials and devices were late at first and still in the initial research stage. In terms of gallium nitride intrinsic substrate and epitaxy, we are also falling behind Japan, developed countries in Europe and America.

(4) Diamond and aluminum nitride: As a new type of wide-bandgap semiconductor material, diamond shows excellent properties in terms of mechanical, thermal, electrical, acoustic, and optical property. Aluminum nitride, as a typical group Ⅲ - nitride, is one of the third-generation semiconductor materials after Si and GaAs, and is an ideal material for preparing optoelectronics and microelectronic devices. The research of diamond and AlN in our country is still in the early stage.

(5) The power module packaging structure: The power module

packaging structure is mainly to encapsulate discrete semiconductor devices into the module in a specific way to achieve functions such as external electrical connections, heat dissipation paths, mechanical support, and external environmental protection. In recent years, the packaging level of our country's power devices has made a relatively large development. However, for high temperature packaging and wide bandgap power electronic device packaging, there is still a significant gap between China and foreign countries.

4. Magnetic Materials

(1) Electrical steel: Electrical steel is the main soft magnetic material used in electrical industry, which needs to meet the requirements of light weight, high efficiency, low loss and high strength. At present, the focus of international research and development is on new non-oriented electrical steel and double oriented electrical steel with high surface texture. The technological frontier of oriented and non-oriented electrical steel in China is approaching or even reaching the international advanced level, and thin strips with thickness of tens of microns can be produced.

(2) Amorphous and nanocrystalline magnetic materials: The unique feature of amorphous and nanocrystalline magnetic materials is that their microstructure is composed of crystalline phase with grain size less than 100 nm and residual amorphous phase with volume fraction less than 30%, which has outstanding high frequency soft magnetic properties. Japan has been leading the development of high energy efficiency transformers in the world, and has a complete set of manufacturing technologies and industrial chain of amorphous alloy materials. The key development directions of nanocrystalline materials are as follows: firstly, the strip is thin enough to meet the requirements of high frequency; secondly, the saturation magnetic induction is high enough to meet the needs of miniaturization.

(3) Soft magnetic ferrites: The future soft ferrite is characterized by high frequency, high permeability and low loss. Research and preparation of high-end soft ferrite products based on nanotechnology is the future priority of major international research institutions and enterprises. Japan is in a leading position in the research, development and production of soft ferrite.

(4) Electrochemical magnetic ultra-thin strip technology: Electrochemical magnetic ultra-thin strip technology refers to the preparation of magnetic ultra-thin strip by the electrochemical reduction reaction of related ions in solution on the surface of cathode under the action of electric field at normal temperature and pressure, so as to make atoms deposit on the surface of electrode and then enter the metal lattice. By controlling the applied current density and deposition time, the thickness of the magnetic ultra-thin tape can be adjusted to 8−100μm.

(5) Soft magnetic composites: Soft magnetic composites are made of metal-based magnetic particles, coated with insulating medium on the surface of the particles, and obtained by powder forming process and heat treatment annealing. Iron powder based soft magnetic composites have become a hot research topic in the world.

(6) Neodymium-iron-boron permanent magnetic material: Known as the third generation of rare earth permanent magnetic material, NdFeB permanent magnetic is with the best magnetic properties of permanent magnetic materials, which is widely used in computer, new energy, information communication, aerospace and other fields. China is the world's largest producer, exporter and consumer of rare earth permanent magnetic materials, but there are some problems, such as high price of rare earth permanent magnetic materials, rare earth resource management defects, relatively weak comprehensive R&D capability and patent restrictions.

(7) Advanced functional magnetic materials: As a new type of functional material, magnetic fluid not only has the dual properties of

magnetism and fluid fluidity, but also has unique mechanical, thermal, optical and acoustic properties, which is applied in biomedicine, aerospace and national defense industry. Giant magnetostrictive material is a new type of rare earth functional material, which was first used in military field. At present, the research mainly focuses on the material characteristics modeling, device design, modeling and simulation, control and so on. Left handed materials are a kind of materials that can control the electromagnetic parameters to achieve special electromagnetic characteristics through structural adjustment, such as negative refraction, near-field focusing, electromagnetic stealth and so on.

(8) Magnetic properties measurement: In terms of soft magnetic measurement, according to the current research situation, it can be divided into three types: one-dimensional (alternating) magnetic characteristic measurement, two-dimensional (plane) magnetic characteristic measurement and three-dimensional (rotating) magnetic characteristic measurement. In recent years, the development of dynamic magnetic domain observation technology, micromagnetism principle and micromagnetism simulation technology provides a new opportunity to study the magnetization and loss mechanism of new magnetic materials such as amorphous alloy and nanocrystalline alloy under high frequency alternating magnetic field.

5. Energy storage Materials

The development of efficient and safe large-scale energy storage technology is the key to improve the grid's ability to accomodate renewable energy, to ensure the safe and stable operation of grid, and to build a strong smart grid. Among the existing energy storage technologies, electrochemical energy storage with high energy/power density is comparatively simple and efficient, and attracted extensive attention.

(1) Lithium-ion battery: Lithium-ion battery is a battery system with the best comprehensive performance now. The development goal of lithium-

ion battery is to further improve its energy/power density, reduce the cost and improve the safety performance. Electrode materials are the core of the battery system. Researches on the cathode/anode materials of the third generation lithium ion batteries mainly focus on nickel rich layered oxides, lithium-rich and manganese-rich layered oxides, high voltage spinel materials ($LiNi_{0.5}Mn_{1.5}O_4$), carbon coated silicon oxide (C/SiO_x), nano silicon/carbon composite materials (nano-Si/C), etc.

(2) High temperature sodium battery: High temperature sodium battery includes sodium sulfur battery and sodium chloride battery (ZEBRA battery). Solid electrolyte materials have an important and fundamental impact on the power density, long-term stability and safety of high temperature sodium batteries. The related research focuses on β/β''-Al_2O_3 ceramics, NASICON ceramics, glass and glass ceramics. At present, Japan is in the leading position in the research of sodium sulfur battery. NGK's sodium sulfur battery has been successfully applied in the energy storage of urban power grid. In China, Shanghai Institute of Ceramics, Chinese Academy of Sciences, Shanghai Electric Power Corporation and Shanghai Electric Group have jointly established sodium sulfur battery energy storage technology Co., Ltd., which developed rapidly and become the second largest sodium sulfur battery manufacturer in the world.

(3) All-vanadium redox flow batteries: Vanadium redox flow battery is one of the most mature redox flow battery systems. Chemical energy and electrical energy are transformed by the valence state of vanadium ions. Considering the price fluctuation of vanadium, zinc based flow battery has attracted much attention in the field of large-scale energy storage in recent years. The working voltage of the Zn/Br flow battery is 1.6V and the theoretical mass energy density is $419W \cdot h/kg$. The key to promote the application and development of Zn/Br flow battery is to prevent the mixed pollution of positive and negative electrolyte solution caused by Br_2 penetrating the separator and the formation of zinc

dendrite during the deposition of zinc ions.

(4) Lead-carbon batteries: Lead-carbon batteries combines the advantages of high power densities of super capacitor and high energy density of lead-acid battery. The addition of carbon material alleviates the sulfation phenomenon of negative electrode of lead-acid battery and extends the battery life. However, carbon materials also bring in problems such as low overpotential of hydrogen evolution in cathodic polarization, easy anodic oxidation and so on. At present, the research focuses on the surface modification of metal materials with high overpotential of hydrogen evolution and the doping of nitrogen and oxygen functional groups.

(5) Supercapacitor: The electrode materials of supercapacitor can be divided into electrode materials based on electric double layer reaction, and electrode materials based on pseudocapacitance reaction. Most of the electrode materials based on electric double layer reaction are carbon based materials, and pseudocapacitor electrode materials are mainly divided into conductive polymer materials, metal oxides and their derivatives. Hybrid ion capacitor is a novel system derived in recent years, which combines the energy storage mechanism of secondary battery and supercapacitor. It can realize high energy density under the condition of high rate charge and discharge, which is an effective way to develop novel energy storage devices with both high energy and power densities.

(6) New concept batteries: Room temperature sodium ion battery is considered to be the next generation of energy storage technology that can replace lithium-ion battery due to its abundant sodium resources and low cost. The development of sodium storage materials with large ion channels, good conductive framework and stable structure is the key to construct sodium ion batteries with high energy density and long cycle life. Aqueous electrolyte is cheap and safe with high ionic conductivity, which is more suitable for large-scale energy storage applications

focusing on cost and safety. The development trend of water solution battery is to improve the working voltage of aqueous ion intercalation battery by appropriate surface modification or changing the association state of water molecules. All solid state battery is a general technology to improve the safety of existing high energy density secondary batteries. The research of solid batteries focus on the development of solid electrolyte with high conductivity, good chemical stability and wide electrochemical window. Liquid metal battery is a novel electrochemical energy storage technology with all liquid structure. Reducing the operating temperature of liquid metal battery and increasing the voltage of the battery system are the key directions of the development of liquid metal battery at this stage.

目　录

第一章
先进电工材料的战略需求和发展概况

本章概述了电气工程学科在国民经济、工农业生产、国防建设、科学技术研究和人们日常生活中的重要作用，阐述了电工材料在电气工程学科中的作用和基础性地位；回顾了电工材料的发展过程及它与电工装备在发展过程中的相互依存关系；以国家的几个重要发展方向为例，明确了在先进电工材料的研究中应该着重考虑的问题及发展战略。同时，本章还简要介绍了当前世界各国关于先进电工材料研究的国家战略发展计划，并概括了其主要内容。

第一节　先进电工材料的战略需求

一、电工材料在电气工程学科中的作用和地位

电能的广泛应用被誉为 20 世纪人类最伟大的工程技术成就之一，各种各样电气设备的使用已经广泛深入国民经济、国防建设、工农业生产、科学技术研究和家庭日常生活等的各个方面。电力作为最优质的二次能源之一，具有利用效率高、易于实现和其他形式能源的转换、调控能力强等优点，在交通运输、能源动力、医疗卫生、文化教育、航空航天、家庭日常生活等各个方面得到广泛的应用，不仅极大地方便了人们的日常生活，而且彻底改变了人们的生产、工作和生活方式，正在成为现代人类社会一种必不可少的物质基础。

电和磁都是物质的存在形式和能量的载体。电气工程学科是一门研究电磁学的基本理论及其与其他物质相互作用机制的学科，主要研究电能的产生、转换、传输、分配和利用的理论与规律，以便使它们能更有效地服务于人类。电工材料是所有电气装备的重要物质基础，电气装备功能的完善和性能的优劣直接取决于电工材料自身的电磁性能与对工作环境的适应能力。电工材料的发展不仅是电气工程学科发展不可或缺的一部分，也是促进电气工程学科进一步发展的根本动力之一。

在电气工程学科中，电工材料和电工装备之间的关系就像一对孪生兄弟，是相互依存、相互促进发展起来的。新型电工材料的应用催生了新型电工装备的出现，电工装备的广泛应用又为人们改善和探索更优性能的电工材料提供了实践基础。正是在这样反复循环和相互促进的过程中，才形成了今天这样一个覆盖面宽和包括众多应用领域的电气工程学科。当今，电工材料正以更快速度向更新、更高、更强、更大、更精的方向发展。

在人类社会电气化的初级阶段，电工材料是以生产普通的家用电器和粗放的电力驱动装备为主要目的而使用的，基本属于对电能的低水平利用。在生产这些电气装备时，人们往往主要关心材料的电学、磁学特性，即材料的导电性能、绝缘性能和磁学性能。在这种需求的引导下，以普通铜、铝为主体的导电材料、具有基本介电性能的绝缘材料和具有基本磁学性能的磁性材料就成为自然的选择。它们具有结构简单、容易获取、便于加工和储量丰富的优点，成为人们早期常用的基础性电工材料，也得到广泛应用。

随着人类社会的不断进步和科学技术的不断发展，人们已经不再满足于这种对电能、磁能的简单利用，逐步提出更高目标和要求。这些目标和要求可以简单概括成两个方面：一是开发出具有更多超乎寻常功能的电工材料，以实现具有完全不同用途的电气装备；二是大幅度提高现有电工材料的电气性能和其他相关性能，使生产的电气装备具有挑战工作极限的能力，以帮助人们更深入地探索物质世界、发现更多的未知自然现象和自然规律，更有效地解决单靠人力无法解决的问题。理论研究和工程实践都表明，以传统电工材料为基础生产的电气装备在功能和性能方面都不能完全满足人类社会对先进电气装备快速增长的需求。传统电气装备不仅功能单一、能力有限，而且往往受到材料性能参数的限制而不能在极端的外部环境中正常工作。另外，随着科学技术的进步和生产、生活水平的不断提高，人们对于电气装备所具有的功能和性能不断提出了新的要求。这些都促使人们去寻求具有新电磁功能特性和可以挑战工作极限的电工材料。也正是在这种需求的牵引下，新的电磁现象被不断发现，具有先进电磁参数的电工材料也被研制出来。

纵观电气工程学科 100 多年的发展历史可以看出，其最显著的进步源动力就是电工材料科学技术的进步。例如，钕铁硼永磁体和非晶合金铁磁材料的发展，对现代电机和变压器制造技术的发展产生了重大的影响；氧化锌避雷器、碳纤维复合芯导线等的发明和应用催生出具有完全不同形态和性能的电气装备，使其具有挑战外部工作环境极限的能力。又如，半导体材料的发展直接促成了电力电子技术的产生，如今它已成为 21 世纪电气工程技术领域最具变革性的动力，正在改变人们的发电、输电、配电、用电模式，并将对现代电网技术的进步产生不可估量的重大影响；储能材料的应用使人类对能源的充分收集与有效利用成为可能；半导体技术与储能技术的结合将使人类可以在时间和空间的分布上对能量进行按需配置，不仅可以极大地提高人类对能源的使用效率，而且可以促进我国将能源安全牢牢控制在自己手中目标的实现；超导材料的出现，大大促进了强磁场装备及其应用技术的发展，并给能源电力装备带来新的发展机遇，如果超导材料（特别是常温超导）能在电气工程中得到广泛的应用，将最终推动电气工程技术的革命性进步。

进入 21 世纪后，材料科学技术得到突飞猛进的发展，现代材料科学技术通过改进已有的制备技术及发明新的技术，获得了性能更优的新材料。随着表征设备性能的提高，人们可以在更高的层次理解材料结构与性能的关系，各种新型材料不断涌现。例如，研究人员利用锂离子可在石墨烯表面和电极之间大量快速穿梭运动的特性开发出新型的储能设备，使之兼具高功率密度和高能量密度的特点；研究人员通过结构的特殊设计，实现了常规材料不具备的物理化学性能的一类超构材料，美国科学家利用一种纳米超材料实现了材料的负折射率，开发出"隐形毯"。如何瞄准电气工程学科发展中的瓶颈技术问题、把握电工材料科学技术的发展方向，以便有效利用电工材料领域的最新成果、有针对性地解决高性能电工装备制造中的"卡脖子"关键问题，是电气工程领域发展的一个重要方向。这些问题解决的同时还将延伸出一系列新兴学科和产业的发展。

电工新材料及其应用研究会使未来的电工装备具有挑战更高电磁参数极限的能力，生产出具有更高电磁性能甚至基于完全不同原理的电工装备，以满足探索更多未知现象和发现更多自然规律的要求。这些无疑对促进我国国民经济的发展和科学技术的进步具有非常重要的意义。此外，发展先进电工材料，不仅能够实现新型电工装备及技术的重大突破，而且可能给整个能源电力领域带来变革性、颠覆性的发展、变化和影响，为实现我国能源供给、能源消费、能源技术、能源体制革命奠定坚实的物质基础。

本书讨论的电工材料是按照其在应用对象（即电工技术领域）中扮演的角色分门别类的，集中讨论了先进导电材料（包括超导材料）、先进绝缘材料、先进半导体材料、先进磁性材料与先进储能材料的相关问题。从理论方面来讲，电工材料远不止这些，它包括更广泛的内容，应该说所有与电磁物理过程相关的材料，无论是在强电环境还是在弱电环境下工作的电工材料，都属于电工材料的范畴。因此，除了上述提及的材料外，其他一些新型电磁功能材料（如压电材料、热电材料、电致伸缩材料、磁制冷材料、巨磁阻材料、压敏材料、绝缘体、金属相变材料乃至超材料、多铁材料等）均属于电工新材料的范畴。这些电工材料的发展现状也应属于讨论的范畴。由于篇幅的限制，本项目的研究聚焦于上述五种常用的电工材料。

依据强电磁装备和工程所涉及的问题，本书重点归纳了上述五类电工材料在国内外的研究现状、发展趋势和关键科学技术问题，提出重点支持的研究方向，为我国先进电工材料的发展提出咨询意见和建议，促进我国先进电工材料的发展，解决制约电工装备特性的关键材料问题，提升高性能现代电工装备的自主创新能力，为我国制定抢占先进电工材料战略制高点的相关政策提供参考。

二、发展先进电工材料的战略意义

当今，电气设备的应用已经深入人们生产和生活的各个方面，科学研究对极端电磁条件的需求迫切，但国内在该方面的研究一直远远落后于国外先进水平。在大型电工装备、高精度仪器、深空探测医疗装备及特种国防装备方面，缺乏基础与技术支撑，长期依赖国外进口。高端材料自给率不高，近三成材料完全处于空白状态，如高速列车车轮车轴、700℃超临界发电用高温材料、超级模具钢、高硅电工钢、高性能不锈钢及高性能镍基高温合金、高强高韧铝合金及其焊材、钛合金挤压型材、低碳长寿高效功能耐火材料、高性能陶瓷纤维、高性能工程塑料及高模量碳纤维等材料和关键零部件依赖进口。在功能材料方面，新材料产品研发、应用推广和产业化脱节现象严重。一些高端产品虽然早已研发成功，但推广应用十分困难。在多项重要领域中，我国仍然存在工艺落后，规模化生产的关键技术有待突破，对新工艺、新技术的研究不够深入，疲于跟踪模仿国外先进技术，难以形成自主知识产权等问题。近年来，随着国家对基础和高技术研究的重视，国内在一些高精尖的领域已经获得了不同程度的突破。

由于篇幅有限，本书不可能对电工材料所有应用方面的问题进行深入讨论，而是集中从如下几个方面的应用出发简要分析发展先进电工材料在发展科学技术、改善民生、增强国防等方面的战略意义。

（一）电工材料在新一代电力系统中的重要作用

当今世界，化石能源短缺和环境治理成为各国共同面对的重大课题。21世纪以来，加快推进以电为中心、清洁化为特征的能源结构调整，风能、太阳能等可再生能源的大规模开发利用已成为世界主要国家发展新一代电力系统的共同选择。我国的能源环境形势与问题非常严峻和突出。2014年下半年，中央财经领导小组提出了能源生产与消费革命、创新驱动发展的战略方向，明确提出"形成煤、油、气、核、新能源、可再生能源多轮驱动的能源供应体系，同步加强能源输配网络和储备设施建设"。然而，风、光等可再生能源只有转化为电能才能得到高效利用，以风能、太阳能为基础的新能源发电取决于自然资源条件，具有波动性和间歇性的特点，调节控制困难，大规模并网运行会给电网的安全稳定运行带来显著影响。传统的电网技术难以大规模消纳可再生能源，智能电网将为能源结构清洁化转型和能源消费革命提供有力支撑。

智能电网是在传统电力系统基础上集成新能源、新材料、新设备和先进信息技术、控制技术、储能技术等构成的新一代电力系统，可实现电力发、输、配、用、储过程中的数字化管理、智能化决策、互动化交易。作为承载我国能源革命的重要平台，智能电网将深刻影响能源结构调整和全局发展，对正在实施的创新驱动发展战略具有引领性作用。随着"一带一路"倡议的提出，建设以特高压（ultra-high voltage，UHV）电网为骨干网架、输送清洁能源为主导的坚强智能电网也显示了更加重要的战略作用。从根本上来说，有效提高电网对可再生能源的接纳能力、建设高效智能电网、实现以清洁能源为主体的能源革命，关键是发展超远距离洲际互联的特高压、大容量柔性直流输变电技术，基于现代电气设备的低成本、长寿命、大规模储能技术等，适应复杂电网结构的高效电能转换技术。其中，电工材料与器件渗透在发电、输电、配电与用电的各个环节，是所有电工设备、电气装备及电子器件的基础，在以清洁能源为主的能源革命中发挥着基础性与支撑性作用。

1. 特高压、大容量柔性直流输变电技术

发展大容量、远距离的输电技术是实现我国能源电力资源优化配置的重要基础，是支撑电力系统安全、高效、经济运行的重要手段。我国 70% 的电力负荷集中在东南沿海地区及其相邻省份，而 80% 的风电装机、90% 的水力资源分布在我国三北地区（东北地区、华北北部、西北地区）与西南地区，大型煤炭基地均位于内陆地区，负荷中心距离能源基地超过 1000km；我国输电走廊总长度超过 200 万千米，占地面积超过 6 万 km^2，相当于台湾岛面积的 1.7 倍；年输电损耗超过 3700 亿 $kW \cdot h$，相当于 4 座三峡水电站的年发电量。特高压技术的发展为实现全国范围内的能源电力资源优化配置、降低远距离传输损耗、减少输电通道占地具有重要意义。以 2009 年 1 月正式投入运行的晋东南-南阳-荆门交流特高压输电工程为例，其单位输电容量的造价、功率损耗和输电走廊占用面积与 500kV 输电工程相比分别降低了 30%、70% 和 70% 左右，具有显著的技术经济价值。

特高压技术的发展对先进导电与绝缘材料的性能提出了更高的要求。在导电材料方面，特高压输电技术对导电材料性能的主要要求为电导率高、机械强度高、质量轻、耐高温、耐腐蚀、环境友好、抗氧化、耐磨损及耐烧蚀等。然而，传统导电材料（以铜和铝为代表），在实际应用中面临着强度不够的问题，且传统提高强度的方法会造成电导率下降。因此，如何探索新的强化机制以获得兼具优异力学性能和导电性能的材料是导电金属材料研究和发展的关键问题。

特高压输电技术对绝缘材料性能的要求是高击穿场强、高非线性、高热导率、高耐高低温能力、高耐电晕和耐电痕能力、高耐辐射和耐候能力等。在特高压的传输线路中，绝缘子需要承受最高可超过 100 万伏的电压，两个塔架之间的输电线缆直径超过 15cm，可产生 50 多吨的拉力。特高压输电线路多经过西北沙尘天气多发地区，由于沙颗粒在电场的极化和空间电荷区的荷电，电晕效应增强，电磁环境特性变差，对于绝缘材料要考虑到增大的电晕损失和无线电干扰等外部特性。对于特高压直流输电，由于静电吸附效应，绝缘子表面积污会更加严重，且直流与交流表面污闪特性不同。在相同电压等级下，直流污闪现象更加明显，这会对绝缘材料的防污性能提出更高的要求。

2. 低成本、长寿命、大规模储能技术

能源结构低碳化转型已经成为应对气候变化、保障能源安全、防治大

气污染的重要举措。2005 年以来，我国风电、光伏累计装机增长了 100 倍。2020 年，我国可再生能源年度投资达到近万亿元。然而，可再生能源的波动性、间歇性与不确定性使其难以满足电力供需的实时平衡要求，存在电网消纳困难，我国因无法并网导致的弃风损失已经累计高达 100 亿元，造成了巨大的社会经济代价。面向未来，我国已经向国际社会庄严承诺力争于 2060 年前实现碳中和。在向可再生能源为主转型的过程中，如何弥合电力需求与风光发电资源在时间上波动的不匹配，保障电网的安全稳定运行是重要的课题。随着储能系统价格的不断下降、可再生能源比例的不断上升，其在未来电网中平抑可再生能源波动、调节电力供需平衡、保障安全稳定的作用将更加突出。依据最新估算，能源系统结构转型中电力系统对电化学储能的容量要求将大于 300GW，累计市场规模将超过 1.5 万亿元，将超过我国乘用车市场 2020 年度的销售总额。发展大容量、长寿命、低成本、安全性高的储能技术是支撑能源结构平稳转型的核心问题。其中，高能量功率密度、低成本、安全性高的电极材料，以及具有高导电率、高稳定性、耐高低温、电化学窗口宽的电解质是其中的关键。

3. 高效电能转换技术

国家能源局发布的数据显示，截至 2020 年 6 月底，全国光伏发电累计装机达到 2.16 亿 kW，其中集中式光伏 1.49 亿 kW，分布式光伏 6707 万 kW；风电累计装机 2.17 亿 kW，其中陆上风电累计装机 2.1 亿 kW、海上风电累计装机 699 万 kW。可再生能源年度投资已经达到 8000 亿元，超过火电总投资。我国已经向国际社会承诺力争于 2060 年前实现碳中和，风电、光伏、水电为主的可再生能源将全面支撑起未来我国能源经济。

以高效率功率半导体器件为核心的电力电子技术是支撑我国大规模新能源接入的重要基础。在发电侧，风力发电机组需要依靠电力电子装置变换到电网频率才可并网，光伏需要依靠电力电子装置将产生的直流电变为交流电入网，当前发电侧通过电力电子变换后接入电网的电源占比已经超过 40%；在输电侧，大容量、远距离直流输电技术需要依托电力电子技术实现交流—直流—交流的转换，电力电子变电容量的占比已经达到总变电容量的 20%；在用电侧，空调、手机等电子设备都需要电力电子装置将交流电能转换为直流电能才可进行使用。提升电力电子装置的高效性与可靠性是保障电力能源系统经济、高效运行的重要基础。功率半导体器件是实现电能转换的核心器件，主要用途包括整流、逆变、变频等。迄今，电力电子发展史的核心源动力主要是功率半导体器件的发展，功率半导体器件的发展对电力电子技术的发展起着决定性作用。1904 年发明的电子真空管能在真空中对电子流进行控制，具有整流效应，开启了微电子技术的先河。早期电子真空管体积大、功率小，为提高变流功率，人们进一步发展了离子真空管和汞弧整流器。1949 年，PNPN 四层晶闸管结构被提出。它具有二极管的整流效应，同时能够可控开通，特别具有双向少子增强效应，整流功率和效率大大增加，标志着电子技术从微电子领域中的晶体管发展到电力电子领域中的晶闸管，从而开启了能量级的电力电子技术。此后，各种功率的半导体器件不断产生，如金属-氧化物-半导体场效应晶体管（metal-oxide-semiconductor field effect transistor，MOSFET）、双极型晶体管（bipolar junction transistor，BJT）、门极可关断晶闸管（gate turn-off thyristor，GTO）、绝缘栅双极型晶体管（insulated gate bipolar transistor，IGBT）、集成门极换流晶闸管（integrated gate-commutated thyristor，IGCT）等。功率半导体器件的衬底材料也从硒（Se）、锗（Ge）和砷（As）发展到如今仍广泛应用的硅（Si），近几年进一步发展到宽禁带半导体材料，如碳化硅（SiC）和氮化镓（GaN）等。如今，对功率半导体的需求升级也促使现代电力电子技术向全控化、集成化、高频化、控制技术数字化和电路形式弱电化不断发展。

上述这些新材料的应用，最终将使我们不但可以彻底摆脱由于一次能源储量有限和分布不均带来的束缚、彻底解决我国能源资源供给的问题，还可以从根本上解决由于严重依赖化石能源带来的生存环境恶化问题，为保障广大人民群众的身体健康提供良好的外部环境。

（二）电工材料在交通电气化中的重要作用

随着城市化进程的不断加快，人口和经济活动越来越集中，全世界近一半的人居住在城市里。城市的迅速膨胀和交通工具的激增，使得城市环境污染问题日益突出，交通工具气体排放物已成为许多城市空气污染的主要污染源。全球石油供应持续紧张的形势和创新高的石油价格，给石油进口大国带来日益增大的能源安全风险和经济风险。能源安全是一个国家能源战略的基础和核心。受全球石油需求的快速增长、生产加工能力相对饱和及地缘政治等多种因素的影响，石油供需矛盾日益突出，石油进口国的供应安全面临多种现实和潜在威胁。在石油进口量持续快速增加的前提下，我国的石油供应依然面临很大的压力。

发展电气化交通、以电代油是降低石油消耗、提高能源效率、改善环境质量的重要途径，也是实现交通能源转型和升级的根本方向。交通电气化的核心是大力发展以电动汽车和轨道交通为核心的清洁交通工具，包括动车、地铁、城市轻轨、有轨电车、磁悬浮列车、电动公交车、电动轿车和电动轻便车等，形成适应城市人居环境发展趋势的绿色可持续交通系统。交通能源多元化、动力电气化、排放洁净化是世界交通运输行业发展的趋势。以电动机代替内燃机是陆上交通工具能源动力转型的主导方向。而且，其在水上交通运载工具的发展方面也具有巨大的发展潜力。

1. 电动汽车

电动汽车的核心部分是电力驱动及控制系统，由驱动电动机、电源和电动机的调速控制装置等组成。电动汽车既要能高速飞驰，又要能频繁启动、制动、上下坡、快速超车、紧急刹车；既要能适应雪天、雨天、盛夏、严冬等恶劣天气条件，又要能承受道路的颠簸震动，还要保证司乘人员的舒适与安全。驱动电机是混合动力汽车和电动汽车的心脏，需要具备转矩密度高、功率密度高、工作速域宽、系统效率高、环境适应性强、电磁兼容性好等特点。永磁电机是在 Y 系列电机的基础上，在电机转子中嵌入钕铁硼永磁体制成的，具有转矩密度高、功率密度高、起动力矩大、高效节能等特点，已被越来越广泛地使用。永磁材料是永磁电机的重要组成部分，主要有铝镍钴、铁氧体和稀土永磁体三大类，其磁性能参数直接影响着电机的整体性能。稀土永磁驱动电机的发展趋势将呈现高功率密度、高转矩密度、高可控性、高效率、高性能价格比等特点，可以满足新能源汽车的实际需求。其中，电机的磁能积比当前通常使用的铁氧体高 10 倍，是当前磁性能最高的永磁材料，被称为"磁中之王"。高性能的钕铁硼永磁体作为制造新能源汽车的动力电机和特种电机的转子、定子的主要材料，可以明显减轻电机重量，提高电机性能，实现高效节能。

以硅为主要材料的电力电子功率半导体器件是其电气化交通驱动系统的重要组成部分，是影响电动汽车动力性能、可靠性和成本的关键因素。电动汽车的发展对电力电子功率驱动系统提出了更高的要求，即更轻便、更紧凑、更高效、更可靠。然而，传统硅基功率器件在许多方面已逼近甚至达到其材料的本征极限，如工作温度、正向导通压降、器件开关速度等，尤其是在高频和高功率领域更显示出其局限性。而以碳化硅为代表的宽禁带半导体器件的电子饱和漂移速率是硅材料器件的 2.5 倍，开关速度更快，开关损耗更低，在中大功率应用场合有望实现硅基功率器件难以达到的高开关频率

（＞20kHz），从而实现高频化的目的。在电动汽车的电力驱动装置中采用碳化硅功率器件，可显著减小散热器的体积和成本，减小功率模块的体积，提高系统效率，显著减小电力电子驱动系统的体积、重量和成本，提高功率密度。国际知名电动汽车厂商特斯拉（Tesla）早在2018年就开始在Model 3上应用碳化硅功率器件。采用碳化硅MOSFET替代上一代硅基IGBT后，逆变器的效率从Model S的82%提升到Model 3的90%，续航能力得到显著的提升。同时，碳化硅MOSFET在200℃的环境温度下也能维持正常效率。这得益于碳化硅所具有的高热导率和耐高温特性。国内对于碳化硅功率器件的应用也正如火如荼地进行。比亚迪股份有限公司在2017年研制出碳化硅MOSFET双面水冷模块。通过对碳化硅器件和硅器件的性能测试结果表明，使用碳化硅MOSFET后，逆变器损耗下降了5%，整车新欧洲标准行驶循环（New European Driving Cycle，NEDC）的续航能力提升了30km，里程增幅为5.8%，电驱动系统整体NEDC平均效率提升了3.6%。

纯电动汽车和混合动力汽车的供能元件是锂离子电池等二次电池，其综合性能直接决定着电动车的续驶里程、加速性能、爬坡能力等关键性能指标。基于石墨负极，钴酸锂、磷酸铁锂、锰酸锂或镍钴锰锂正极的锂离子电池能量密度达到150~200W·h/kg，功率密度在500W/kg左右，使得电动汽车具有较高的续航里程。但也存在诸多的问题，如功率密度低、续航能力有待提升、安全性差、使用周期短和成本高等。如果没有高储能密度、高安全性、长寿命的储能材料和以此为基础的蓄电池，电动汽车的推广和普及应用实际上很难实现。美国能源部（Department of Energy，DOE）2013年发布的《电动车普及大挑战蓝图》将动力电池的发展目标确定为：到2022年，制造成本降低到125美元/(kW·h)，能量密度达到250W·h/kg，功率密度达到2kW/kg。为实现这个目标，开发全新的储能材料及下一代电池体系具有重要的科学意义和应用意义。

2. 轨道交通

高速铁路（简称高铁）可以满足长距离、大运量、高密度等运输需求，对推动国家的经济发展与繁荣具有重要作用。中国已进入高速铁路时代，当前我国高铁商业运行速度已居世界第一。2020年12月22日国务院新闻办公室发布的《中国交通的可持续发展》白皮书显示，截至2019年底，我国高铁运营里程达3.5万km，占世界高铁运营总里程的70%。高铁技术是铁路运输现代化的龙头，通过发展高速技术并同常规铁路技术相结合，将全面带动铁路技术的进步，是"科技兴路"和21世纪交通运输发展的重要组成部分。

高铁的安全运维与良性发展离不开弓网能量传递系统的可靠服役，而受电弓滑板材料是高铁能量供给的"咽喉"。高速列车通过受电弓滑板与接触网摩擦受流，是其能量供给的唯一途径，具有高速度（100m/s量级）、长时间（连续数小时）、高能流密度（界面处可达10MW/cm² 量级）传输等特征。受电弓滑板是唯一的集流元件，其质量优劣直接决定了铁路运输的可靠性与稳定性，并直接影响弓网系统的服役寿命，严重时会发生停车事故。相关数据表明，弓网故障占供电故障的76%，是威胁供电安全的首要因素。随着列车不断提速，弓网电气、机械和材料相互耦合加剧，弓网系统处于剧烈振动、燃弧与载流摩擦磨损状态，当运行速度接近接触网波动速度极限时，接触形式由柔性接触向刚性接触转变，振动冲击加强，弓网电弧频发，导致滑板开裂掉块，严重影响弓网受流质量，制约了高速铁路的进一步发展。因此，亟需开发适应高速工况的新型受电弓滑板，要求其兼具抗冲击、耐电弧、高导电、耐磨损的要求，以保证弓网在高速运行状态下长期、稳定地受流。发展先进滑板材料技术对推动我国高铁相关技术标准的国际化，服务于"一带一路"建设，以及对高铁"走出去"具有重要意义。

电气绝缘材料的可靠性是高速铁路安全稳定运营的基础。我国高速铁路运行速度快、跨越范围广，对绝缘材料提出了更高的要求。一方面，我国高铁采用了"交流—直流—交流"的传动方式，这是一种全新的传动方式，其车载牵引电机采用脉冲宽度调制（pulse width modulation，PWM）的驱动电压、电流波形，功率密度更高，要求车载电机的绝缘材料具备耐电晕、高导热、耐老化的性能。现阶段，通过对变频电机主绝缘的聚酰亚胺薄膜添加 MgO、Al_2O_3 等纳米颗粒进行改性，提升薄膜的耐电晕性能和散热性能，进而提升了聚酰亚胺薄膜的绝缘性能，提升其服役的寿命，使牵引电机在PWM工况下的绝缘寿命延长超过3倍。另一方面，高铁运营速度快，运营区域跨越范围广，车顶高压部件的外绝缘长时间承受高速气流、沙尘、雨雪的冲击，要求高压部件外绝缘材料能够同时满足憎水性好、抗机械冲击能力强、耐紫外、耐磨蚀、耐温变等要求。通过对绝缘结构进行表面改性，其本体性能可以得到进一步的增强，绝缘子伞裙的机械强度，高速气流冲击时的舞动、撕裂、表面磨蚀等问题可以得到根本性的解决。

在轨道交通领域，车辆牵引机构能耗约占轨道交通系统总能耗的45%左右，使用永磁牵引电机可降低能耗10%，配以合适的能量回收装置，综合能耗可进一步降低约30%，节能优势显著。永磁牵引系统驱动电机的关键材料是稀土永磁材料。其中，钕铁硼永磁材料的磁学性能比较理想，已经得到广泛的应用，但要添加较多的重稀土金属铽镝。考虑到高速铁路的安全性，必须进一步提高钕铁硼永磁体的工作温度，或者为使用钕铁硼永磁体的牵引系统附加冷却系统降低钕铁硼永磁体的工作环境温度，才有可能使钕铁硼永磁体满足高速铁路的需求。轨道交通领域永磁同步传动系统中的永磁材料要求其综合磁性能指标为内禀矫顽力 H_{cj}(kOe)+ 最大磁能积 $(BH)_{max}$(MGOe)>60。

（三）电工材料在国防装备中的重要作用

现代信息化战争既是高技术装备之战，也是高性能材料之战。原有的电工材料已经不能满足开发和生产这些新型电气装备的要求，促使人们对具有新电气特性电工材料和可以挑战工作极限的电工材料的研究注入极大的热情。正是在这种需求牵引下，新的电磁现象被不断发现，具有先进电磁参数的国防武器装备也在被不断研发。以电磁能武器为代表的现代国防装备具有能量利用率高、以快制慢和性能调控容易准确的突出优势，必将成为当前各大军事强国竞相发展的颠覆性武器装备。但是其作战效能的发挥受基础核心材料性能的制约，面临装备性能提升的瓶颈。为应对国际军事竞争的各方威胁、加强国家安全和提升战略威慑，我国自 2004 年起开展系列电磁能装备的研制，并取得领先优势。开展先进电工材料研究、突破电磁能武器装备材料性能瓶颈，对于将我国在电磁能武器研究上的技术潜力转化为高速化、精确化、智能化、远程化等的装备实力，实现综合国力的提升具有重要意义。

在新一轮科技革命和军事变革的推动下，电磁能装备在舰载、车载、航空、航天等领域的重大国防装备中得到快速应用。电磁能装备在运行速度、转化效率、可控性和全寿命周期成本等方面具有传统装备无可比拟的技术优势，是继机械能、化学能之后的又一次能量运用革命，成为国防装备发展的必然趋势，在军民领域具有颠覆现有格局的重大战略意义。然而，电磁能装备因工作于多场强耦合极端工况，装备性能的提升和优化对电工材料提出了更加严苛的要求，影响装备性能的电工材料主要包括导电材料、绝缘材料、半导体材料、磁性材料和储能材料等。

导电材料主要用于结构基础和通流等，其物性参数对装备的性能和服役寿命起到决定性作用。一方面，装备小型、高效、长寿命服役等需求对导电材料提出极高要求，如高达数兆安的极高电流、高达数兆牛的极大电磁力、高达数百兆帕的极强应力和极大变形等，其各项指标已经达到传统电气装备的数十乃至数千倍，要求导体同时兼具高强、高导、高韧等性能。然而，对于传统导电材料，上述三项性能相互矛盾，难以同时提高。这极大地限制了装备的体积、重量和服役寿命。另一方面，电磁能装备工作在瞬时脉冲工况，导电材料耐受着极大的电流、热力和应变变化率，如电流变化率高达数兆安/毫秒（MA/ms）、温升速率达到数百开/毫秒（K/ms）、应变率达到数千秒$^{-1}$（s^{-1}），要求材料具有极强的动态响应能力，并且材料的物性参数随之变化，现有的材料本构模型无法精确描述其变化规律，极大地影响了电磁能装备的可控性。实验结果表明，采用优化的合金材料后，电磁发射武器装置的性能和一致性还会得到大幅度提升。

传统电气设备中的绝缘材料主要考察在外加电场下的极化、损耗，以及高场强下的击穿等特性；对于电磁能装备，绝缘体除了受到电场作用外，还同时承受超高声速气流冲刷、瞬时高温气体热载荷、超高气压的剥离等的作用，传统的绝缘材料已经无法满足上述要求。电磁能装备的运行要求绝缘材料具有高强、耐高温及强抗冲击性能，这对于武器装备的研发和长期可靠运行至关重要。研究表明，采用结构功能一体化绝缘材料可将电磁发射武器装备绝缘体的寿命延长数十倍，可以解决武器装备寿命的短板问题。

半导体器件在国防装备中广泛用作能量变换的开关、续流、方向限制等。电磁能装备具有工作电压高、放电电流大、持续时间短、循环频率高的特点，与传统稳态运行条件相比，电磁能装备运行于循环脉冲暂态，电流峰值是传统运行的数十倍，这对半导体器件材料和工艺提出了更高的要求。采用宽禁带半导体材料和新型半导体器件制备工艺，提高功率开关器件的功率水平，可实现电磁能武器装备整体性能提升和功能拓展。例如，基于新材料、新工艺研制超大功率开关器件，可提高储能单元的储能规模，减少开关等非储能器件所占有的体积、提高系统的储能密度。此外，开发新型大功率半导体开关器件可推动电感储能方式由理论研究转向工程应用，实现电磁能装备储能设备的多样化选择，以满足多种武器平台的安装需求。

磁性材料在国防装备中广泛用于磁场分布的调整等。电磁能装备工作于强磁场环境，磁场强度高达几十特斯拉，而传统的磁性材料在高磁场环境下相对磁导率衰减至接近空气且电导率较高，严重制约着电磁能装备性能的提升，同时其产生的涡流损耗较大，两者是制约装备效率提升的关键。然而，当前对于超高磁场强度下高性能磁性材料的研发还很少，尤其是对于磁场强度达到数十特斯拉的高能武器装备，其研究尚属空白。因而，探索超高场强下的磁性材料动态特性和性能提升，对于武器装备作战效能的发挥和性能提升至关重要。另外，通过材料结构的巧妙设计构建具有特殊电磁特性的功能材料（如左手材料、超磁致伸缩材料、智能材料等）应运而生，为实现国防装备电磁特性的突破开启了新的路径。近年来，左手材料因其在飞机隐形及电扫描相控阵雷达方面的应用而被美国空军列为未来 20 年影响空军装备发展的关键使能材料。日本政府拨出巨额资金将超材料作为新学术领域的研究重点，并将超材料列为下一代隐形战斗机的核心技术。

储能材料在国防装备中的应用越来越广泛。随着装备性能的不断提升，往往需要兼具高安全性、高比能量、高比功率、长循环寿命等特性的储能材料。根据使用对象的不同，储能材料追求的性能侧重点也不同。例如，在电磁发射用大规模锂离子电池储能系统中，要求锂电池储能材料具备超高功率、超高倍率充放电能力；而在战略战术导弹、鱼雷等用弹载热电池储能系统中，要求电池储能材料具备高能量密度；在直接供电能源中，要求脉冲电容器同时具有高击穿场强、低损耗、良好的耐温性和机械加工性。现阶段的研究方案，一方面是通过材料改性实现高倍率放电性能提升的电池材料，可大幅提升电池放电倍率，减小系统体积，并缩短对负载的充电时间；另一方面是通过电池结构设计，构建电池/电容混合体系，兼具电池体系的高能量密度与电容体系的高功率密度特点，为发展兼具高能量密度与功率密度的电化学储能体系、提升国防武器装备综合性能提供一个重要思路。

（四）电工材料在高端科学研究仪器装备中的重要作用

随着科学技术的进步，生物、医学、物理、材料、化学等学科的研究对于极高磁场下的极端电磁环境的需求在不断增加，超高磁场（> 30T）对于基础科学研究的极端科学设施、生物医学工程、高精度的科学仪器的发展有极其重要的作用。

强磁场是发现新现象、新效应，揭示新规律、新机制，验证理论预言和科学假设的重要手段，对人类的科学和技术及生活产生重大影响，对生命的起源及从事疾病防治的研究有特别重要的意义。近 40 年来，与强磁场相关的诺贝尔奖达 10 余项，涵盖物理、材料、化学、生物、医学等多个研究领域。

脉冲磁体是产生 50T 以上强磁场的最有效实验设备，是支撑重大原始创新的"国之重器"。脉冲磁体本质上是一个空心螺线管线圈，由导电材料和纤维加固材料交替分层缠绕而成，导电材料流过电流产生磁场，脉冲电流密度峰值可达 $3 \times 10^9 A/m^2$。从 20 世纪 20 年代一直到 80 年代，脉冲磁场的强度一直徘徊在 50T 左右，随着 1986 年麻省理工学院引入高强度铜铌（CuNb）合金导线，磁场的强度水平提升到 68T，实现了第一次飞跃；随着 90 年代更高强度导电材料和柴隆（Zylon）纤维的使用，磁场强度水平实现了第二次飞跃，达到 90T 左右。可以预见，脉冲磁体的下一次提升，一定是在材料方面取得突破之后。在磁场达到 100T 时，产生的电磁应力高达 4000MPa，远超当前高强度钢等材料的抗拉强度（约 1500MPa）。因此，必须采用高强度纤维加固材料分担电磁力，保证磁体线圈不会出现结构破坏。因此，脉冲强磁体设计中面临的最大挑战是如何解决磁应力的情况。要提高磁场的强度，就必须开发出新的高性能导电材料和纤维加固材料。

1. 导电材料

导电材料要具有 1200～1500MPa 的超高机械强度、65%～90% 国际退火铜标准（International Annealed Copper Standard，IACS）的电导率、良好的室温延展率、较高的热传导率等特点。磁场强度较低时，冷拉硬铜是比较理想的导电材料。它的电导率高，热导率高，抗拉强度在 500MPa 左右，符合脉冲磁体导电材料的要求。通过与玻璃纤维的组合，可以制造出 50T 的脉冲磁体。但是随着磁场水平的不断升高，纯铜的抗拉强度开始满足不了磁场发展的需要，于是研究人员不得不以降低电导率为代价来获取较高的机械强度。在脉冲磁体的发展过程中，一系列铜合金都被开发出来。它们具有很高的机械强度，不易被破坏。但是，这些材料的电导率太低，有的只有约 10% IACS，不能满足脉冲磁体的需要。为了解决这个问题，研究人员又相继开发了铜基宏观复合材料、铜基微观复合材料和多层绞线复合导电材料。当前最常用、最简单的一种铜基宏观复合导电材料是 Cu/SS（Cu/stainless steel）导线，它是由铜芯外面包裹一层不锈钢套筒加工而成的。由于不锈钢的热容比较小，铜导线与加固材料间的热传递受到限制，所以其内部温度分布很不均匀，热应力比较明显，使得磁体温升不能太高，限制了磁场脉宽的提高。铜基微观复合材料是通过使用固溶强化、沉淀强化和加工硬化等手段来提高合金的强度，但这些方法在提高强度的同时也降低了电导率。多层绞线复合导电材料是由比利时鲁汶大学开发的一种新型高强度脉冲强磁场导电材料。与普通金属导电材料相比，这种复合材料具有电导率高、柔韧性好、抗拉强度高（77K 时的抗拉强度达 1GPa）等特点。当前广泛使用的铜基微观复合材料是 CuNb、CuAg、CuFe、CuCr 和 CuV 等，其中 CuNb 表现出最高的机械强度。当前国内生产的 CuNb 的抗拉强度达 800～900MPa，国外生产的可达 1200MPa，室温时的电导率均在 60%～70% IACS，是制造 80T 以下脉冲强磁场的合适导电材料。在总结多年实践经验的基础上，科研人员基本达成一致共识：100T 脉冲强磁体通常采用 CuNb 复合材料。

2. 纤维加固材料

导体机械强度仅有1000MPa左右，无法抵抗100T磁场产生的磁应力（4000MPa）。因此，需要利用强度更高的加固材料来增强磁体。在早期，不锈钢等金属被用作加固材料。但是，在磁体线圈绕制过程中，金属材料不易加工，并且大量的金属会降低磁体的电效率。随着人工合成纤维技术的发展，其机械强度也越来越高。部分纤维的抗拉强度是不锈钢的3~5倍，而重量只有不锈钢的几分之一，性能足以和金属材料相媲美，因而成为脉冲强磁体加固材料的首选。常用的加固材料有玻璃纤维、碳纤维、Zylon纤维等。S2玻璃纤维的主要成分是镁铝硅酸盐，具有强度高、耐高温、耐腐蚀等特点，是脉冲强磁体加固材料的理想选择对象。在磁体中，采用纯铜导线加S2玻璃纤维加固的结构具有非常出色的力学性能。此外，S2玻璃纤维具有良好的浸润性，在磁体浸渍工艺中采用真空浸渍方法，环氧树脂能迅速完全地进入纤维内部而形成致密的复合材料。相比玻璃纤维，碳纤维具有更高的抗拉强度和弹性模量，力学性能更优。但是碳纤维材料的绝缘性能较差，用在磁体内部加固层中很容易引起绝缘故障，仅能用作磁体外面的加固套筒。Zylon纤维是日本东洋纺织公司开发的一种具有高弹性模量、超强抗拉强度、良好绝缘性能的高分子材料，和碳纤维具有相似的力学性能，电绝缘性更佳。但是，Zylon纤维也存在浸渍困难的问题。由于Zylon纤维表面光滑，无法与环氧树脂进行有效的界面结合，不能形成环氧玻璃复合材料一样的致密结构，对磁体整体力学性能和刚度的影响较大，这是当前使用Zylon纤维必须解决的问题。

（五）电工材料在高端电磁医疗设备中的重要作用

以核磁共振成像（nuclear magnetic resonance imaging，NMRI）、电磁导航、重离子加速等为代表的高端医疗装备是近年来涌现的一批基于新型作用机制的高端医疗设备。医用NMRI利用核磁共振原理绘制人体内部的形态和功能影像，提供被测人体的结构、功能、代谢和物质属性等多种分析信息。电磁导航是利用电磁场引导磁胶囊在人体消化道内进行可控运动，实现医疗检查、定向给药甚至在线手术。重离子加速是利用对电磁场加速使带电离子产生高能电磁辐射线作用于人体病灶，改变分子结构，达到破坏癌细胞目标的一种治疗方法。强磁场也将有效提高重离子加速器的重离子能量，增强医疗效果。与传统的X射线、计算机断层扫描术（computer tomography，CT）、超声等医疗手段相比，高端医疗设备的重要作用原理是利用电磁场技术实现医疗诊断。因此，它们对相应的磁性材料、超导材料、绝缘材料的性能也提出了更高的要求。

当前医院 NMRI 场强一般为 1.5T，最高为 3T。随着磁体磁场强度的增大，核磁共振的信噪比和空间分辨率将得到数倍提升，大大拓宽了 NMRI 的诊疗范围和应用场景。高场医用 7T 核磁共振成像系统于 2017 年底获得欧洲共同体（European Community，CE）和美国食品药品监督管理局（Food and Drug Administration，FDA）认证。同时，对于科学研究有重大意义的超高场预临床动物 NMRI 系统也已在运行，集中在 7T、9.4T 及更高场强的系统。与常规的 1.5T/3T 磁场相比，7~14T 高场在神经、血管、肿瘤、骨关节等多个方面都会带来全新的突破性进展。尤其是在当前常规影像设备难以诊断的神经退行性疾病（如阿尔茨海默病、帕金森病、路易体痴呆等）的发病机制、早期诊断、治疗方案确定及治疗效果评估都有极大的潜力。磁性材料是低场 NMRI 设备的重要材料，主要为钕铁硼永磁体，需要具备高矫顽力（>15kOe）、低损耗特性。稀土永磁材料的矫顽力的提高与稳定敏感性的下降对低场 NMRI 非常重要，可以使设备的场强得到进一步提高，体积更小，使用环境适应性更好，从而进一步提高永磁 NMRI 设备的分辨率，拓展使用范围。

超导线圈是 NMRI 与重离子加速的磁场产生部件。高性能超导材料是高场 NMRI 和重离子加速的基础条件。当前使用的是铌钛（NbTi）低温超导材料。随着磁场强度的提升，要求 NbTi 线具有更高的临界电流密度（J_c>2800 A/mm^2 @5T）、更高的机械强度（700~800MPa）、更好的稳定性［剩余电阻比（residual resistivity ratio，RRR）>100］。除了常规使用的 NbTi 合金以外，当前国内外正在研制的 14T 核磁共振成像系统，具备更高临界场的铌锡（Nb$_3$Sn）材料将承担主线圈的高场磁体部分。并且，采用 MgB$_2$ 超导材料绕制的 NMRI 磁体将运行温度从 4K 提高至 20K 以上，降低磁体对环境温度的敏感性。未来钇钡铜氧化物（YBCO）二代高温超导材料也将应用于高场 NMRI 磁体的研制，运行温度会进一步得到提升。这些新材料的应用都将推动高场 NMRI 系统向高磁场、小型化、无液氦方向发展。

第二节　先进电工材料的发展概况

电气化被誉为 20 世纪人类最伟大的工程技术成就之一。电（或磁、电磁）作为一种可控性极强的能量形态，其应用已渗入社会生活的每个角落。

电气工程学科主要研究电（磁）能的产生、转换、传递、利用等过程中的电磁现象及其与物质的相互作用，包含电（磁）能和电磁场与物质相互作用两个领域。随着科学技术的飞速发展，现代电气工程的概念已经远远超出传统定义范畴，涵盖了几乎所有与电子、光子有关的工程行为，同时电气工程学科的研究对象也发生了深刻的变化。随着"电气化+"学科发展战略的提出，加强与能源、医疗、交通、环境、制造等国民经济重要领域交叉融合，形成一批特色鲜明、优势明显的学科方向，已经是现阶段科学技术发展的必然趋势。

一、电气工程学科面临的机遇与挑战

电气工程学科的发展面临重大的机遇。首先，世界能源发展格局正在发生重大而深刻的变化，新一轮能源革命的序幕已经拉开，发展清洁能源、保障能源安全、解决环保问题、应对气候变化，是能源革命的核心内容。作为能源的重要供应环节和主要使用形式，电能对于清洁能源的发展至关重要，对电机系统、电力系统、高电压与绝缘、电力电子、能源电工新技术和电能存储等电气工程及交叉研究提出了更高的需求，强劲地牵引着电气工程学科的发展。其次，电磁场与物质的相互作用涉及物质的多种特性，从而涉及多个相关学科，使电气工程学科的发展呈现很强的交叉性和渗透性。交叉面涉及数学、物理、化学、生命、环境、材料学科及工程类相关学科等。21世纪以来，随着新科技革命迅猛发展，方兴未艾的信息科学和技术、迅猛发展的生命科学和生物技术、接踵而至的纳米科学和技术，都与电气工程学科有密切的交叉和渗透关系，是电气工程学科开放开拓、培植创新生长点的重要对象。

同时，电气工程学科的发展也面临一系列严峻的挑战。随着强随机性和波动性的风电、光电等可再生能源发电大规模并入电网，加之各类分布式电源的接入和主动配电网、可控负荷技术的发展，未来电力系统的形态可能发生重大改变，电力系统的安全运行面临重大风险。以可再生能源为主体的新型电力系统能否稳定运行，都是电气工程学科必须解决的挑战性难题。经过一百多年的发展，电气工程学科已将电和磁相互依存、相互作用的规律研究得非常深入，电（磁）能相关技术已发展到接近极限，突破性创新的难度非常大。若干高参数关键部件常常是制约高端电气装备和复杂电磁系统的瓶颈，而要突破这些瓶颈技术，往往首先需要在电工材料与器件等基础领域取得突破。因此，发展电气工程新技术、追求电磁参数的不断提升、拓展电磁技术应用的新领域，是电气工程学科发展必须应对的挑战。

二、电工材料发展战略

"电工材料"是电气工程学科中一个新的研究方向，旨在通过电气与物理、材料、化学等学科的交叉融合，突破传统电气工程学科发展所面临的基础瓶颈问题。传统的电气工程学科涵盖的范围有限，主要研究工作集中在装备与系统层面，受材料本征电磁参数及其他物理参数的限制，学科发展面临重大瓶颈；典型材料学科的研究集中在材料的本征电、热、光、磁等特性，缺乏应用需求的牵引和工程研究基础，难以开展突破性与颠覆性研究。电工材料研究方向的建立将进一步拓展电气工程学科的内涵与外延，解决电工材料研究所面临的跨学科、跨专业瓶颈问题，理顺学科关系，为从根本上解决制约电气装备关键特性的材料基础科学与技术问题奠定学科基础，为电气工程学科的发展赋予新的生命力。

电工材料方面的研究也得到国家自然科学基金委员会的高度重视，在新一轮的学科发展战略研究中，学科布局已经调整，增设了"超导与电工材料"（E0702）二级学科。电工材料与技术的发展既是国家的重大战略需求，也将为电气与物理、化学、材料等学科的交叉发展打开一片广阔的天地。近年来，国内外众多专家、学者高度重视电工材料方向的发展，国内多个高校和研究机构的电气工程学科组建了电工材料研究团队，有关电工材料交叉的深入研究与人才培养已经得到越来越多学者的认可。清华大学、西安交通大学及中国科学院电工研究所等研究机构都较早开展了电气、材料交叉学科的建设，并取得了一系列重要研究成果。华中科技大学电气与电子工程学院成立了"先进电工材料与器件研究中心"，汇集了电气、材料、化学等领域的优势人才，并建立了中南地区"先进电工材料与器件联盟"。先进电工材料的发展将以电力需求为牵引、材料创新为源泉，通过多元优势学科的交叉融合，探索自然规律，挑战电磁参数，为突破高性能电工装备奠定基础，引领电工材料与器件方向的快速蓬勃发展，同时促进电气、材料、物理、化学等多学科的共同发展。

当前，世界大部分国家都十分重视先进材料技术的发展，无论是国家科技发展战略，还是国防科技发展战略，都把它列为优先发展的关键技术之一。在美国"十大国防技术发展计划"中，对材料和工艺的重要地位和作用给予了充分肯定，对先进材料与工艺计划的投资占国防十大技术预研总经费的12%以上。美国能源部在公布的《电网2030：电力的下一个100年国家愿景》（*Grid 2030: A National Vision for Electricity's Second 100 Years*）报告中，把高温超导技术列为美国电力网络未来 30 年发展的关键技术之一，计划 2030 年前建成国家超导主干输电网络；在半导体材料方面，美国前总统奥巴马亲自主导成立了以碳化硅为代表的第三代宽禁带半导体产业联盟，旨在引领针对下一代电力电子的制造业创新；在储能材料方面，欧盟委员会提出了 *BATTERY 2030 +* 战略能源计划，旨在联合欧洲整体解决未来电池研发过程中所面临的各项挑战，重点开发高性能电池材料与新型电化学储能体系，实现具有超高性能和智能化的可持续电池。在其他新型电工材料领域（如新型绝缘材料、碳纤维材料与新型磁性材料等），国际发达国家也予以高度关注和大力支持。

近年来，我国也高度重视并大力支持电力能源的存储、转换与传输技术的发展。"十四五"时期着眼建立自主可控的现代化产业体系，聚焦集成电路芯片、生物科技、航空航天、核心部件等一批"卡脖子"关键前沿技术，重点发展高端装备材料、新一代电子信息材料、新能源材料等。我国新材料产业的战略地位不断提升，已上升到国家战略层面，目标是提升新材料的基础支撑能力，实现从材料大国到材料强国的转变。工业和信息化部、发展和改革委员会、财政部联合印发《新材料产业发展指南》，明确了先进基础材料、关键战略材料和前沿新材料是未来新材料发展的三大方向。紧紧围绕新一代信息技术产业、高端装备制造业的需求，以高性能碳纤维，高性能永磁、高效发光、高端催化等稀土功能材料，宽禁带半导体材料及新型能源材料等为发展重点，突破材料与器件的关键技术，实现材料的产业化与规模化应用。

第二章
几类常用的电工材料
与性能要求

本章将简要介绍几类常用电工材料（包括导电材料、绝缘材料、半导体材料、磁性材料、电化学储电材料）在电工装备中的作用；阐述在新轮次工业革命中、在极端环境与极限服役工况下，高端电工装备对电工材料的高性能要求；简要综述它们的研究特点和发展规律。

第一节　导　电　材　料

一、导电材料的作用与性能要求

导电材料是指用于输送和传导电流的材料，是实现电能输送、信息传递等的基础性材料。我国电能输送具有跨区域、远距离和大容量的特点，因此输电损耗较大。当前，我国输配电系统（不包括用电设备的电能损耗）的综合线损为输电容量的 6.21%，约相当于 4 座三峡水电站的年发电量。考虑到未来可再生能源的大量接入及电能在终端能源中的占比不断提高，电能在网络传输过程中总的输电损耗将不可避免地持续增加。因此，提高导体的电导率以降低输配电损耗已经成为先进导电材料研究发展的首要任务。同时，随着我国经济的高速发展和科学技术的进步，不同种类的电气装备对设备导体的耐压能力、耐温性能、耐磨损性、耐电弧烧蚀/抗老化性能、稳定性和可靠性等还会提出越来越高的要求。因此，发展高性能导电材料是实施安全高效电能传输和应用的重要技术手段，对促进我国国民经济的发展和科学技术的进步具有重要意义。

根据材料结构不同，导电材料主要分为无机导电材料和高分子导电材料两大类。

无机导电材料主要有石墨、碳纤维等碳系导电材料，铜、铁、铝等金属导电材料，以及掺杂氧化铝（Al_2O_3）、掺杂二氧化锡（SnO_2）等金属氧化物系导电材料。其中，碳系导电材料中的碳原子以 sp^2 杂化的共价键连接，p 电子形成的大 π 共轭结构使材料具有良好的导电性。碳系导电材料具有高强度、高弹性、润滑性及耐热的性能，生产成本较低，且具有良好的导电性与导热性。以铜、铝为主的传统金属导电材料具有延展性好、电导率高、可靠性好、耐高温、耐腐蚀等优点。随着电子技术的发展，微电子、超微电子产品越来越普及，市场需要大量超精细高性能铜导线。当前，我国在生产超精细铜导线的工艺、技术和设备方面与国际发达国家仍存在较大差距。金属氧化物系导电材料主要有掺铝氧化锌（ZAO）、掺钙铬酸镧和掺锑二氧化锡（ATO）等。这类材料的优点是化学稳定性好，但是存在环境污染、资源有限和不可持续发展等问题。

高分子导电材料主要有复合型导电高分子材料及结构型导电高分子材料两类。复合型导电高分子材料是将常见的高分子材料与具有导电能力的物质通过分散聚合、层积或填充等复合过程制备得到的导电性有机材料。复合型导电高分子材料主要有石墨/有机复合导电材料、炭黑/有机复合导电材料、金属/有机复合导电材料及导电高分子/有机复合材料。结构型导电高分子材料又称本征型导电高分子材料，其分子结构含有共轭的长链结构，双键上离域的 π 电子可以在分子链上迁移形成电流，使高分子结构本身具有导电性。

电工领域使用的导电材料应具有尽可能高的电导率，良好的机械性能、加工性能、耐大气腐蚀性能、化学稳定性，同时还应具有资源丰富、价格低廉等特点，现阶段导电材料的研究主要集中在铜、铝等传统金属导电材料的改性，新型纳米导电材料、超导材料的研发，碳纤维增强复合芯导线及电接触材料的应用研究等方面。

（一）传统导电材料

铜和铝是导电材料中应用最广、使用量最大的基础关键材料，在电力设备、家用电器、电子信息、交通运输、冶金化工、机械工程、海洋工程、航空航天和国防军工等领域具有不可替代的作用。铜和铝导电材料的主要发展方向有：满足电子信息、航空航天等领域发展的需要，成分向超纯方向发展，性能向高强度、高弹性、高电导率的方向发展，形状和尺寸向高精、极细（薄）、超长的方向发展；满足绿色制造和节能减排的需要，生产工艺和装备向高效、低成本、短流程的方向发展；高附加值关键产品的研发方向有满足高铁产业的快速发展和高速列车进一步提速的要求，研究开发超长、高精及高性能的接触网线，替代进口产品并占领国际市场。针对我国铜矿资源日益枯竭的问题，需要研究开发废杂铜的回收与利用技术，主要包括废杂铜分选技术和废杂铜精炼净化技术。经过 5～15 年的努力，国内形成完整的铜和铝导电材料绿色、高性能化制造产业体系，总体制造与应用技术水平进入国际先进行列，部分合金和产品取得原始创新突破，全面满足国民经济重点领域和国防建设的需求。

传统金属导电材料在实际应用中面临的主要问题之一是强度不足。金属的晶体结构决定材料的强度和电导率之间存在倒置关系，即强度提高的同时电导率下降。如何探索新的强化机制以获得兼具优异力学性能和导电性能的材料是导电金属材料研究和发展的核心问题。采用纳米技术获得力学性能和导电性能优异的金属材料已经成为当今先进导电材料的一个重要研究方向。将金属的微观结构细化至纳米量级可有效提高其强度，如控制金属界面为低能、共格结构，还可以保持金属良好的导电性。提高金属材料综合性能的另一个有效途径是将碳纳米管或石墨烯与金属材料复合。探索新的纳米强化机制和强化方法以获得力学性能和导电性能优异的金属材料是当前解决导电材料问题的基本思路，也是相当长一段时间内导电金属材料研究和发展的核心问题。

（二）超导材料

超导材料具有常规材料所不具备的零电阻高密度载流能力及完全抗磁性等物理特性，广泛应用在电力与能源、高端医疗及科学仪器装备、大科学工程、交通运输等领域。随着节能减排、新能源及智能电网等新技术和新型产业的快速发展，超导技术已经越来越成为一项不可替代的具有战略意义的高新技术。尽管已有数万种超导体被发现，但是实用化超导材料的研究内容仍集中在铌基低温超导材料、MgB_2 超导材料、铁基超导材料及铜氧化物高温超导材料，且只有低温超导材料实现了大规模应用。当前，NbTi 和 Nb_3Sn 占超导材料市场的 90% 以上，而铋锶钙铜氧化物（bismuth strontium calcium copper oxide，BSCCO）和 MgB_2 处于应用示范阶段，YBCO 涂层导体也开始实现了小批量生产，铁基超导线带材还处于研发阶段。根据不同超导材料的研发现状，现阶段的研究重点是：针对低温超导材料及应用技术中的关键材料和关键应用，通过产学研用联合攻关，实现低温超导材料产业升级换代，开发出面向电力、能源、医疗和国防应用的低温超导磁体装备；研究进一步提高实用铁基超导材料的载流能力、降低交流损耗及实现各种特殊的实用导线；攻克高温超导带材的低成本制备技术，实现产业化。

（三）碳纤维复合芯材料

西电东送是我国输电的基本格局，输电距离达 1000km 以上。传统输电线路网损大，输电线路已不堪承受传输容量快速扩容的需求，研发新型、高输送量、低弧垂、耐大张力特性的架空输电导线已迫在眉睫。碳纤维复合芯导线用碳纤维复合芯替代传统的钢芯铝绞线中的钢芯制成，具有质量轻、抗拉强度大、伸长率低、耐热性能好等优点，实现了电力传输的节能、环保与安全，成为当前电力系统中取代传统钢芯铝绞线的理想产品。碳纤维增强树脂基复合材料芯棒最早是由美国研发的，并于 2004 年在得克萨斯州 3.2km 长的 230kV 线路上挂网运行。我国碳纤维复合导线研究起步较晚，但是市场发展迅猛。现阶段，碳纤维复合芯导线的应用以增容改造为主，我国碳纤维复合芯导线的应用里程数已达到全球的 1/2。然而，由于国内缺乏自主知识产权，这种导线的价格较高，且存在安全可靠性、经济实用性、运行稳定性的问题，因此在新建线路中并未大规模推广使用。为了促进碳纤维增强的复合导线在国家电网中全面推广，应重点进行以下几个方面的研究：提升碳纤维复合芯导线芯棒树脂体系及芯棒拉挤工艺技术；完善碳纤维复合芯导线无损检测系统；提高碳纤维的力学性能及综合性能，实现高性能碳纤维的国产化。

（四）电接触材料

电接触材料是电力系统中传递电信号或能量的关键元部件，其稳定性和可靠性直接关系到整个系统的性能水平。电接触材料的研究主要集中在以下几个方面：

（1）以长寿命、大容量高压电触头材料为主要研究目标，在 CuW 合金触头材料的制备、产品性能和服役寿命提高方面实现技术突破，缩小与国外先进水平的差距，促进我国电工装备技术的跨越式发展与进步。

（2）以电磁炮导轨为主要应用目标，将复合材料法、快速凝固技术、表面改性技术等结合起来，发展高电导率、高强度、耐烧蚀、耐磨性的电磁炮导轨材料。使用激光技术对 Cu-Cr-Zr 合金进行表面强化以提高其表面耐烧蚀性和耐磨性，使用激光表面强化以提高铜合金的表面性能，延长其使用寿命和扩大其应用领域。

（3）我国现有高速铁路用电力机车受电弓滑板主要依赖进口。因此，当前任务是以高性能受电弓滑板材料为主要应用目标，研制出具有自主知识产权、高性能的受电弓滑板，克服现有滑板材料因自身材质的缺陷而难以协调弓网系统载流磨损过大等问题，使我国受电弓滑板的研发和制备达到国际先进水平。

二、导电材料的研究特点与发展规律

发展高性能导电材料不仅是实施高效电力节能的重要技术手段，还有助于挑战更高的电磁参数极限，研发出具有更优性能的甚至完全新的电力电工装备。现阶段，导电材料亟需在以下几个方面取得突破。

（一）传统导电材料的新型制备技术

随着高压/超高压输电、高速轨道交通、高端电子器件等高新技术产业的发展，对传统导电材料（以铜和铝为代表）的综合性能提出了越来越高的要求。通过材料的设计开发、制造流程与工艺过程优化和材料制备装备智能化等的重点突破，实现传统导电材料产品的高性能和绿色高效制备与生产。例如，突破高性能铜和铝导体超纯或精确成分调控的微合金化、高精、极细（薄）、超长制备技术，大规格坯锭非真空熔炼成分稳定化及铸锭组织均匀化控制技术，高效、短流程制备技术，废杂铜直接制备高品质电工铜杆技术、高精度成形加工调控技术，从而形成具有自主知识产权的先进材料制备技术并达到国际先进水平，形成完整的导电材料绿色、高性能制造产业体系。

（二）新型高性能导电材料的设计及开发

轻量化、高强、高导、大载流量的导电材料是高性能导电材料未来的发展方向。例如，开发纳米结构高强度、高电导率铜及其合金，系统研究纳米尺寸孪晶结构的变形行为、强化机制和综合力学性能；发展高载流性能碳纳米管/铜复合导体，实现碳纳米管的均匀分散、界面的有效调控及复合材料的可控制备；改进碳纤维复合芯导线结构，提高碳纤维复合芯的卷绕性能和玻璃化转变温度，优化碳纤维架空导线的性能；开发面向高能加速器、聚变工程堆、超导磁体等领域应用的高性能低温超导线材；开发第二代高温超导带材的低成本产业化制备技术及实用化铁基超导长线的产业化制备技术，实现高载流、低成本批量化制造，促进超导技术在能源和电力方面的应用。

（三）极端服役环境下导电材料的研究和开发

随着高端制造业的发展，亟须研究极端服役条件下材料的组织结构及性能演变规律，开发出具有高性能的导电材料。例如，高压开关电器触头材料应具有抗大电流冲击（3000~5000A）、分断性能好、耐电弧腐蚀、无毒无害等性能，传统铜合金存在服役寿命及电流承载容量有限的问题，需要发展新型触头材料；高速轨道交通对电力接触网线和受电弓都提出了更高的要求，需要开发具有更高机械强度、更强耐磨损能力并能承载大功率电流的新型接触导线和受电弓材料；电磁炮导轨必须能通过兆安级的强脉冲电流，不仅需要高导电性，而且要求具有高强度、耐烧蚀、高耐磨性等优点。因此，需要针对特定的服役环境进行相关材料的研发。

第二节　绝　缘　材　料

一、绝缘材料的作用与性能要求

绝缘材料是能够阻止电流流通的材料，电阻率很高（$10^9 \sim 10^{22}\Omega \cdot m$），可以使器件在电气上相互绝缘。在不同的电工产品中，绝缘材料还往往起着储能、散热、冷却、灭弧、防辐射、机械支撑和固定等作用。作为电工电子装备的基础材料，绝缘材料对电力、轨道交通、新能源、微电子、航空航天、国防军工等领域的电工电子装备的更新换代具有基础性、支撑性、先导性的作用，决定着电力行业与电子行业的技术水平。随着电气设备向大容量、高电压、高功率密度化和小型轻量化方向发展及微电子与集成电路向高速度、高集成度方向发展，高性能绝缘材料的研究和开发迫在眉睫。按照绝缘材料的电气应用特性，可以将绝缘材料进一步细分为高击穿场强绝缘材料、智能绝缘材料、耐电晕和耐电痕绝缘材料、高导热绝缘材料、高储能密度绝缘材料、耐高低温绝缘材料、耐辐射和耐候绝缘材料、环境友好型绝缘材料等。

（一）高击穿场强绝缘材料

高击穿场强绝缘材料是我国第三代电网及超/特高压交直流输电系统中高压电力设备发展的基础，广泛应用于航天器的电源系统、内部电力电子器件和外部电缆等。电介质材料的击穿不仅依赖于电荷积聚和电场集中，还与温度、湿度、电压形式、介质厚度等多种因素耦合作用密切相关。因此，需要深入研究绝缘材料的击穿特性和相关理论，全面评估新型绝缘材料在电气领域应用中的精确服役特性，通过分子设计与结构组成调控，研发可广泛应用的新型高击穿场强绝缘材料。

（二）智能绝缘材料

智能绝缘材料是一类自身绝缘特性能够随着空间电场分布及材料自身状态参数进行自动或半自动调节的功能复合材料。根据现有研究已实现的材料功能，智能绝缘材料分为自适应电场调控材料（简称自适应材料）及电老化缺陷自修复材料（简称自修复材料）两类。

1. 自适应材料

自适应材料的电学参数在外加电场超过某一阈值后能够随电场变化而呈现出显著变化，实现"电场提升—材料电导/介电提升—电场下降"的负反馈闭环过程，从而达到均匀电场的效果。

2. 自修复材料

关于自修复材料，现有的研究主要集中在机械损伤的修复和力学特性的修复。开发可用于高压绝缘的自修复绝缘介质，需要基于绝缘老化的物理化学过程，针对不同的绝缘应用场景设计自修复机制。

（三）耐电晕和耐电痕绝缘材料

绝缘材料的电晕、电痕老化主要是带电粒子的直接碰撞、局部高温和放电活性产物的老化作用，常发生于在户外或有污秽的环境中工作的绝缘材料表面。现阶段，提高绝缘材料耐电晕和耐电痕老化的方法主要包括优化设备绝缘结构设计和改进绝缘材料性能两个方面。优化电工设备绝缘结构设计对提高其耐电晕和耐电痕性能的作用十分有限，而对传统绝缘材料进行改性或研发新型绝缘材料，增强绝缘材料自身的耐电晕和耐电痕能力是提高电工设备绝缘可靠性的根本途径。

（四）高导热绝缘材料

高导热绝缘材料是大容量电气设备的小型轻量化，微电子和集成电路高速度、高集成度发展的关键因素之一。电气电子设备中的绝缘材料热导率提高，会极大地提高设备的整体工作效率和使用寿命。然而，由于电子同时具有高效的导热性与导电性，材料的导热性能与绝缘性能相互矛盾。因此，当前对于绝缘材料的导热主要围绕另外一种导热性准粒子（即声子）展开研究。对提高绝缘材料导热性的研究主要集中在本征导热聚合物、填充型导热聚合物的设计和改性。

（五）高储能密度绝缘材料

高储能密度绝缘材料是有效储存能量和提高电能质量的重要支撑，而且对于用可再生能源替代传统能源，解决能量供求的时空差异问题有重要意义。电容器储能的原理是将能量以电容器对极板间的富集电荷电势场的形式储存，具有绿色环保、使用寿命长、充电时间短、功率密度大、循环寿命长且耐高温高压的优点。但电容器的能量密度较低，制约了其长远发展。提高能量密度的关键是发展高性能电介质材料，提高两电极之间电介质绝缘层的耐受电压和安全性能，提高材料的储能密度，降低损耗，减小薄膜厚度。现阶段的研究主要围绕有机薄膜材料、陶瓷、聚合物/填料体系等开展。

（六）耐高低温绝缘材料

耐高温绝缘材料对于实现电气与电子设备小型化、轻量化、大容量化等具有重要意义，需要兼具优良的耐高温性能、优异的介电性能及较好的加工工艺性能。耐热等级超过 H 级（180℃）的耐高温聚合物绝缘材料主要包括聚酰亚胺（PI）、聚酰胺酰亚胺（PAI）、聚醚酰亚胺（PEI）、聚苯并咪唑（PBI）、聚苯并噁唑（PBO）、聚苯基喹噁啉（PPQ）、聚醚醚酮（PEEK）、氟树脂、硅树脂、聚芳酰胺等几类。耐低温绝缘材料一般指在深冷直到接近 0K（-273.15℃）的环境中工作的电工设备或电工器材所采用的绝缘材料，其发展和超导体、航天飞行器的发展有密切联系。耐低温绝缘材料应具有低温韧性，能耐受从室温到运行温度的冷热循环。

（七）耐辐照和耐候绝缘材料

随着我国在航空航天、核能利用等领域的快速发展，绝缘材料面临宇宙射线辐照、高能粒子轰击、高低温交变等各种因素的综合影响。因此，绝缘材料必须具备良好的耐辐射性能和极高的可靠性。现阶段，改善绝缘材料的耐辐射性能的主要思路是：①通过复合高分子材料和无机物来提高材料本身的耐辐射性；②在材料外层增加防护层。此外，我国幅员辽阔，地理纬度跨度宽、地形复杂，地区之间的气候差异大，不同的气候条件对长距离输电提出了严峻的考验，输变电用绝缘材料需要能抵御污秽、覆冰、高湿等气候因素的威胁。发展耐候绝缘材料的主要思路是降低材料表面能，发展憎水性防污涂料。比较常用的有室温硫化（room temperature vulcanized，RTV）硅橡胶、高温硫化（high temperature vulcanized，HTV）硅橡胶、持久性室温硫化（PRTV）硅橡胶等。超特高压输电线路的建设对绝缘材料的耐候性能也提出了更加苛刻的要求。

（八）环保型绝缘材料

在全球环境问题极为严峻的形势下，发展环保型绝缘材料对于提高电网输送效率、推进节能减排增效、优化环境资源利用等方面起到积极作用。环保型绝缘材料主要有环保型气体绝缘材料、环保型油纸绝缘材料等。环保型绝缘气体的研究主要集中在 CF_3I、$c\text{-}C_4F_8$、$C_5F_{10}O$、C_3F_7CN 及其混合气体等。纤维素绝缘纸的成本低廉，绝缘性能良好，可以从天然可再生软木材料中大量获得，且降解不会产生有毒和污染性物质，环境友好，是一类理想的环保型绝缘材料。然而，绝缘纸劣化后引起的性能下降是不可逆转的，改善绝缘纸材料的绝缘强度、耐热等级和机械强度等是现阶段国内外学者关注的焦点。绝缘油在电力设备中承担绝缘、冷却和熄灭电弧的作用，被广泛应用到电力变压器、电抗器等电力设备中。环保型绝缘油要求原料广泛可再生，炼制与应用过程不会污染环境，生物降解性好、燃点高、散热性能好。

二、绝缘材料的研究特点与发展规律

现阶段，亟需在关键绝缘材料的仿真与设计、制备与工艺、测试与表征及绝缘结构设计与制造等方面有革命性的突破，主要体现在如下三个方面。

（一）极端条件下绝缘材料的失效规律与机制

为赢得未来发展的战略主动权、抢占国际科技竞争制高点，亟需积极拓展资源开发领域，探索极端环境条件（高海拔、低温、强辐射、空气稀薄等）下的资源开发技术与装备，研制极端使用条件（超高速、高压、大电流、小型化、短时脉冲工作等）下的新概念武器装备，如电磁炮、强激光、微波装备等。其基础是揭示绝缘材料的宏观特性与制备方法、微纳尺度下多物理场耦合作用引发的介电效应与损伤破坏规律；运用精准的多物理场仿真与精算手段和先进的材料制备手段开发出可应用于各种极端条件的绝缘材料。

（二）高性能绝缘材料的研究与开发

我国电力系统的电压等级正逐步向超高压和特高压的方向发展（交流电压为 1000kV，直流电压为 ±800kV）。随着电压等级的提升，电力设备的失效成为制约电力系统安全稳定运行和发展的重要因素，而电力设备的失效大多源于绝缘材料被破坏。在超高压、特高压的服役条件下，绝缘材料所承受的电场高，且分布极不均匀，如输电电缆终端的绝缘部分、各种绝缘子的高压端部分等，所承受的电场强度要远远高于整体电场强度的平均值，甚至高达数倍；电力设备单位体积内所产生的热量急剧增加，还会加速绝缘材料的老化失效，给电力系统的运行可靠性带来极大的威胁，如对变压器电机绕组等电力设备的温度每增加 6～8℃，预期寿命就缩短一半；新能源发电的工况多为高海拔、高湿度、低气压等条件，造成绝缘材料的起晕电压降低，从而由于电晕放电而引发故障。因此，亟需加强绝缘材料的理论研究，阐明绝缘材料劣化、破坏过程中的电、热、机械、光学过程，进而结合材料学、化学等不同学科的先进技术开发高性能绝缘材料。

（三）环境友好型绝缘材料的研究与开发

"生态环境保护是功在当代、利在千秋的事业。"而现阶段绝缘材料对环境的影响是多方面的：首先，绝缘材料在制造过程中会产生污染，如绝缘漆生产所用的溶剂多为易挥发的有毒液体，又如层压制品在加工过程中扬尘和噪声污染也很严重；其次，绝缘材料在使用过程中会产生有害物质，如具有良好电绝缘性和耐热性的氯联苯液体电介质有致癌作用，又如作为灭弧介质中大量使用的 SF_6 遭受电弧放电的高温作用后，会产生毒性较大的分解产物（如 S_2F_{10} 等）；最后，材料产品废弃后会产生污染，如变压器中的矿物绝缘油难以生物降解且燃点较低，泄漏后会对环境造成严重污染。而且，SF_6 是一种产生很强温室效应的气体，其产生温室效应的强度是 CO_2 气体的 23 900倍，已被明确规定限用限排。因此，环境友好型绝缘材料的开发及其对电力设备性能的影响是迫在眉睫的研究课题。

第三节 半导体材料

一、半导体材料的作用与性能要求

半导体材料是指导电能力介于导体与绝缘体之间的材料，当受到外界光和热刺激或加入微量杂质时，其导电能力将会有显著的变化。半导体材料的导电性对外界条件（如热、光、电、磁等因素）的变化非常敏感。当不同类型半导体间接触时，能够产生整流效应，因此可以做出各种控制电能的半导体器件，如二极管、晶体管、晶闸管等。这些电力半导体器件是各种电力电子装置的关键与核心，广泛应用在发电、输电、配电及用电的各个领域。可以这样说，电力半导体材料是现代电力系统中的"稻米"，是电力系统一日不可或缺的营养。

在半导体材料的发展过程中，先后发展了锗、硅、砷化镓（GaAs）、磷化铟（InP）等各种半导体材料，其中硅材料是电工领域应用最广泛的半导体材料，是研制功率半导体器件的基础材料。从 20 世纪末开始，研究人员开发了更佳性能的宽禁带材料（禁带宽度 $E_g > 2.3eV$），主要有碳化硅、氮化镓、β-氧化镓（Ga_2O_3）、金刚石和氮化铝（AlN）等。近年来，以碳化硅和氮化镓为代表的宽禁带半导体材料和器件产业蓬勃地发展，开启了半导体产业的新局面。表 2-1 列出了几类半导体材料的基本参数对比。

表 2-1 几种半导体材料物理性能的对比

特性指标	锗	硅	砷化镓	碳化硅（4H）	氮化镓	β-氧化镓	金刚石	氮化铝
禁带宽度（E_g）/eV	0.66	1.12	1.43	3.20	3.40	4.80	5.47	6.20
临界击穿电场（E_c）/(MV/cm)	0.10	0.25	0.50	2.50	3.30	8.00	10.00	12.00
电子迁移率（μ_n）/[cm²/(V·s)]	3900	1350	8500	950	1000	300	2200	300
空穴迁移率（μ_p）[cm²/(V·s)]	1900	450	400	120	30	—	1800	14
饱和电子漂移速度（v_s）/(10⁷cm/s)	0.60	1.00	1.00	2.00	2.50	2.40	2.70	1.90
热导率（λ）/[W/(cm·K)]	0.58	1.50	0.50	2.70	1.30	0.23	22.00	2.85

硅是ⅣA族元素半导体材料，在地壳中主要以二氧化硅和硅酸盐的形式存在。大量的硅原子通过共价键组合成晶体，晶体结构为金刚石型，如图2-1所示。硅的禁带宽度为1.12eV，电子迁移率为1350cm²/(V·s)，空穴迁移率为450cm²/(V·s)。本征硅的导电能力差，在室温下的电阻率高达$2.3 \times 10^5 \Omega \cdot cm$。掺杂后的硅材料具有优良的半导体电学性质，电阻率可控制在$10^4 \sim 10^{-4} \Omega \cdot cm$的宽范围内，能满足制造各种半导体器件的需要。长期以来，硅材料占据了半导体材料的主导地位。然而，随着电力半导体领域的发展，对更高性能的电力电子器件提出了更高的要求。由于硅材料自身物理特性上的限制，硅基电力电子器件的性能已经接近其理论极限。和硅材料相比，第三代半导体材料（如碳化硅和氮化镓等）在禁带宽度、击穿电场、饱和电子漂移速度、热导率等方面具有明显的优势，可以带来电力电子器件性能的大幅度提升。

图2-1　金刚石型的硅晶体结构

碳化硅是由碳元素和硅元素以1∶1比例形成的稳定化合物，属于Ⅳ-Ⅳ族二元化合物半导体。从晶体学角度考虑，碳化硅的基本结构单元是硅-碳四面体，每个原子被四个异种原子包围，碳原子和硅原子发生了sp³杂化，原子间通过强的共价键结合在一起，形成硅-碳四面体单元，如图2-2所示。硅-碳四面体的二维密排堆积结构可以看成硅-碳双原子层，各种碳化硅多型体都是由相同的硅-碳双原子层堆垛而成的。硅-碳双原子层的堆垛顺序不同，就形成了纤锌矿结构、菱形结构和闪锌矿结构等不同晶型的碳化硅晶体。其中，具有纤锌矿结构和菱形结构的碳化硅统称α-碳化硅。相应地，具有闪锌矿结构的碳化硅称为β-碳化硅。当前已发现的碳化硅晶体结构多达200多种，有3C、4H、6H、15R等晶型（表2-2）。在相同击穿电压的情况下，碳化硅器件的漂移区可以更薄，能够保证比硅更小的导通电阻，大的禁带宽度保证了碳化硅可以工作于650℃以上的高温环境，并具有极好的抗辐射能力。

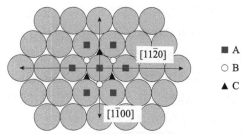

（a）碳化硅的硅—碳四面体结构　　　　（b）碳化硅晶体在密排面上的堆垛位置

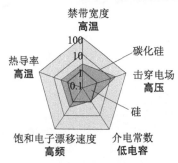

（c）碳化硅材料的特性对比

图 2-2　碳化硅的结构与性能示意图

表 2-2　几种常见碳化硅晶型的单胞参数和空间群表

晶型	$a/\text{Å}$	$b/\text{Å}$	$c/\text{Å}$	α	β	γ	空间群
3C	4.349	4.349	4.349	90°	90°	90°	$F\bar{4}3m$
4H	3.073	3.073	10.053	90°	90°	120°	$P63mc$
6H	3.073	3.073	15.080	90°	90°	120°	$P63mc$
15R	3.073	3.073	37.700	90°	90°	120°	$R3m$

　　氮化镓是由镓和氮组成的二元化合物半导体，其晶体结构主要有立方对称的闪锌矿结构和六方对称的纤锌矿结构两种（图 2-3）。在大多数电力电子器件中，氮化镓主要以六方对称的纤锌矿结构存在。氮化镓材料是禁带宽度大、击穿电场高、电子饱和漂移速度快、介电常数小、抗辐射能力强等特性的直接跃迁型半导体材料。氮化镓材料的大禁带宽度特性使其制备的半导体器件具有超强的抗辐射能力，可以在高温 700℃环境下工作。氮化镓的临界击穿电场强度远高于砷化镓和硅，稍高于碳化硅，因而在基区或漂移区宽度相同的情况下，氮化镓器件可以经受更高的偏置电压；反之，当耐压值一

定时，氮化镓器件的基区或漂移区的宽度可以更小一些，继而可以降低导通电阻，获得更高的电流值。氮化镓的饱和电子漂移速度是硅的 2 倍多，高于碳化硅和砷化镓，因而利用氮化镓材料制成的半导体器件具有良好的频率特性，在高频微波领域具有非常广阔的应用前景。此外，氮化镓材料还具有很好的化学稳定性，基本不受任何化学溶剂的腐蚀，因而氮化镓半导体器件即使在极端恶劣的环境下也能正常工作。

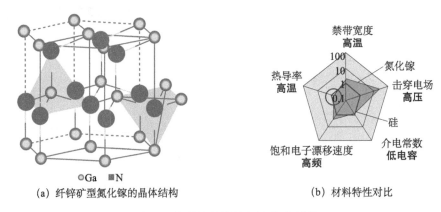

(a) 纤锌矿型氮化镓的晶体结构　　　　(b) 材料特性对比

图 2-3　氮化镓的结构与性能示意图

金刚石是拥有四面体晶格结构的单质半导体，在禁带宽度（5.47eV）、载流子迁移率、热导率、击穿场强（10MV/cm）、杨氏模量、抗辐射、耐腐蚀等方面全面超越了前几代半导体材料（图 2-4）。和第二代、第三代半导体材料相比，金刚石具有最高的 Baliga、Johnson 和 Keyes 等优良指数（figure of merit），非常适合用于制备超大功率、超高频率电力电子器件。同时，它还克服了第三代半导体材料由于异质结失配所造成的失配位错等缺陷，以及由于自发极化和压电极化造成的复杂界面等问题。金刚石的热导率是金属铜的 5～7 倍、约为碳化硅的 8 倍、氮化镓的 17 倍，能够应用于超大功率场合而无需庞大的散热模块，有望克服现有半导体材料存在的"自热效应"和"雪崩击穿"的技术瓶颈。此外，金刚石击穿场强高达 10MV/cm，是第三代宽禁带半导体材料的 1.5～3 倍，在相同材料厚度下耐电压能力最高，有利于电力电子模块集成度的进一步提高。金刚石具有耐高温（潜在工作温度 1000℃ 以上）、大电流密度（7000A/cm^2）、高击穿场强（10MV/cm）、大输出功率（10kW 以上）和宽的频率范围（120GHz 以上）特性，被称为"终极半导体"。

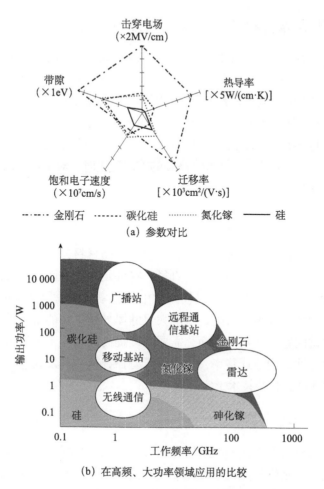

(a) 参数对比

(b) 在高频、大功率领域应用的比较

图 2-4 几种半导体材料的性能参数与应用领域

氧化镓是一种新型超宽禁带半导体材料，与第三代半导体材料氮化镓和碳化硅等相比，氧化镓具有禁带宽度更大、击穿场强更高及生产成本更低等突出优点，在制备超高耐压功率电子器件方面引起科研界和工业界的极大关注。

氮化铝作为宽带隙半导体材料家族的重要成员之一，带隙（6.20eV）远宽于宽带隙半导体家族中碳化硅（3.2eV）、氮化镓（3.40eV）、β-氧化镓（4.8eV）和金刚石（5.47eV），在高功率电子和光电子器件应用中具有重要的价值。超宽的带隙使氮化铝具有极高的击穿场强(12MV/cm)、极低的导通电阻和极高的热导率［2.85W/(cm·K)］。与碳化硅和氮化镓相比，基于氮化铝材料的电力电子器件可能具有更大输出功率，能够在更高的温度（>300℃）环境下工作。

二、半导体材料的研究特点与发展规律

在现代电力系统中，大功率高性能的变流器、可再生能源的并网逆变器、储能装置的功率转换、高压直流输电系统、交直流配电系统等中的电力变换过程，都需要依靠电力电子装置来实现。因此，电力电子化是电力系统发展的必然趋势。为了更加有效地利用电能，下一代电力电子技术必须采用更多的方法去改进电力电子技术，其中的关键还是要采用更高效的电力电子器件，因此在电力电子器件在向大功率、高温、高频的方向迈进时，对于传统的硅基及新的宽禁带的电力半导体材料都提出了新的要求。发展规律与研究特点如下。

（一）碳化硅

在碳化硅材料方面，为了生长高质量的单晶材料，必须在控制微管和位错密度的基础上来增加单晶衬底的直径；在外延加工方面，需要研究大尺寸衬底上的快速外延生长技术，以较高的生长速率来解决厚外延的生长难题，同时控制表面形貌及表面缺陷，解决大尺寸厚外延生长的稳定性、一致性与重复性等关键问题；在器件方面，需要继续提高碳化硅工艺技术水平，尽快提升栅氧可靠性、沟道迁移率，增大少子寿命，从而开发高效、高耐压碳化硅器件，并在高温封装技术上实现突破。

（二）氮化镓

在氮化镓材料方面，一般采用异质外延氮化镓材料技术，核心问题是大尺寸硅衬底上外延生长氮化镓基晶片的翘曲和龟裂的问题，并且需要进一步解决晶格匹配的问题，以减少界面态密度。氮化镓器件的耐压瓶颈还有待突破，导通电阻的电流崩塌也需要进一步抑制；需要从材料结构着手分析并开发出创新结构，结合工艺技术实现增强型氮化镓器件技术的进步。当前研发人员开发了基于氮化镓本征衬底的材料技术，但是其关键技术仍有待突破。只有突破这些关键技术，才有希望实现大尺寸、低缺陷密度、掺杂均匀的单晶衬底，并开发出垂直结构的氮化镓器件。氮化镓器件的驱动电路及实际应用环境的各种匹配技术也有待完善。

（三）硅材料

在硅材料方面，大直径、低缺陷和电阻率均匀的晶体生长技术是一个重要课题，对大直径硅片的表面平整化、低缺陷等加工工艺和加工设备提出了

更高的要求。在材料生长技术方面，主要是提升热场设计技术，对晶体生长的热场温度及梯度进行精确模拟，并利用热屏技术减少热辐射和热量损失，确保固液界面有合适的温度梯度，利用磁场控制熔体的对流、抑制熔体表面温度的起伏和降低单晶体内间隙氧的浓度；在硅基功率半导体器件方面，重点是如何进一步突破硅极限，实现正向导通压降与判断损耗的折中，并进一步提升高压大功率 IGBT 器件的工作结温。

（四）其他新型半导体材料

氧化镓、金刚石和氮化铝材料作为禁带宽度更宽的半导体材料，可用于制造具有更低电阻、更高工作功率、更高工作温度的功率器件，其器件性能有望超越碳化硅和氮化镓。未来，基于氧化镓、金刚石和氮化铝材料的功率器件在对性能要求非常苛刻的应用领域可能具有广泛的应用前景。为了实现氧化镓材料和器件的开发，需要进一步提升氧化镓材料的尺寸，并突破大尺寸氧化镓单晶衬底和外延材料技术，在器件方面，需要进一步改善 p 型材料掺杂技术，并尝试用更高热导率的衬底替换氧化镓衬底。为了开发英寸[①]级单晶金刚石衬底材料，需要抑制生长中的异常形核和异常粒子的产生，利用等晶面特性开发大块体单晶金刚石，研究衬底表面下非金刚石层的形成与控制，探索非金刚石层电化学腐蚀技术等；对于器件级单晶金刚石薄膜及异质结，还需要攻克 n 型掺杂的科学问题，全面掌握掺杂激活效率的调控和载流子浓度调控技术。氮化铝材料主要需要研究大尺寸高质量氮化铝单晶的生长技术，开发扩径技术，优化生长环境，减少杂质和缺陷。

第四节　磁　性　材　料

一、磁性材料的作用与性能要求

磁性材料是一类重要的电工材料，主要作用是利用其磁特性进行电、机械、声、光等形式的能量转换，广泛应用于电气设备、通信及计算机等领域，已经成为现代电子、电力、能源、信息等工业的重要支柱。现阶段，磁性材料在电工装备中的应用逐渐呈现"高磁密、高频率、低损耗"和"轻质

---

① 　1 英寸 =2.54cm。

化、微型化、多功能"两种模式发展的格局。磁性材料按其磁特性和应用可以分为软磁材料、永磁材料和特殊功能磁性材料三类。

（一）软磁材料

软磁材料是指矫顽力小于 1000A/m 的铁磁性或亚铁磁性物质，主要用作导磁回路，功能是减少回路的磁阻，增强磁回路的磁通量。软磁材料的特点是磁滞损耗较小。当前常用的软磁材料有金属软磁材料和铁氧体软磁材料两类。金属软磁材料具有高的饱和磁感应强度和低的矫顽力，但这类材料的电阻率普遍很低，一般是 $10^{-8} \sim 10^{-6} \Omega \cdot m$，适用于直流、低频和高磁场等场合。铁氧体一般适用于高频磁场，多用来制作功率不太大的磁性元件。在一定的频率和磁感应强度下，铁损低可降低设备的总损耗，提高设备的效率，从而提高产品的经济指标。

1. 金属软磁材料

电工钢是电工装备使用的主体软磁材料，主要用作发电机、变压器、电动机等设备的铁心。电工钢的技术特性也与国民经济发展中电能的生产、应用和消费等密切相关。混合动力及纯电动汽车中的电机设备需要大量采用适用于高频服役，且能够满足高驱动扭矩和低能量损耗需求，具有高磁感、高强度的新型电工钢材料。轻质是航空航天工业所需电机设备的重要特点之一，电驱动和电转换设备的体积与电工钢的磁感成反比，因此发展高磁感高效无取向电工钢或高磁感取向电工钢是生产轻质电气设备的主要技术手段之一。电压达到或超过 1000kV 的特高压输电技术具有输电容量大、输电距离远、电损耗低、输电效率高等特点。特高压输电设备对电工钢也有高磁感的技术要求。传统的特高压输电用取向电工钢大多依赖进口，但当前在特高压用电工钢方面已经逐渐完成了国产化，国家电网有限公司也已认可了国内产品的技术质量。

2. 铁氧体软磁材料

与传统的金属磁性材料相比，由软磁铁氧体制成的磁心的电阻率远大于金属磁性材料，可以有效抑制涡流的产生，因此能够广泛应用于高频领域。同时，软磁铁氧体磁心通过陶瓷工艺制成，易制备各种不同的形状和尺寸。此外，软磁铁氧体的化学特性稳定、不易生锈，与金属磁性材料相比具有更高的可靠性与寿命。软磁铁氧体磁心的缺点在于饱和磁通密度较低、质地脆、易碎，这些缺点也是未来软磁磁性材料需要改进的方向。软磁铁氧体一般可分为功率铁氧体、高磁导率铁氧体和抗电磁干扰铁氧体三大类。功率铁氧体的主要特征是在高频磁感应强度下仍保持很低的功率损耗，且功率损耗不会随温度的升高而急剧增加，是当前产量最大的软磁铁氧体材料；高磁导率铁氧体的主要特征是起始磁导率很高，在弱场下具有较低的损耗因子，主要用于宽频带电感器、脉冲变压器和电子镇流器中；抗电磁干扰铁氧体的主要特征是利用铁氧体材料的电磁损耗机制对电磁干扰信号进行大量吸收，达到抗电磁干扰的目的，主要用于电感器、抗电磁干扰滤波器、抑制器和片式电感器。时至今日，软磁铁氧体材料已经成为一种用途广、产量大、成本低的电子工业及机电工业基础材料，直接关系到电子信息产业、家电工业、计算机与通信、环保及节能技术的发展。

非晶和纳米晶合金是近几十年发展起来的新一代软磁材料，具有磁导率高、饱和磁感应强度高、矫顽力低、功率损耗低、强度和硬度高等特点，适用于节能型电力变压器磁心。非晶合金的独特之处在于其原子排列具有长程无序的结构特征，因此取得优异的软磁性能。纳米晶合金带材是基于非晶合金制备工艺并通过调整成分和后续热处理获得的磁性材料，独特之处在于其微观组织结构是由晶粒尺寸小于 100nm 的晶体相和体积分数小于 30% 的残余非晶相构成，具有突出的高频软磁特性。非晶和纳米晶合金带材一般被制备成环形卷绕铁心、矩形搭接铁心或 C 型切割铁心，广泛应用于各类电磁器件，促进电气产品和电子产品向节能节材、小型轻量化方向发展。其中非晶合金主要替代硅钢，适用于中低频，如配电变压器、中频变压器、电抗器和电机等，有利于节能降耗；纳米晶合金既可以替代铁氧体，适用于中高频，如高频变压器、共模滤波器、磁放大器和尖峰抑制器等，有利于减小体积；也可以替代坡莫合金，应用于电流互感器等，有利于降低成本。

（二）永磁材料

永磁材料是一种能够"永久"保持某种磁化状态的磁性材料，永磁材料在抵抗外界磁场对其磁化状态的扰动时，表现得非常"强硬"，所以又称硬磁材料。这种"强硬程度"就是所谓的内禀矫顽力。稀土永磁材料具有很高的内禀矫顽力：一方面，稀土永磁材料利用被磁化的永磁体所产生的稳恒磁场与运动电荷、运动导体、载流导体和其他永磁体或者磁性材料等相互之间的各种物理作用，完成不同形式的能量之间的转换。与其他永磁材料相比，稀土永磁材料的高内禀矫顽力使其可以在更加严苛的磁场、温度环境下使用；另一方面，稀土永磁材料具有很强的保持其磁化状态的特性，常常被用来制作高密度的磁性记录介质材料,如硬盘的磁片、磁带中的磁性颗粒等。稀土永磁材料作为一种重要的功能材料,其较好的磁性能不但可以使高新技术产业中的磁器件高效化、小型化和轻型化,而且可使其在一些新兴领域得到较广泛的应用,已成为我国推行可持续发展战略的重要材料。

(三)特殊功能磁材料

特殊功能磁材料主要包括磁性液体、超磁致伸缩材料及左手材料等。

1.磁性液体

磁性液体是一种将纳米级铁磁材料颗粒利用表面活性剂均匀稳定地分散在某种液态载体中所形成的稳定胶体悬浮液。磁性液体是一种新型的功能材料。它在外磁场的作用下被磁化,通常显示超顺磁特性;撤去外场时,其磁畴又重新恢复杂乱无章的无序状态而消失其宏观特性,不存在磁滞现象,没有剩磁和矫顽力。磁性液体兼有磁性和液体的流动性双重性质,并且具有非常独特的力学、热学、光学及声学特性。

2.超磁致伸缩材料

超磁致伸缩材料是继稀土永磁、稀土发光、稀土高温超导材料之后兴起的又一种新型稀土功能材料。磁致伸缩现象是指磁性物质在磁场中磁化时,在磁化方向发生伸长(或缩短),在去掉外磁场后,又恢复到原来长度的现象。磁致伸缩产生的原因是铁磁或亚铁磁材料在居里点以下发生自发磁化,形成大量磁畴,晶格在每个畴内都发生形变,其磁化强度方向是自发形变的一个主轴。无外磁场时,磁畴的磁化方向是随机取向的,不显示宏观效应。当加入外磁场时,随着外场强度的增大,大量磁畴的磁化方向开始转动,并逐渐趋向外场的方向,同时发生形变。若畴内磁化强度方向是自发形变的长轴,则材料在外场方向将伸长(即正磁致伸缩);若是短轴,在外场方向将缩短,即负磁致伸缩。

3.左手材料

左手材料特指其电磁特性与天然磁性材料迥异的亚波长人工电磁微结构,其中具有奇特磁性响应的一类磁性材料被称为磁性左手材料。与传统电磁材料的区别在于,左手材料的等效电磁参数可通过人为手段预先设计,通过基于普通材料(通常的金属或介质)的结构与组合来实现一些特殊的电磁特性，如负折射、近场聚焦、电磁隐身等。因其电磁属性主要源于其结构与组合，因此它具有与传统的电磁、电工材料极大的互补性，可以在传统的电工材料难以顾及的频率和参数范围发挥其特有的作用。另外，借助于左手材料中一些特殊的设计，如零或近零左手材料、梯度左手材料、可编程左手材料等，还可以实现电磁材料的小型化、轻量化及实时调控等功能。

二、磁性材料的研究特点与发展规律

磁性材料在电工装备中的应用逐渐呈现"高频率、高磁密、低损耗"及"轻质、微型化、多功能"两种发展模式并存的格局，其研发和应用是提高电工装备性能和运行效率并降低能耗的关键。磁性材料的发展亟需从以下几个方面取得突破。

（一）开发软磁复合材料

由于电力电子产业的竞争日益激烈，当今电力电子机械设备的发展趋势是在注重小型化、自动化的同时兼顾节能环保，对软磁性材料的磁性能提出了更高的要求。单一的软磁材料难以满足日益增长的特性需求，亟须发展高性能软磁复合材料。金属磁粉芯统称广义的软磁复合材料，是一种以金属基磁性颗粒为原料、在颗粒表面包覆绝缘介质（可以是导磁或者非导磁介质）、采用粉末成形工艺将粉末压制成所需形状，并通过热处理退火而得到的软磁性材料。绝缘包覆层的存在，有效地提高了其电阻率，使其在中高频条件下仍具有较低的损耗。另外，由于绝缘包覆层的厚度较薄，铁磁性粉末本身所具有的较高的饱和磁感应强度及有效磁导率得以保存下来，因此它同时具有金属软磁的高饱和磁感应强度与软磁铁氧体高电阻率的特点。磁粉芯主要有铁粉芯、坡莫合金粉芯、铁镍合金粉芯、铁硅合金粉芯、铁硅铝合金粉芯等。其中，铁粉芯价格较低，但在高频下应用时涡流损耗高，其他几种磁粉芯虽然高频特性适中或比较好，但价格略高或相当昂贵，限制了它们的应用。

金属软磁复合材料由于高饱和磁化强度、高磁导率、低损耗等特点，在电力电子元器件中应用广泛。随着对其磁性能和应用频率要求的日益提升，亟须开发具有优异综合性能的新型软磁复合材料。今后，软磁复合材料领域的研究重点仍在合金磁粉和绝缘包覆两个方面。具体包括：①粉末多相复合的界面冶金化；②空间曲线方向复杂取向（空间取向）调控；③粉末颗粒组合超结构的低各向异性设计；④软硬结合的低成本、高性能、高强度复合硬磁材料。

（二）开发高性能磁性薄膜材料体系

进入 21 世纪，随着科技的高速发展，电子元器件的微型化及人工智能技术的快速普及，对磁性材料薄膜化的需求日益迫切。在相同的工作频率下，特别是在高频工作频率下，磁性材料的损耗基本来自涡流损耗。当磁性材料的厚度减小为原厚度的 1/10 时，其涡流损耗降低为原涡流损耗的 1/100，因此开发磁性超薄带对降低高频工作频率下的损耗具有重要的意义。

磁性超薄带普遍采用冶金及随后轧制的方法制造。在将磁性材料坯料轧制成超薄带的过程中，需要反复多次加热以消除加工硬化，导致生产过程的能耗高、成品率低。我国冷轧取向电工钢极薄带厚度为 0.20mm、0.15mm、0.08mm、0.05mm、0.03mm，主要用于制作中高频电子变压器铁心，产品主要应用于电子高科技行业等。我国冷轧无取向电工钢极薄带厚度小于 0.35mm，主要用于大型电机、汽车微电机、家用电器、电子通信、计算机、电子变压器等行业。非晶和纳米晶磁性超薄带的制备方法主要是合金熔体急冷法，制备出的磁性超薄带材厚度为 20~60μm，宽度小于 100mm。

（三）发展电工磁性材料的磁特性检测与模拟技术

完备的磁特性数据是新产品研发和设计、传统产品更新换代及产品故障诊断的基础，也是有效建模和仿真的根本保证，还与电气装备制造和运行中密切关注的磁损耗、局部过热、振动噪声等关键问题紧密相关。我国电工装备的效率、可靠性等性能指标与发达国家还存在一定的差距。差距不仅体现在材料、制造工艺和测试，也存在于电工装备的设计层面。电工装备的设计是典型的涉及电场、磁场、温度场、应变场、声场的多物理场问题，需要确保各个物理场有合理的空间和时间分布。解决该问题，首先需实现各物理场的精确模拟与分析。此外，磁性材料的复杂本构关系也是精确分析的障碍。电工装备中涉及的磁效应主要有磁电效应、磁力效应、磁声效应、磁光效应和磁热效应及它们的逆效应。装备的损耗、温升、振动等性能指标与上述磁效应的材料本构关系密切相关。一直以来，复杂乃至极端条件下材料和构件的软磁材料本构关系的测量、模拟及应用是国际材料电工领域的前沿与热点问题。要精确地分析与设计高功率密度电工装备，需要研究软磁材料参数与其他物理场（如应力、温度）相互耦合作用的机制，为电工装备设计人员提供精确的材料数据、模型及结合精细模型的电磁场计算方法。

第五节　储 能 材 料

一、储能材料的作用与性能要求

储能材料是利用物质发生物理或者化学变化来储存能量的功能性材料，所储存的能量可以是电能、机械能、化学能和热能等。储能材料是储能技术的重要物质基础，也是储能技术发展的原动力。储能材料大致可分为储电材料、储热材料和储氢材料等。以储热材料作为重要支撑材料的太阳能热发电技术和以储氢材料作为重要支撑材料的氢能技术尚处于研发示范阶段。下面将以储电材料为重点，分别从锂离子电池、钠硫电池、液流电池、先进铅酸电池、超级电容器和新概念电池（固态电池、水溶液二次电池、液态金属电池等）六个方向，分别讨论相关储能技术的研究概况、前沿研究热点及相应的挑战与发展方向，并对下一步发展提出相关建议。

（一）锂离子电池

锂离子电池具有高电压、高功率、长寿命等优点，占领了便携式电子产品的市场，被认为是现阶段车用动力电池和储能电池的理想选择。锂离子电池电芯使用的材料包括正极、负极、隔膜、电解质及封装材料等。其中，电极材料是锂离子电池的核心，其物理化学性质直接决定了电池的能量密度、功率密度、循环寿命等性质。锂离子电池材料中的正极材料包括六方层状结构的钴酸锂（$LiCoO_2$）、六方层状结构三元正极材料（$Li_{1+x}Ni_xCo_yMn_zO_2$）、立方尖晶石结构的锰酸锂（$LiMn_2O_4$）、正交橄榄石结构的磷酸铁锂（$LiFePO_4$）；负极材料分别为层状结构的石墨、尖晶石结构的钛酸锂（$Li_4Ti_5O_{12}$）。第三代锂离子电池的正极材料正在向三元正极材料的富层状氧化物（$Ni:Co:Mn=532:622:811$）、富锂富锰层状氧化物材料 [$xLi_2MnO_3\cdot(1-x) LiNi_xCo_yMn_zO_2$]、高电压尖晶石锂镍锰氧正极材料（$LiNi_{0.5}Mn_{1.5}O_4$）等方向发展；负极材料向碳包覆氧化硅（$C/SiO_x$）、纳米硅碳（nano-Si/C）复合材料等方向发展。

（二）钠硫电池

钠硫电池是一种以选择性钠离子导体的 β''-Al_2O_3 陶瓷兼作电解质和隔膜的二次电池，分别以金属钠和单质硫作为负极和正极活性物质，具有比能量高、容量大、放电的电流密度大和库仑效率高等优点。钠氯化物（ZEBRA）电池是从钠硫电池发展而来的一类基于 β''-Al_2O_3 陶瓷电解质的二次电池，包括熔融钠负极和包含过渡金属氯化物、过量金属的正极及作为固体电解质和隔膜的钠离子导体 β''-Al_2O_3 陶瓷组成。基于其优异的过充电、过放电能力，ZEBRA 电池可以承受 1000 次以上 100% 放电深度（depth of discharge，DOD）的深度充电和放电而不出现安全事故，体现出 ZEBRA 电池在安全性方面的独特优势。

（三）液流电池

液流电池通过正负极电解质溶液活性物质发生可逆氧化还原反应（即价态的可逆变化）实现电能和化学能的相互转化，具有能量效率高、响应速度快、安全可靠等优势。电池的关键材料主要包括电极、双极板、离子传导膜和电解液四部分。与一般固态电池不同的是，液流电池的正极和（或）负极电解质溶液储存于电池外部的储罐中，通过泵和管路输送到电池内部进行反应，因此电池功率与容量独立可调。根据正负极电解质活性物质采用的氧化还原活性电对的不同，液流电池的种类有全钒液流电池、锌/溴液流电池、锌/氯液流电池、锌/铈液流电池、锌/镍液流电池、多硫化钠/溴液流电池、铁/铬液流电池、钒/多卤化物液流电池。到 2020 年为止，实施过 100kW 以上级示范运行的液流电池体系主要包括铁/铬液流电池、多硫化钠/溴液流电池、全钒液流电池和锌/溴液流电池。

（四）先进铅酸电池

先进铅酸电池是指基于传统铅酸蓄电池工作原理，在负极中引入超级电容成分构建的新型电池体系。与传统铅酸电池相比，先进铅酸电池的循环寿命、比能量、比功率、充放电效率等综合性能得到大幅度提高。以铅炭电池为例，在传统铅酸电池的负极中加入活性炭，类似于一个将传统铅酸电池与超级电容器复合在同一个电池体系的结构。负极中的碳材料加速了活性物质的转化，降低了极化，有效抑制了硫酸铅晶体在负极表面的累积，减缓硫酸盐化的趋势，显著改善了电池的循环性能。同时，在高倍率充放电过程中，高比表面积的碳材料能够实现电荷的快速吸/脱附，显著提高了电池的功率密度。铅炭电池除了具备铅酸电池廉价的优势及成熟的工业制造基础外，综合性能明显优于铅酸电池，在储能应用领域具有很强的竞争力。

（五）超级电容器

超级电容器（即电化学电容器）是建立在德国物理学家亥姆霍兹

（Helmholtz）提出的固/液界面双电层理论基础上的一种电化学能量转换与储存器件。加拿大科学家 B. E. Conway 对超级电容器技术和工作原理进行了补充，提出了赝电容型超级电容器的理论模型，表明电荷的储存可通过电极材料表面或近表面的氧化还原反应来进行。根据电极材料的不同，能量存储工作机制也不相同，超级电容器可分为双电层电容器和赝电容器两大类。与传统二次电池相比，超级电容器具有高功率密度（几秒内可达 10kW/kg）与超长循环寿命（约 10 万次），但能量密度偏低（约 5W·h/kg），难以满足下一代高密度储能需求。近年来，研究者们将超级电容器与二次电池结合，设计和研究了混合超级电容器体系，大幅提高了超级电容器的能量密度。按电解质类型的不同，可将超级电容器分为水性电解质型和有机电解质型两种。

（六）新概念电池

理想的规模储能电化学体系在兼顾能量密度、功率密度等性能指标的同时，必须具有资源广泛、价格低廉、环境友好、安全可靠的综合优势。

锂资源稀缺且分布不均，能否支持规模储能的持续发展仍有待考证。与锂元素处于同一主族的钠、钾元素与锂元素具有相似的化学性质，且资源丰富、价格低廉，基于钠（钾）元素构建的电池体系不仅具有潜在的高比能、长寿命的优势，在规模储能领域也更具有应用前景。

另外，考虑到传统有机电解质容易挥发且易燃易爆，发展基于水溶液电解质的离子嵌入型二次电池体系是提高电池安全性能的有效途径。这类电池通过金属离子（如 Li^+、Na^+、K^+、Zn^{2+} 等）在正负极中的嵌入/脱出实现能量的可逆存储，不涉及水分子的氧化还原，可以通过表面修饰或改变水分子的缔合状态大幅提高水的分解电压，从而提升水溶液电池的工作电压，是低成本、安全性好且高能量密度的水溶液二次电池。

电解质固态化是另外一个提升现有高能量密度二次电池安全特性的共性技术。多种结构类型的锂（钠）离子导体 [快离子导体（$Na_3Zr_2Si_2PO_{12}$，NASICON）和石榴石型氧化物、玻璃或陶瓷型硫化物] 均接近或达到液态电解质的离子导电能力，基本满足电池应用的要求。如果将这类固体电解质用于构建新一代蓄电池，在解决现有锂离子（或钠离子）电池能量密度偏低和循环寿命偏短这两个关键问题的同时，有望彻底解决电池的安全性问题。

液态金属电池（liquid metal battery）是一类新型电化学储能技术。电池采用密度和电势不同的液态金属与无机熔盐分别作为电极和电解质，运行温度一般在 300～700℃，液态金属与熔盐互不混溶且密度不同，呈现三层液态，可以实现自动分层。电池通过负极金属离子穿过熔盐电解质与正极的合金化和脱合金化反应实现电能与化学能之间的转换。基于三层液态结构设计的液态金属电池拥有成本低廉、大电流性能优异、循环寿命超长及容易放大生产等优点。对于大规模静态储能而言，液态金属电池无疑是一种具有竞争优势的新选择。

二、储能材料的研究特点与发展规律

（一）发展高能量密度储能材料

现阶段二次电池的能量密度距离大规模应用需求相距甚远。普遍预测，只有二次电池能量密度大于 300W·h/kg 时，才能大幅降低人类对化石能源的依赖。作为储能体系核心部件的储能材料，在储能电池能量密度的突破中具有重要的意义。当前，提高储能体系能量密度的途径主要有以下几个方面。

1. 提高电池的工作电压

选择较大电势差的正负极反应，扩大电解液的电化学窗口。例如，锂离子电池作为现阶段综合性能最优异的二次电池体系，提高工作电压的方法主要有发展高电势正极材料（如富锂锰基）与低电势负极材料（如石墨、硅基负极等），开发高电压窗口的电解质体系（功能化耐高压氟类添加剂）。

2. 降低活性物质的电化学当量

发展轻元素及多电子反应电池体系，如发展锂硫电池、锂空气电池、钠硫电池及氟化物电池等。

（二）发展高功率密度储能材料

现阶段，二次电池的电池反应速率大多受制于固、液相传质过程，能量输出速率有限，无法满足大规模储能领域对二次电池功率密度的要求。传统的超级电容器虽然具有高功率输出特征，但由于电容储能方式仅利用电极材料表面的部分，因此有效储能密度十分有限，难以同时兼顾能量密度与功率密度。当前，发展高功率储能体系的主要方式有如下几种。

1. 发展薄液层电化学储能电池体系

利用微孔丰富的导电碳基体，填充高浓度的可逆氧化还原电对，构成大面积固/液反应界面；利用液相氧化还原电对授受电子的法拉第反应实现电化学储能，有助于兼顾功率密度及能量密度的长寿命薄层电化学储能体系的构建。

2. 发展自由基聚合物电池体系

自由基氧化还原反应是最快的电子转移反应，电子交换速度快达 10^{-12}s。稳定的自由基化合物既具有快速可逆的氧化还原反应能力，又具有可观的比容量。原则上，可以设计高密度的自由基聚合物作为正极或负极材料，构建兼顾能量密度与功率密度的电化学储能体系。

3. 发展低成本高安全性的新概念储能体系

理想的规模储能电化学体系在兼顾能量密度、功率密度等性能指标的同时，必须具有资源广泛、价格低廉、环境友好、安全可靠的综合优势。然而，现有的储能体系均在一定程度上难以满足大规模储电的应用要求。开展电化学储能新概念、新材料及新技术的探索与研究，构建廉价、安全、绿色的电化学储能新体系是过去十多年来的研究重点。

（1）构建高电压水溶液电解质的离子嵌入型二次电池。通过表面修饰或改变水分子的缔合状态大幅提高水的分解电压，大幅提高水系离子嵌入型电池的工作电压，为发展高电压、大容量且高安全性的水溶液电池积累良好的基础。

（2）发展全固态二次电池。全固态化是提高现有高能量密度二次电池安全性的一种共性技术。经过多年的广泛探索，多种结构类型的锂（钠）离子导体在室温下均表现出接近液态电解质的离子导电能力，且具有较高的化学稳定性和较宽的电化学窗口。将这类材料用于新一代二次电池，发展新一代兼具高能量密度和高安全性的全固态二次电池，有望彻底解决电池的安全性问题，满足规模储能的技术要求。

（3）新型电池结构设计。突破传统电池反应模式所形成的思维禁锢，设计新型的电池结构，实现电池性能革命上的突破。以液态金属电池为例，全液态结构赋予液态金属电池快速的液-液界面动力学性质，可以实现大电流充放电，同时摒弃了常规电池隔膜，无需考虑传统固体电极（隔膜）材料的稳定性问题，拥有更高的循环稳定性和更长的寿命，对于固定化、大规模储能体系极具应用潜力。

第六节　先进电工材料的研究方法与技术

采用先进化学制备与测试方法，结合纳米改性、掺杂改性、材料复合、材料基因工程等技术不断研究和探索新型高性能材料，逐步实现电工材料设计、制备和应用方面的突破，是未来先进电工材料满足电力工业、电气化交通、高端医疗、国防、航空航天、通信电子等领域应用需求的发展趋势。

一、纳米改性

（一）绝缘材料

在先进绝缘材料中，传统的改性方法是通过添加微米颗粒制备复合电介质材料，改善介质材料的热、机械和电气特性完成的。随着化学合成手段的日趋成熟，新型高击穿场强绝缘材料的研究和开发成为绝缘材料发展的必由之路。制备纳米复合电介质材料，可以改变介质的微观形态结构，调控介质材料的介电响应特性，实现击穿场强的提高。当前，有些高击穿性能的纳米复合电介质已经应用到电缆绝缘材料、电容器和电机绝缘中。21世纪初，日本开发出电压等级为 $\pm 250kV$ 和 $\pm 500kV$ 的直流电缆，其绝缘层均采用交联聚乙烯/氧化镁（XLPE/MgO）纳米复合电缆材料。除 MgO 外，Al_2O_3 和 SiO_2 等氧化物纳米颗粒也被广泛应用，低密度聚乙烯/氧化铝（$LDPE/Al_2O_3$）等材料表现出高直流击穿场强和优异的空间电荷特性。

纳米改性也是提高电力设备绝缘材料耐电晕和耐电痕老化等电气绝缘性能的有效途径之一。研究表明，电晕老化区主要是在表面非晶态区，无机纳米或微米颗粒的耐电晕性能比非晶态的聚合物高很多。由于纳米颗粒的体积小，与聚合物接触的表面积大，所以当与其作用的周围聚合物被侵蚀后就暴露出来，形成一层无机纳米颗粒层以抵挡电晕的进一步侵蚀。美国菲尔普斯·道奇工业（Phelps Dodge Industries）公司和美国通用电气公司（General Electric Company，GE）发表专利指出，在聚酰亚胺、聚酰胺、环氧树脂等聚合物中加入 5～1000nm 的金属或非金属氧化物（如 TiO_2、SiO_2、Al_2O_3、ZrO_2、ZnO 等）纳米颗粒，可以大幅度提高聚合物的耐 PWM 变频器输出的脉冲过电压老化的能力。

（二）导电材料

在先进导电材料的改性研究中，材料晶粒大小是影响临界电流密度等性能的主要因素，因此线材中晶粒尺寸调控一直是研究的热点。Fischer 总结了钉扎力 F_p 与晶粒直径的倒数 $1/d$ 成正比关系。他们通过计算发现，在 4.2K、12T 时，磁通钉扎性能最好时晶粒大小为 14nm，但是商业线材中一般为 100～200nm[1]。2014 年，美国 Hypertech 公司的研究人员报道：他们在将 Nb_3Sn 超导体的晶粒尺寸细化到平均尺寸只有 35nm 时，超导体的临界电流密度在 4.2K、12T 时可以达到 9600A/mm^2[2]。

（三）储能材料

在储能材料方面，纳米化可以增加材料的比表面积，提高材料与电解液的接触面积，缩短离子的扩散路径，减小极化。另外，小尺寸颗粒有助于释放电极充放电过程中产生的应力，抑制电极结构的坍塌，保证电极的循环稳定性。例如，中国科学院物理研究所设计开发了弥散结构、元宵结构、核桃结构的纳米硅负极，用于锂离子电池表现出优异的电化学性能。此外，通过将石墨和碳纳米管复合可以制备出具有高导电性、高氧化还原活性、高比表面积的全钒液流电池电极材料，显著提高了液流电池的电化学性能。美国 Axion Power 国际公司用纳米活性炭（1500m^2/g 以上）、高导电石墨粉、乙炔黑、分散剂、黏接剂等组成高碳含量负极及相应的铅炭电池，获得了 2009 年美国奥巴马政府"下一代"电池和电动车计划 3430 万美元的资助。另外，美国 Firefly Energy 公司利用泡沫纳米碳材料的高比表面积和孔隙率，设计实现具有优异比功率的先进铅酸电池，有效提高活性物质利用率，改善负极抗硫酸盐化性能，延长循环寿命。中国科学院上海硅酸盐研究所设计合成一种纳米结构的氮掺杂的有序介孔石墨烯，利用其独特的纳米结构，实现了高达 855F/g 的比容量。同时，组装成的对称器件能快速充放电，不亚于商用碳基电容器。该所研制的对称器件在水溶液中工作安全无毒，能量密度为 41W·h/kg，功率密度达到 26kW/kg。

二、掺杂改性

（一）导电材料

在先进导电材料领域，元素掺杂是一类重要的改性方法。例如，当前应用最广泛的引线框架材料是中强中导型铜-铁-磷（Cu-Fe-P）系合金。通过添加 0.1%～2.3% 的铁和 0.03%～0.2% 的磷（P）能有效提高合金的导电性能，并且在合金中添加微量的锌（Zn）能提高材料的可焊性。相较于其他系列合金，元素掺杂改性的 Cu-Fe-P 系合金表现出成本低廉、加工及焊接性能良好、性能稳定等诸多优点。在超导材料中，对于 Nb_3Sn 超导体，通过钛（Ti）和钽（Ta）等元素掺杂不仅可以提高其上临界场，而且可以提高导线的应力/应变容许特性。当前，几乎所有的商用 Nb_3Sn 材料都含有钛或（和）钽等掺杂元素。第三类元素的添加一般通过合金的方式进行，如 NbTi 合金、NaTa 合金、SnTi 合金、添钛的锡青铜等。研究表明，与纯 Nb_3Sn 导体样品相比较，在铌/铜挤压管法制备的富锡（Sn）芯中添加适量的钛后，超导转变温度（T_c）提高约 0.3K，上临界场（H_{c2}）提高约 4T。

（二）绝缘材料

对于先进绝缘材料，可以通过化学合成、掺杂、交联、热处理等方法改变电介质材料的电阻率、结构形态、热特性等本征属性，提高材料的击穿场强。例如，通过悬浮聚合法掺杂改性聚偏氟乙烯（PVDF）得到三元共聚物 P(VDF-TrFE-CFE)。共聚物由普通铁电体变成弛豫铁电体，电气性能也有较大提高，介电常数在室温下高达 50（1kHz），是当前所有聚合物中介电常数最大的，击穿场强高达 400MV/m。

（三）半导体材料

在半导体材料的改性研究中，半导体掺杂是通过将掺杂离子引入半导体晶格的内部，影响半导体电子和空穴的运动状态，调整其分布状态或改变其能带结构，从而改变半导体的各项性能。例如，2016 年 Yamasaki 团队在室温下通过磷掺杂制备出 n 型的金刚石半导体，使其迁移率在载流子浓度为 $2 \times 10^5 cm^{-3}$ 时提升至 $10^{60} cm^2/(V \cdot s)$，是当前报道的最高水平[3]。2018 年，俄亥俄州立大学利用分子束外延的方法调制掺杂，在 $Ga_2O_3/(Al_xGa_{1-x})_2O_3$ 界面实现了二维电子气，低温下迁移率达到 $2790 cm^2/(V \cdot s)$，并制备出首个 Ga_2O_3 基调制掺杂晶体管（MODFET），通过调制掺杂实现的 MODFET 的截止频率已达 27GHz，同时最大源漏电流密度达到 260mA/mm[4]。Novel Crystal Technology 公司通过氢化物气相外延法生成的硅掺杂 Ga_2O_3 薄膜，在载流子浓度为 $3.18 \times 10^{15} cm^{-3}$ 时，室温迁移率达到 $149 cm^2/(V \cdot s)$，在低温（约 77K）时，迁移率则高达 $5000 cm^2/(V \cdot s)$[5]。

（四）磁性材料

在磁性材料改性研究中，磁性材料的掺杂可以提高硬磁性相的内禀磁特性和改善磁体的微观组织，从而提高磁性材料的综合磁性能。例如，日本的 Kimura 通过 Sr^{2+} 取代 Ba^{2+} 使 Co_2Z 型六角晶系铁氧体的品质因子提高了 3 倍，同时极大地增加了材料的磁导率[6]。清华大学新型陶瓷与精细工艺国家重点实验室通过采用 Zn^{2+} 取代 Co_2Z 铁氧体中的 Co^{2+}，使 Co_2Z 铁氧体的磁导率由 4.0 提升至 9.8[7]。同时，他们还通过 Cu^{2+} 取代 Co^{2+}，使 Co_2Z 铁氧体的初始磁导率由 0.6 增加至 13[8]。Bao 等研究了用 Mn^{2+} 取代 Co^{2+} 对 Co_2Z 磁性能的影响。研究发现，在一定的范围内，Mn^{2+} 取代 Co^{2+} 可促进晶粒的生长，较大的晶粒减小了磁畴转动和畴壁移动中的阻力，使材料呈现较小矫顽力，从而使材料的磁损耗减小。同时，由于 Mn^{2+} 的磁性比 Co^{2+} 小，Mn^{2+} 取代 Co^{2+} 后，减小了 Co_2Z 晶体的磁晶各向异性，提高了 Co_2Z 的饱和磁化强度，增大了材料的起始磁导率[9]。还有报道称，在稀土 NdFeB 永磁材料中掺杂金属 Mn，制备出的 $Nd_9Fe_{85-x}Mn_xB_6$（$x=0$，0.5，1）可显著地促进快淬样品的快淬晶化，提高稀土 NdFeB 永磁材料的矫顽力[10]；通过添加元素 Nb 可极大地改善 NdFeB 材料的热稳定性，提高材料内禀矫顽力，并且促进 α-Fe 的形成[11]。Vasilyeva 等利用气相沉积法对元素 Co、Dy、Tb、Ti、Mo 等在 Ar 气氛下沉积，制备出 $Nd_{15.5}Fe_{71}(V，Al，Ti，Mo)_{1.5}B_{12}$ 和 $Nd_{14.5}Fe_{55.5}Co_{16.5}(Tb，Dy，Ti，Mo)_{1.5}B_{12}$ 磁粉，其耐蚀性能比无掺杂的 NdFeB 永磁材料提高了几乎 2 倍[12]。Gao 等则通过在 NdFeB 稀土永磁体中添加微量元素钴（Co）、Ga 和 Si，可提高其居里温度，增加矫顽力和剩余磁感应强度、最大磁能积并降低其晶化温度[13]。

（五）储能材料

在储能材料改性研究中，将金属离子或者非金属离子掺杂到电极材料晶体内部会使晶格类型发生变化，或者在晶格中形成缺陷，从而提高导电性、增加活性中心和位点、抑制循环过程中的不可逆相变，促使其电化学性能的提升。例如，在特斯拉（Tesla）汽车中，日本松下电器产业株式会社生产电池的正极材料采用钴、镍（Ni）掺杂形成的 $LiNi_{0.80}Co_{0.15}Al_{0.05}O_2$ 材料，利用 Co、Al 的复合掺杂促进 Ni^{2+} 的氧化，减少 3a 位 Ni^{2+} 含量，抑制充放电过程中从 H2 到 H3 的不可逆相变，从而使可逆容量达到 200mA·h/g 并具有优异的循环稳定性。浙江工业大学的先进铅蓄电池研究团队开发了多种基于稻壳、黄豆壳等生物质的活性炭材料，通过掺杂获得富含氮、氧官能团的高比电容微晶炭材料，应用于超级电池、铅炭电池，表现出良好的应用效果。武汉大学的研究团队在焦磷酸铁钠中掺杂氟离子获得了一系列氟代焦磷酸铁钠新型化合物。以 $Na_{10}Fe_7(P_2O_7)_{5.4}F_{2.4}/C$ 为例，该正极储钠放电容量为 105mA·h/g，在 100C 和 300C（12s 内完成放电过程）的超高放电电流密度下，仍保持 57mA·h/g 和 35mA·h/g 的可逆容量，循环 4500 次容量保持率为 69%，功率密度可达 50 000W/kg。华中科技大学的研究团队设计并实现了高电负性硫原子掺杂硬碳储钠负极，基于"扩展＋活化"的机制大幅提升了硬碳电极的电荷输运速率，硬碳电极的储钠容量由 126mA·h/g 提高到 561mA·h/g，在规模储能领域展现出较好的应用前景。

三、材料复合

（一）导电材料

对于先进导电材料，高效复合能使导电材料既保持较高的电导率，又可获得较高的强度。例如，通过在铜基体中引入均匀分布、纳米级、具有良好热稳定性的氧化物或其他颗粒（Al_2O_3、ZrO_2、SiO_2、Y_2O_3、ThO_2、TiB_2、SiC、AlN、Si_3N_4 等）[14-16]，所制得的弥散强化铜具有组织稳定、无相变、抗拉强度高、常温硬度高、高温抗蠕变性能好、热/电传导率高、疲劳性能和耐磨性能好等诸多优点。在铜基体中加入在固态下互不溶解或只有极小互溶的合金化元素（如 Cr、Fe、Nb 或 Ag 等）制得两相复合体，从而可以获得原位（原生）纤维增强复合材料。常见的原位纤维增强型铜基复合材料有 Cu-Cr、Cu-Fe、Cu-Ag 和 Cu-Nb 等。例如，铸态 Cu-20%Nb 合金经大量拉拔变形后，形成 Nb 纤维分布在 Cu 基体中的复合材料，具有极高的抗拉强度（接近 2000MPa），电导率接近 70%IACS。

（二）磁性材料

磁性材料通常存在磁粉粒度小、表面积大、微晶磁粉易氧化劣变等问题，通过材料复合技术在磁性材料表面包覆抗氧化保护膜能显著提升磁性材料的性能。例如，采用强氧化法及氧化还原法处理快淬 NdFeB 微晶磁粉表面，用 $K_2Cr_2O_7$ 预氧化法及预氧化还原处理可以在磁粉表面形成 $Cr_2O_3+(Fe、Nd)_2O_3$ 干燥膜覆盖在磁粉表面，有效地防止磁粉的氧化和腐蚀作用，从而保证制得的黏接 NdFeB 磁体的磁性能[17]。对 NdFeB 磁粉采用化学镀包覆 Ni-P

合金膜、Cr_2O_3、Cr_2O_3/KH550 复合涂层等，均能改善 NdFeB 磁粉的抗氧化性[18]。文献报道将旋涂玻璃膜包覆到磁微粉上，起到很好的抗氧化作用，保证了 NdFeB 磁体的磁性能和磁体结构[19]。

（三）储能材料

在储能材料领域，将两种及以上的活性材料，或者活性与非活性材料高效复合，是改善反应界面、提升电化学性能的有效手段。例如，中国科学院物理研究所研究人员在 $LiMn_2O_4$ 表面包覆 $LiAlO_2$，经热处理后，发现在尖晶石颗粒表面形成了 $LiMn_{2-x}Al_xO_4$ 的固溶体，对电极表面起到保护作用，同时提高了晶体结构的稳定性，用作锂离子电池正极材料改善了 $LiMn_2O_4$ 的高温循环性能和储存性能，还提高了倍率性能。日本信越化学工业株式会社、大阪钛业科技公司（Osaka Titanium Technologies Co.）生产的 SiO_x 与石墨的复合材料，利用石墨的高导电性与强韧性，提高了氧化亚硅的电子传输动力学性能并且缓解了氧化亚硅充放电过程中的体积膨胀，获得了高达 $390\sim430mA\cdot h/g$ 的复合可逆容量。中国科学院上海硅酸盐研究所的研究团队通过在碳纤维毡中针刺便宜的氧化硅或玻璃纤维方法得到复合硫电极，将其应用在高温钠硫电池中，每次循环的容量衰减率由 0.3% 降低至 0.03%。研究还发现，通过在 ZEBRA 电池正极材料中加入添加剂（如 Al 和 NaF），可提高循环过程中离子的电导性，抑制电池内阻的增加，使电池的能量密度从 $94W\cdot h/kg$ 提高到 $140W\cdot h/kg$。中国科学院兰州化学物理研究所的研究团队设计了一种片状 TiO_2/C 复合材料，利用其独特的结构及碳材料的高导电性，提高了 TiO_2 材料电荷传输动力学性能，用作钠离子电容器的高性能负极材料，表现出优异的倍率性能和循环稳定性。他们制备的钠离子电容器具有高达 $142.7W\cdot h/kg$ 的能量密度和 $25kW/kg$ 的功率密度，经 10 000 次循环后的容量保持率可以达到 90%[20]。

四、材料基因工程

材料基因工程是近年来国际材料领域兴起的颠覆性前沿技术，成为先进材料开发的崭新模式，其基本理念是利用高通量实验与材料数据库技术的融合及材料的高通量计算，通过协同创新加速新材料的设计和研发，降低开发成本。

近年来，国内外材料基因工程已建设了高通量的研发平台，无论是高通量计算模拟还是高通量制备表征，都为材料的研究积累了大量有效数据，使得材料基因工程的研究发展逐步进入关键材料开发、模拟结果的实验验证及大数据分析与预测的阶段，在加快新材料开发方面发挥越来越大的作用。

在电池材料基因工程方面，美国加州理工大学的研究团队开展了名称为"Materials Project"的研究，采用高通量密度泛函计算流程预估锂二次电池材料的性质。该方法通过对无机晶体数据库中的含锂化合物及其由元素替代产生的衍生化合物进行计算，得到其能量密度、电压、脱锂后的体积变化等参数，据此筛选新型电极材料[21,22]。美国马里兰大学的研究团队开展了基于热力学与电化学稳定性的高通量电极/电解质界面设计，筛选可能具有稳定性的电极/电解质材料组合[23,24]。美国西北大学的研究团队开发了高通量计算平台OQMD，并构建了量子材料数据库，他们基于电极材料与电解液之间的副反应，采用高通量计算筛选出了减弱界面反应的电极包覆材料[25,26]。比利时鲁汶大学的研究团队发展了声子谱的高通量计算，将其用于固体电解质中离子输运性质的分析。日本京都大学的研究团队通过对电极材料脱嵌锂体积的高通量计算，筛选出基于磷酸铁锂结构的低应变正极材料。法国的研究团队开始采用机器学习算法研究离子导体输运势垒相关的结构因素[27,28]。

在先进导电、绝缘材料等方面，有报道称，可根据材料基因研究的特点，采用模块化设计，整合中央控制模块、人工神经网络计算模块、多尺度计算集成模块、并发式计算任务管理模块、数据库系统模块，形成用户界面友好的共享型材料基因计算软件系统，并实现算法、模型的拓展；还可以充分结合项目组研发的计算平台，利用高通量调控方法、高通量制备和表征，建设针对先进电工材料的数据库平台，进行相关计算，总结出绝缘性能、介电性能、导电性能、热性能、力学性能等的变化规律及高通量预测评估实效性和服役性能[29-32]。例如，美国空军研究实验室的科研人员成功研发了一种自动化系统，可以实现材料创建、材料属性测试、结果评估及执行下一个最佳实验等功能。通过将过程模拟与机械分析相结合，以更低的成本在更短的周期内设计出新型飞机部件。

材料基因计划的提出，高通量计算、高通量制备和表征手段的发展，材料数据库的建设，标志着人们对材料的设计理念有了新的飞跃。未来国际上相关先进绝缘材料的发展计划与重点主要包括：先进绝缘材料高通量计算与设计；先进绝缘材料高通量制备与表征；先进绝缘材料服役与失效行为的高效评价；先进绝缘材料数据库与大数据技术；先进绝缘材料基因工程的技术应用等。

本章参考文献

[1] Mishev V, Zehetmayer M, Fischer D X, Nakajima M, Eisaki H, Eisterer M. Interaction of vortices in anisotropic superconductors with isotropic defects. Superconductor Science and Technology, 2015, 28(10):102001.

[2] Peng X, Phillips J, Rindfleisch M, Tomsic M, Sumption M D, Collings E W, Gregory E. Progress of Nb/Sn conductor fabrication at Hyper Tech Research, ASC,2008, 8: 17-22.

[3] Kato H, Ogura M, Makino T, Takeuchi D, Yamasaki S. N-type control of single-crystal diamond films by ultra-lightly phosphorus doping. Appl Phys Lett, 2016, 109: 142102.

[4] Zhang Y, Neal A, Xia Z, Joishi C, Johnson J M, Zheng Y, Bajaj S, Brenner M, Dorsey D, Chabak K, Jessen G, Hwang J, Mou S, Heremans J P, Rajan S. Demonstration of high mobility and quantum transport in modulation-doped β-$(Al_xGa_{1-x})_2O_3/Ga_2O_3$ heterostructures. Appl Phys Lett, 2018, 112(17): 173-502.

[5] Goto K, Konishi K, Murakami H, Kumagai Y, Monemar B, Higashiwaki M, Kuramata A, Yamakoshi S. Halide vapor phase epitaxy of Si doped β-Ga_2O_3 and its electrical properties. Thin Solid Films, 2018, 666: 182-184.

[6] Kimura O, Matsumoto M, Sakakura M. Enhanced dispersion frequency of hot-pressed Z-type magneto plumbite ferrite with the composition $2CoO \cdot 3Ba_{0.5}Sr_{0.5}O \cdot 10.8Fe_2O_3$. J Am Ceram Soc, 1995, 78:2857.

[7] Wang X, Li L, Su S, Yue Z. Electromagnetic properties of low-temperature-sintered $Ba_3Co_{2-x}Zn_xFe_{24}O_{41}$ ferrites prepared by solid state reaction method. J Magn Magn Mater, 2004, 280(1):10-13.

[8] Wang X H, Ren T L, Li L T, Gui Z L, Su S Y, Yue Z X, Zhou J. Synthesis of Cu-modified Co_2Z hexaferrite with planar structure by a citrate precursor method. J Magn Magn Mater, 2001, 234:255.

[9] Bao J R, Zhou J, Yue Z Y, Bai Y. Nonlinear magnetic properties of Mn-modified $Ba_3Co_2Fe_{23}O_{41}$ hexaferrite. IEEE Trans Magn, 2004, 40:1947.

[10] 谢国治, 殷士龙, 蒋晓龙, 等. Mn 掺杂对快淬 NdFeB 永磁材料晶格与磁性能的影响. 金属功能材料, 2002, 9:5-7.

[11] Chen Z, Wu Y, Kramer M, Smith B, Ma B, Huang M. A study on the role of Nb in melt-spun nanocrystalline Nd-Fe-B magnets. J Magn Magn Mater, 2004. 268(1-2):105-113.

[12] Vasilyeva E, Vystavkina V. Microstructure and properties of Nd-Fe-B powders by gas atomization. J Magn Magn Mater, 2003, 267(2):267-273.

[13] Gao R, Liu H, Feng W, Chen W, Wang B, Han G, Zhang P. Influence of Co, Ga and Si on the microstructure and themagnetic properties for nanocomposite permanent alloys. Mater Sci

Eng, 2002, 95(2): 187-190.

[14] Cheng J Y, Wang M P, Li Z, Wang Y H, Xiao C W, Hong B . Fabrication and properties of low oxygen grade Al_2O_3 dispersion strengthened copper alloy. Trans Nonferrous Met Soc China, 2004, 14(1): 121-126.

[15] Schroth J G, Franetovic Y. Mechanical alloying for heat-resistant copper alloys. J Mater, 1989, 41(1): 37-41.

[16] Morris M A, Morris D G. Microstructural refinement and associated strength of copper alloys obtained by mechanical alloying. Mater Sci Eng A, 1989, 111: 115-127.

[17] 闻荻江 , 刘晓波 . 预氧化-还原处理改善 NdFeB 微晶磁粉的抗氧化性能 . 中国腐蚀与防护学报 , 1999, 19: 125-128.

[18] 刘颖 , 陈悦 , 涂铭涟 . 不同表面处理工艺对快淬 NdFeB 永磁粉抗氧化性和磁性能影响 . 功能材料 , 1999, 30:252-253.

[19] 张英兰 . 旋涂玻璃膜的制备及其在钕铁硼磁粉防腐蚀上的应用 . 功能材料 , 1998, 29:140-143.

[20] Li H, Lang J, Lei S, Chen J, Yan X. A high-performance sodium-ion hybrid capacitor constructed by metal–organic framework–derived anode and cathode materials. Adv Energy Mater, 2018, 28: 1800757.

[21] Urban A, Matts I, Abdellahi A, Ceder G. Computational design and preparation of cation—disordered oxides for high-energy-density Li-ion batteries.Adv. Energy Mater, 2016:1600488.

[22] de Jong M, Chen W, Angsten T, Jain A, Notestine R, Gamst A, Sluiter M, Ande C K, van der Zwaag S, Plata J J, Toher C, Curtarolo S, Ceder G, Persson K A, Asta M. Charting the complete elastic properties of inorganic crystalline compounds. Scientific Data, 2:150009.

[23] Zhu Y, He X, Mo Y. First principles study on electrochemical and chemical stability of solid electrolyte-electrode interfaces in all-solid-state Li-ion batteries. J. Mater. Chem. A, 2016, 4 (9): 3253-3266.

[24] Zhu Y, He X, Mo Y. Origin of outstanding stability in the lithium solid electrolyte materials: insights from thermodynamic analyses based on first-principles calculations. ACS Appl. Mater. Interfaces, 2015, 7 (42):23685-23693.

[25] Hao S, Dravid V P, Kanatzidis M G, et al. Computational strategies for design and discovery of nanostructured thermoelectrics. NPJ Computational Materials, 2019, 5(1): 1-10.

[26] He K, Yao Z, Hwang S, et al. Kinetically-driven phase transformation during lithiation in copper sulfide nanoflakes. Nano letters, 2017, 17(9): 5726-5733.

[27] Huxtable S, Cahill D G, Fauconnier V, et al. Thermal conductivity imaging at micrometre-scale resolution for combinatorial studies of materials. Nature Materials, 2004, 3(5): 298-

301.

[28] Guram A, Hagemeyer A, Lugmair C G, et al. Application of high throughput screening to heterogeneous liquid and gas phase oxidation catalysis. Advance Synthesis & Catalysis, 2004, 346(2/3): 215-230.

[29] 王洪, 向勇, 项晓东, 陈立泉. 材料基因组——材料研发新模式. 科技导报, 2015, 33(10):13-19.

[30] 林海, 郑家新, 林原, 潘锋. 材料基因组技术在新能源材料领域应用进展. 储能科学与技术, 2017, 6(5):990-999.

[31] 关永军, 陈柳, 王金三. 材料基因组技术内涵与发展趋势. 航空材料学报, 2016,36(3): 71-78.

[32] 赵继成. 材料基因组计划中的高通量实验方法. 科学通报, 2013, 58 (35): 3647-3655.

第三章
先进导电材料发展战略研究

本章将详细介绍导电材料在电气工程学科发展和电力装备制造中的重要作用。在回顾导电材料发展历程的基础上，重点详细介绍超导材料、传统导电材料（以铜和铝为代表）、新型纳米导电金属材料、碳纤维复合芯导线及电接触材料的国内外研究现状和发展趋势。在对比分析的基础上，阐明我国在导电材料方向上与发达国家的差距，归纳出我国在高性能导电材料的发展中需要解决的关键科学问题和技术挑战，并结合我国的实际情况指出应该重点发展的方向。

第一节　导电材料的战略需求

电力工业是国民经济的重要基础工业，是国家经济发展战略中的重点和先行产业。随着化石能源的日渐枯竭和清洁低碳的发展需求，可再生能源在未来能源体系中将扮演越来越重要的角色，而电力将在终端能源中占主导地位，中国电力将面临"以电代煤""以电代油"等电能替代的发展态势，电网将成为能源生产、输配、储存和消费的重要平台。我国能源产需地域分布极不均衡，造成了电能输送具有跨区域、远距离和大规模的特点。当前，我国电网的损耗为 7.5%，以 2019 年发电量 7.2 万亿 kW·h 来计算，年总损耗达到约 5400 亿 kW·h，相当于 4 座三峡水电站的发电量。考虑到未来可再生能源的大量接入及电能在终端能源中的占比不断加大，如果没有技术上的进步，则总的输电损耗将不可避免地增加。同时，随着我国经济的高速发展和科学技术的进步，各领域对电力设备的容量等级、耐温性能、耐蚀/抗老化性能、节能环保、稳定性和可靠性等提出越来越高的要求，这些都需要以发展先进的导电材料为基础。

进入 21 世纪以来，新材料技术突飞猛进，借助于新材料科技的发展来解决电工技术中的瓶颈问题或创新电工装备制造技术，不仅是电气工程学科自身发展的需求，也是学科交叉发展的必然趋势，并将催生出一系列新兴产业。导电材料是现代电力技术最重要的物质基础，是电能输配、信息传递及电-磁-光-热等能量转换装备等的基础性材料。发展高性能导电材料不仅是实施高效电力节能的重要技术手段，而且有助于挑战更高的电磁参数极限、生产出具有更好电磁性能的新型电工装备，保障整个电网系统安全、高效、稳定地运行，对促进我国国民经济的发展具有重要的意义。

第二节　导电材料的研究现状与发展趋势

当前，先进电工导电材料主要包括超导材料、传统导电材料（以铜和铝为代表）、新型纳米导电金属材料、碳纤维复合芯导线及电接触材料等。

一、超导材料

1911 年发现超导体以后，大约又经历了近半个世纪，人们才制备出可以用于电工技术的实用化超导材料。到 2020 年为止，实用化超导材料主要分为以 NbTi 和 Nb_3Sn 为代表的低温超导材料及以 YBCO 和 BSCCO 为代表的高温超导材料。近 20 年来，MgB_2 超导材料和铁基超导材料的制备技术也得到一定的发展。然而，具有优良的加工性能及电磁特性的 NbTi 和 Nb_3Sn 等低温超导材料仍将在相当长的一段时期内处于实用化超导材料的主导地位。

（一）低温超导材料的研究现状与发展趋势

1. NbTi 超导材料

1962 年，Berlincourt 和 Hake 发现 NbTi 合金在 4.2K 温度下具有较高的临界电流密度。1964 年，美国西屋电气公司（Westhouse Electric Corporation）采用 Nb 65wt%Ti 合金制备出世界上第一根 NbTi 超导线商品，临界电流密度在 4.2K、3T 下达到 $1240A/mm^2$，线径为 0.635mm。虽然线材长度仅有 384m，但这使人们能制作高场超导磁体并使大规模超导应用成为可能。随后美国费米国家加速器实验室（Fermi National Accelerator Laboratory）、布鲁克海文国家实验室（Brookhaven National Laboratory，BNL）、德国电子同步加速器实验室（Deutsches Elektronen Synchrotron，DESY）和欧洲核子研究组织（European Organization for Nuclear Research，CERN）等诸多机构的实验室采用 NbTi 超导材料绕制了加速器用超导磁体。

1967～1968 年西北有色金属研究院开始对 NbTi/Cu 单芯复合线工艺进行研究，研制出重量达 80kg 的 NbTi/Cu 单芯超导线，其最大长度为 3000m，在 2T、4.2K 的工作条件下，临界电流密度为 200～400A/mm^2（4.2K、2T）。美国华昌公司等先后采用多次重熔工艺及高温长时间均匀化热处理，消除 Nb 不熔块及晶界偏析，制备出高均匀性 NbTi 合金锭，才使批量生产较细（10μm）芯丝、高临界电流密度的多芯 NbTi/Cu 超导体成为现实。20 世纪 70 年代末以后，人们开始努力实现 NbTi/Cu 多芯超导体工业化生产。1985 年，美国威斯康星大学（University of Wisconsin System）通过进一步提高 NbTi 合金的均匀性，使得临界电流密度达 3190A/mm^2（4.2K、5T）。90 年代初，人们通过在 NbTi 芯丝与 Cu 基体间添加 Nb 阻隔层的方法，消除 NbTi 界面间 Cu-Ti 化合物的形成，制备出芯丝直径小于 1.0μm 的高性能交流用 NbTi/Cu 多芯线。

当前，通过优化常规工艺，超导线的性能得到进一步的提高，NbTi 超导多芯线在 4.2K、5T 下的临界电流密度值最高可达 3800A/mm^2，大大节省了超导装备中超导线的用量。NbTi 超导磁体作为加速器的磁体，磁场强度可提高数倍。在环半径相同的情况下，采用 NbTi 超导磁体的加速器，能量可相应提高数倍，同时电能消耗和运行费用也大大减少。在超导磁体应用的带动下，90 年代初，NMRI 商用 NbTi 超导线的临界电流密度已达 3000A/mm^2（4.2K、5T），并成功进入大规模应用阶段。商品化超导 NMRI 全部采用 NbTi 超导线材制备，其导线结构主要有一体化（Monolith）结构和镶嵌（Wire-in-Channel）结构。2005 年以来，我国西部超导材料科技股份有限公司借助参与国际热核聚变实验堆（International Thermonuclear Experimental Reactor，ITER）计划的机会，就 NbTi 超导线材的制备进行了国产化技术开发，实现了产业化，建成了国际先进、国内唯一的 NbTi 超导线材生产线，有望全面推动我国超导 NMRI 技术和产业的发展。

2. Nb$_3$Sn 超导材料

Nb$_3$Sn 属于 A15 结构的化合物，是典型的晶界磁通钉扎超导体，具有高超导转变温度（18.3K）、高上临界场（约 22T）和高临界电流密度（10^6A/cm^2），是制作 10T 以上超导磁体的最理想高场超导材料之一。1961 年，Kunzler 等报道了两种制备 Nb$_3$Sn 超导体的方法。第一种方法是在 1800℃下烧结 Nb 和 Sn

粉末并在 2400℃熔化；第二种方法是将加入 Nb 和 Sn 粉末的 Nb 管加工至很小的直径，然后在 970～1400℃下进行热处理，这种方法就是粉末装管法的前身。第一次商业应用的 Nb_3Sn 超导体是采用在金属或陶瓷基上沉积的方法制备得到的，Hanak 采用化学气相沉积法（chemical vapor deposition，CVD）制备了 Nb_3Sn 导体，使用气体卤化物作为 Nb 和 Sn 源，在 675～1400℃（最典型的是1000℃）的氢气中反应获得。含有沉积 Nb_3Sn 层的金属增强带材被用来绕制磁体，但是 Nb_3Sn 的脆性限制了磁体的弯曲半径和运行磁场。采用以上方法得到的超导体都只含有薄且脆的 Nb_3Sn 层，当绕制线圈运行在高磁场下时很容易受到损坏。而且这些方法都采用真空和高温，使 Nb_3Sn 的成本过高。随着技术的不断发展，当前 Nb_3Sn 超导线材的制备工艺主要有内锡法［图 3-1(a)］、青铜法［图 3-1(b)］和粉末装管法等，很好地克服了这些问题。

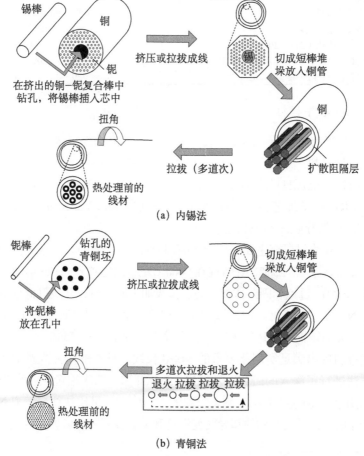

图 3-1　Nb_3Sn 线材的制备流程（内锡法、青铜法）

在洪朝生院士的推动下，20世纪60年代初，中国科学院物理研究所、北京有色金属研究总院、西北有色金属研究院、长沙矿冶研究院等率先开展了A15型化合物超导材料的研究，开始了我国实用化低温超导材料的研究工作。2005年以来，西部超导材料科技股份有限公司为ITER生产的直径$\phi 0.82mm$的青铜法Nb_3Sn超导线的平均晶粒大小约为150nm。较小的晶粒尺寸使得晶界密度高，磁通钉扎力强，有利于提高临界电流密度。青铜法制备的Nb_3Sn热处理后超导线临界电流（I_c）（4.2K、12T）达到201.2A，青铜法Nb_3Sn超导线的典型磁滞损耗在$73\sim110mJ/cm^3$，满足了低损耗高场超导磁体应用的要求。以ITER应用为代表的Nb_3Sn超导线的技术要求见表3-1。

表3-1　ITER用Nb_3Sn超导线的技术要求

参数	数值
最小单根长度	1000m
无反应镀铬绞缆直径	0.820mm±0.005mm
无反应镀铬绞缆铜非铜体积比	1.0±0.1
镀铬绞缆剩余电阻比（273—20K）	> 100
4.22K和12T下的最小临界电流（在ITER管中测量）	190A
4.22K和12T下的n值（在ITER管中测量）	> 20（0.1～1μV/cm）

3. Nb_3Al超导材料

Nb_3Al是当前超导转变温度、临界电流密度和上临界场等综合实用性能最好的低温超导材料。与Nb_3Sn相比，它具有更高的上临界场和更好的高场临界电流密度特性，更优良的应力–应变容许特性。因此，Nb_3Al超导材料被认为是下一代ITER、粒子加速器和GHz量级核磁共振（nuclear magnetic resonance，NMR）用高场超导磁体的理想选择。

早期Nb_3Al线材研究主要采用与NbTi超导线材类似的"熔炼＋拉拔"的方法制备，即将熔融Nb-25at% Al铸锭在2000℃左右快速置入Ga-In熔池中进行淬火，获得Nb(Al)[①]过饱和固溶体锭，通过拉拔加工成线材，并通过低温退火，获得高性能Nb_3Al超导线材。但是该方法存在两个难题：①Nb和Al的熔点相差太大，尺寸大的铸锭熔炼比较困难；②在淬火过程中，Nb-25at% Al铸锭经常会淬裂，很难制备出满足实用化要求的Nb_3Al长线。日本的研究人员对Nb_3Al线材制备方法进行了深入的研究，发展出Jelly-roll法、粉末冶金法、套管法和包套-碎屑挤压法。但这些方法所制备材料的实际化学计量比往往会偏离Nb_3Al的理论化学计量比，导致产品的超导转变温度和上临界场（4.2K）相对较低。2007

---

① 以Nb为基体的含铝的固溶体。

年，日本国立材料研究所（National Institute for Material Science，NIMS）采用 RHQT（rapid heating, quenching and transforming）方法制备的 Nb_3Al 带材（图 3-2）绕制了一个 Nb_3Al 插入磁体，在 15T 的背景场下产生了 4.5T 的磁场，总场强达到 19.5T。2010 年，他们又将 Nb-Ni 线圈与内径为 40mm 的 Nb_3Al 磁体复合在单一电源的激发下，获得了磁场强度高达 15T 的复合磁体。

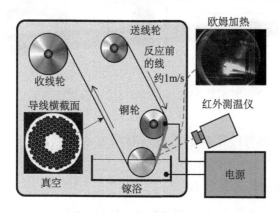

图 3-2　Nb_3Al 线材的制备流程

我国的 Nb_3Al 研究一直处于落后状态。2011 年 9 月，科学技术部设立了聚变能专项，研究人员在该项目的支持下开始了这方面的研究并取得了一系列重要研究成果。当前，我国西部超导材料科技股份公司研制的 Nb_3Al 线材热处理后短样超导转变温度和上临界场（4.2K）分别达到 18.0K 和 32.0T，该性能指标达到国际先进水平。

4. MgB_2 超导材料

由于具有超导转变温度（39K）较高、晶体结构简单、原材料成本低廉及长线制备容易等一系列特点，金属化合物二硼化镁（MgB_2）超导体自 2001 年被日本科学家发现以来，引起人们广泛的关注，被认为有可能在 20K 温区获得一定范围的规模化应用。当前，国际上 MgB_2 线带材主要采用粉末装管法（powder-in-tube，PIT）制备，如图 3-3 所示。意大利 Columbus 公司和美国的 Hypertech 公司等已经开始发展基于 MgB_2 线带材的超导磁体系统。

我国西北有色金属研究院发明了 MgB_2 超导线材的改进型原位制备方法。该方法以 MgB_x 粉和镁屑为原料，避免了直接使用高活性的无定形硼粉和镁粉，可以显著提高 MgB_2 超导体的致密度和载流性能，同时有效降低了线材的制作成本。

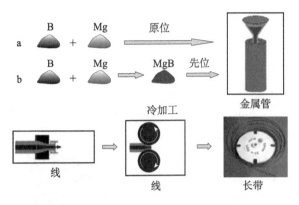

图 3-3　MgB$_2$ 超导线材的制作工艺流程

（二）铁基超导线带材的研究现状与发展趋势

1. 122 型铁基超导线带材

122 型铁基超导线带材的超导转变温度为 38K，在 20K 下上临界场达 70T，而各向异性较小（$\gamma<2$），非常有利于应用。相较于其他体系，122 型铁基超导线带材的制备工艺发展非常迅速，传输性能也日新月异。2009 年底，中国科学院电工研究所采用银作为包套材料，解决了超导芯与包套反应导致的非超导反应层问题，首次在 Sr122 线带材上测得传输电流[1]。2011 年 2 月，日本国立材料研究所采用银作为包套材料和添加剂，制备了临界电流密度约为 10^4A/cm^2 的 Ba122 线材[2]。2011 年 8 月，中国科学院电工研究所通过采用轧制织构法和高温快烧工艺相结合，将 Sr122 带材的临界电流密度提高到 250A/mm^2[3]。2014 年，中国科学院电工研究所采用热压法制备出高致密度银包套 Sr122 超导带材，临界电流密度在 4.2K 和 10T 下超过 10^3A/mm^2，首次达到实用化水平[4]。2016 年，中国科学院电工研究所通过工艺优化制备了世界首根百米量级铁基超导长线。2018 年，中国科学院电工研究所又将铁基超导线材短样的临界电流密度提高至 1500A/mm^2（4.2K、10T），展示出 122 型铁基超导体在高场领域的良好应用前景。2019 年，中国科学院电工研究所克服了铜包套高反应活性易于形成反应层的难题，成功制备出高性能铜包套 122 带材，其临界电流密度可达 650A/mm^2（4.2K、10T），相应工程临界电流密度超过 100A/mm^2（4.2K、10T），对铁基超导材料的低成本制备具有重要意义。

2. 1111 型铁基超导线带材

与 122 型铁基超导线带材相比，1111 型铁基超导线带材发展较缓慢，这与 1111 型铁基超导线带材的特点有关。首先，1111 型铁基超导线带材所含元素品种多，特别是含有易烧损的氟（F）元素，成相更复杂困难；其次，1111 型铁基超导线带材所需合成温度高，容易生成杂相。非超导相的存在严重制约了 1111 型铁基超导线带材临界电流的提高。2010 年 2 月，中国科学院电工研究所通过降低烧结温度，采用原位法成功制备了临界电流密度约为 $13A/mm^2$（4.2K、0T）的 Sm1111 线材。这也是世界上首次在 1111 型铁基超导线带材中获得的最大传输电流[5]。2011 年，日本 Fujioka 等通过先烧结先驱粉，而后补充 F 的方式制备超导线材，超导线材的临界电流密度可以达到 $40A/mm^2$[6]。2014 年，中国科学院电工研究所采用低温合成法制备了 1111 型铁基超导带材，将临界电流密度进一步提高到 $345A/mm^2$（4.2K、0T），这是当前世界上 1111 型铁基超导线带材样品中得到的最高临界电流密度[7]。

3. 11 型铁基超导线带材

虽然 11 型铁基超导材料的超导转变温度较低（FeSe，8K），但是其结构简单，因此仍然有很多相关研究报道。日本国立材料研究所采用原位法结合退火扩散的方法制备了 Fe 包套 Fe(Se,Te) 带材，其临界电流密度在 4.2K、0T 下为 $12.4A/cm^2$[8]。2014 年，采用 PIT 法制备的铁包套 $FeTe_{0.4}Se_{0.6}$ 带材，通过在 525℃烧结处理实现了非超导相向超导相的转变，使得临界电流密度达到 $30A/mm^2$（4.2K、0T）。2016 年，东南大学开始采用原位粉末装管法制备 $FeSe_{0.5}Te_{0.5}$ 线材，已制备出超导转变温度为 15.7K、临界电流密度高达 $100A/mm^2$（5K、0T）的带材；西北有色金属研究院采用高能球磨工艺获得了均匀的先驱粉末，制备出 4.2K、0T 条件下临界电流密度达 $3.4A/mm^2$ 的带材[9]。

（三）高温超导材料的研究现状与发展趋势

1. Bi 系高温超导材料

20 世纪 90 年代初，美国、日本、德国等先后成功采用粉末装管法制备出 Bi2223/Ag 高温超导带材。经过多年的发展，Bi2223/Ag 带材的制备技术已经十分成熟。国内外具备批量化生产千米长带能力的公司有美国超导公司（AMSC）、中国北京英纳超导技术有限公司（INNOST）、德国布鲁克公司（BRUKER）、日本住友电工（SUMITOMO）公司等多家公司。当前世界上 Bi2223/Ag 高温超导导线年生产能力已达几百至上千千米，为其真正的产业化应用提供了坚实的基础。

与 Bi2223/Ag 带材相比，Bi2212/Ag 在低温高场下的电磁性能更适合制备高场超导磁体。例如，在 35T 的高场下，Bi2212/Ag 仍然能够承载具有实际应用意义的工程电流密度，而且 Bi2212/Ag 可以制备成圆导线，很适合绕制超导线圈。由于 Bi2212/Ag 材料在高场和超高场磁体制备中的优越性，欧洲、美国、日本对该材料的研究极为重视，已相继组建公司并实现了商业化批量生产，推动了本地高场磁体技术的进展。日本昭和电缆公司研制的多芯 Bi2212/Ag 带材在 4.2K、10T 背景场中临界电流密度达到 5kA/mm^2，美国牛津仪器公司（OST）研制的 Bi2212/Ag 线材在高达 45T 的磁场中仍保持着 266A/mm^2 的工程电流密度。在 Bi2212/Ag 线/带材的应用方面，美国牛津仪器公司在 2003 年将一个 2212 的内插线圈（5.11T）与电阻磁体（19.94T）组合得到 25.05T 的磁体系统；日本采用一个 Bi2212/Ag 的内插线圈（5.4T）与一个低温超导磁体（18T）的组合也产生了 23.4T 的高磁场。美国国家高场实验室已经研制出世界上首个 30T 以上的全超导磁体系统，其中的内插线圈也采用 Bi2212/Ag 带材绕制。Bi2212/Ag 材料在高分辨率的 NMR 磁体及要求一定强度磁场的储能磁体和加速器磁体中也具有明确的应用前景。

我国的北京英纳超导技术有限公司专注于铋系高温超导线材的生产和应用，年产能 200km，为我国高温超导电缆、变压器、电机、限流器、大电流引线和磁体的应用研发工作提供了基础材料。

2. 第二代高温超导带材（以 YBCO 超导体为代表）

YBCO 超导体是第一个被发现的超导转变温度超过 77K 的高温超导体，外延生长的 YBCO 超导薄膜的临界电流密度在 77K、0T 下一般都能达到 1×10^4A/mm^2，最高的已经达到 1×10^7A/mm^2。YBCO 超导体具有非常优异的磁场性能，在 77K 下的不可逆场达到 7T，高出 Bi2223 一个量级，是真正的液氮温区下强电应用的超导材料。要获得高性能的第二代高温超导带材，必须首先在柔性的金属基带上制备具有立方织构的超导层，然后外延生长超导层。基带织构及表面状况的好坏是制备涂层导体的关键。当前主要有轧制辅助双轴织构基带技术、离子束辅助沉积技术、倾斜衬底技术三种工艺路线来制备这样的基带。

1999 年，第一根 100m 长第二代高温超导带材被制备出来之后，第二代高温超导带材的研究开始从研究所、大学往企业转移。当前世界上在第二代高温超导带材研发最领先的是日本藤仓公司（FUJIKURA）、美国超导公司、美国 SuperPower 公司等。日本藤仓公司采用离子束辅助沉积（ion beam assisted deposition，IBAD）+ 脉冲激光沉积（pulsed laser deposition，PLD）的技术路线制备第二代高温超导带材，2004 年制备出长度为 100m、临界电流超过 100A 的 YBCO 超导体；2006 年带材长度达 200m，临界电流超过 200A；2007 年带材长度发展到 504m，临界电流超过 350A，其 $I_c \times L$ 值达到 176 000A·m，创造了当时的世界纪录。2011 年 4 月，日本藤仓公司制备出长度为 816.4m、平均电流为 572A 的 YBCO 涂层导体，其 $I_c \times L$ 值达到 466 981A·m，再次创造出新的世界纪录。2012 年，该公司又制备出一根长 1040m，超导临界电流达到 580A 的第二代高温超导带材，再次将 $I_c \times L$ 值的世界纪录刷新到 602 200A·m。

美国超导公司采用 RABiTS™/MOD 技术制备 YBCO 涂层导体，如图 3-4 所示。由于美国超导公司是在 4cm 的宽带上沉积中间层和超导层，然后再进行切割，因此制备效率得到大大提高。此外，针对磁场下的应用，美国超导公司开展了在 YBCO 涂层中添加稀土元素和纳米颗粒来提高超导涂层磁通钉扎能力的研究，制备出的带材在 75K、0.52T 外加磁场下，平行于 c 轴和 a-b 面的临界电流分别为 45A 和 85A。这些带材已经提供给美国、韩国、中国等用于超导限流器、储能、磁体等方面的应用开发。美国 SuperPower 公司采用 IBAD-MgO+ 金属有机化合物化学气相沉积法（metal organic chemical vapor deposition，MOCVD）路线制备 YBCO 涂层导体。他们首先将商用的 Hastally 基带进行电化学抛光，表面均方根粗糙度（RMS）降到 2nm 以下，

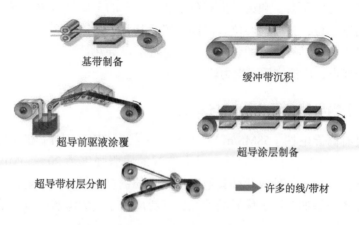

图 3-4　RABiTS™/MOD 制备 YBCO 超导带材示意图

然后溅射沉积非晶的 Al_2O_3 阻挡层和非晶的 Y_2O_3 打底层，再采用 IBAD 沉积约 10nm 的 MgO 种子层，接着溅射生长 30nm 的 MgO 外延薄膜，在 MgO 薄膜上再生长 30nm 的 $LaMnO_3$ 模板层，最后用 MOCVD 沉积超导层。2009 年，该公司制备出一根 1065m 长的 YBCO 超导带材，其最小电流是 282A/cm，成为世界上第一家可制备出千米长第二代高温超导带材的厂商，整个带材的 $I_c \times L$ 值达到 300 330A·m，超越日本藤仓公司成为世界第一。

近年来韩国 SuNAM 公司异军突起，采用 IBAD+RCE（反应共蒸发技术）制备第二代高温超导带材。2013 年，他们就制备出一根 1000.2m 长的第二代高温超导带材，超导临界电流达到 421.7A，成为世界上第三个可以制备长度超过千米的第二代高温超导带材的国家。

我国从"十五"就开始布局研究第二代高温超导带材，目前已有三家专业公司开展产业化研发。2011 年，我国陆续成立了苏州新材料研究所有限公司、上海超导科技股份有限公司和上海上创超导科技有限公司。2015 年初，苏州新材料研究所有限公司制备出我国第一根千米第二代高温超导带材，超导临界电流达到 280A（77K、自场、12mm 宽带）；2016 年底，制备出一根 1130m 长的超导带材，超导临界单位密度电流达到 570A/cm（77K、自场、12mm 宽带），进入世界最高水平行列。2016 年底，苏州新材料研究所有限公司制备出的千米带材 $I_c \times L$ 值达到 644 100A·m，是当前的世界最高水平。目前，三家企业均已建成了千米级长带生产线，并具备了数百米级带材的批量供应能力。

二、传统导电材料（以铜和铝为代表）

铝和铜分别是第一和第二大有色金属。所有的金属材料中，室温下铜的电导率居第二位，铝居第四位。以铜、铝及其合金和铜铝复合材料等为代表的传统导电材料具有优良的强度、高导电性、高导热性、易加工、价格适宜等一系列优点，广泛应用于电力输送、电子信息。

（一）铜导线的研究现状与发展趋势

铜具有高导电性（58MS/m）、高导热性 [393.5W/(m·K)] 和优良的加工成形性能，但纯铜的强度较低，退火纯铜的屈服强度为 20～50MPa[10]。以纯铜为基体，加入一种或几种其他元素制成的铜合金具有高导电性、高导热性、高强度和易加工性等优异的性能，广泛应用于电力电器、电子信息和航空航天等领域。

1. 电缆用铜导体

根据中国有色金属工业协会统计，自 2018 年以来，国内电缆行业每年的耗铜量超过 500 万吨，其中电力电缆的用量占 20%～30%，电气装备用电线电缆的用量占 28%～30%，绕组线的用量占 26%～29%，通信线缆的用量占 5%～7%，其他线缆的用量占 4%～5%。电缆用铜一般为纯铜，铜含量高于 99.95%，采用连铸-连轧/连拉工艺生产。

随着电子技术的发展，微电子、超微电子产品越来越普及，对超精细高性能铜导线材料的需求越来越大。根据超微细导线主要市场统计，2011 年以来超微细导线主要市场年总销售量呈 10% 左右递增，每年涉及超精细产品的数量达到万吨以上。我国对于不同规格的铜导线的供需关系存在巨大差别：0.04mm 以上的丝线供大于求；超细（0.015～0.04mm）铜导线，60% 以上需依靠进口；0.015mm 以下的超精细铜导线主要依赖进口。

2. 接触线用铜合金

电气化铁路接触网线必须拥有良好的导电性能、高的抗拉强度、抗大气腐蚀性能、优良的耐磨性能和耐热性能，软化处理（如 300℃保温 2h）后的抗拉强度不小于初始态的 90%。当前，高速铁路多采用 Cu-Ag、Cu-Sn、Cu-Mg、Cu-Cd、Cu-Cr-Zr 等高强高导电铜合金接触线，常用接触线铜合金及其性能见表 3-2。

表 3-2　国外高速铁路常用接触线铜合金及其性能

接触线材料	国家	速度 /（km/h）	抗拉强度 /MPa			电导率 /%IACS
			室温	150℃软化后	330℃软化后	
Cu-Ag	德国	250	395	395	337	97
Cu-Sn	法国	350	537.5	483	407	77.6
Cu-Mg	德国	330	503	503	465	68.1
Cu-Cr-Zr	日本	—	555.5	—	—	78.8

1）Cu-Ag 合金接触线

Cu-Ag 合金接触线是在铜基体中加入微量的 Ag（0.1wt%～0.3wt%），通过强冷变形使材料强化得到的，其强度较低，但电导率可超过 96%IACS，适用于较低速度的电气铁路[11]。德国研制的 Re-250 型接触网线使用 Cu-0.1Ag 合金材料，满足时速 250km/h 电气铁路的需要。国产 Cu-Ag 合金接触线的性能水平已接近国际先进水平。

2）Cu-Mg 合金接触线

Cu-Mg 合金是各国广泛使用的高速铁路接触线材料之一。Mg 的添加对铜的电导率影响较小，可通过细晶强化、固溶强化和加工硬化使材料强度得到显著提高，强度可达 500MPa，电导率大于 68%IACS。2003 年，我国引入德国 Rim 120 型 Cu-Mg 合金接触线，并成功应用于时速 300km/h 的秦沈客运专线。在此基础上，国内对合金体系进行了优化设计，对制造工艺进行了较大的技术革新，增加了连续挤压工序，使网线的综合性能得到显著提升。

3）Cu-Cr-Zr 合金接触线

Cu-Cr-Zr 合金通过形变热处理，抗拉强度可高于 550MPa，电导率大于 78%IACS，完全满足 380km/h 以上时速电气化铁路对接触线的技术要求。日本奈川公司研发的 PHC-120 接触导线属于这一合金体系。国内正在针对这一体系合金接网线产业化制备技术开展联合攻关，取得了初步突破。

3. 引线框架用铜合金

引线框架是集成电路的芯片载体，用于电气回路的结构件。随着集成电路向极大规模化方向发展，引线框架用铜合金要求具有高强、高导、抗高软化、高精度和低残余应力等优异性能。欧美地区国家和日本在大规模引线框架用高性能铜合金的研究和制备方面处于国际领先地位，其中日本开发的铜合金框架材料的牌号数约占世界牌号数的 90%。我国至今只能生产几个牌号的中低档产品，高品质、高精度、超薄合金带材等高端产品仍依赖进口。表 3-3 列出了几类常见引线框架合金成分及其性能。

表 3-3   几类常见引线框架合金成分及其性能

合金系列	合金牌号	化学成分 /wt%	抗拉强度 /MPa	电导率 /%IACS
Cu-Fe-P	C19400	Cu-2.35Fe-0.12Zn-0.03P	362~568	55~65
	C19500	Cu-1.5Fe-0.8Co-0.6Sn-0.05P	360~670	50
	C19700	Cu-0.6Fe-0.2P-0.04Mg	380~500	80
	C19210	Cu-0.10Fe-0.034P	294~412	90
Cu-Ni-Si	C64710	Cu-3.2Ni-0.7Si-0.3Zn	490~588	40
	KLF-125	Cu-3.2Ni-0.7Si-1.25Sn-0.3Zn	667	35
	C70250	Cu-3.0Ni-0.6Si-0.1Mg	585~690	35~40

续表

合金系列	合金牌号	化学成分/wt%	抗拉强度/MPa	电导率/%IACS
Cu-Cr-Zr	OMCL-1	Cu-0.3Cr-0.1Zr-0.05Mg	590	82
	EFTEC64T	Cu-0.3Cr-0.25Sn-0.2Zn	560	75
Cu-Sn	C50710	Cu-2Sn-0.2Ni-0.05P	490～588	35
Fe-Ni	Alloy42	42Ni-58Fe	650	2.7
其他	C15100	Cu-0.1Zr	294～490	95
	C15500	Cu-0.11Ag-0.06P	275～550	86

1）Cu-Fe-P 系合金

在引线框架市场，当前应用最广的是美国奥林公司开发的中强中导型 Cu-Fe-P 系合金（C19400），其中铁含量为 0.10%～2.35%，磷含量为 0.03%～0.20%。C19400 和 KFC 合金是 Cu-Fe-P 系合金中最有代表性的两种合金，其中 C19400 合金的综合性能更优，主要用于制造集成电路的引线框架、弹簧片及电缆屏蔽等元件。国内较多企业实现了 C19400 合金的产业化生产，如中铝洛阳铜业有限公司、中铝华中铜业有限公司、宁波兴业铜业国际集团有限公司和宁波博威合金材料股份有限公司等。国内高校和企业开展协同攻关，在保证材料综合性的前提下，将 Cu-Fe-P 合金的抗软化温度提高了近 50℃ [12]。

2）Cu-Ni-Si 系合金

沉淀强化型 Cu-Ni-Si 系合金是典型的高强中导合金，抗拉强度可达 600～690MPa，电导率为 30%～60%IACS。当前，日本、美国和德国等国家的企业都有自己的 Cu-Ni-Si 系合金牌号，如美国奥林公司的 C70250 和 C70350 合金、日本日矿 EFTEC-97、德国维兰德的 K55。国内宁波兴业铜业国际集团有限公司、宁波博威合金材料股份有限公司、宁夏东方钽业股份有限公司、凯美龙精密铜板带（河南）有限公司等也已经实现了 C70250 合金引线框架用带材的产业化。

3）Cu-Cr-Zr 合金

Cu-Cr-Zr 系合金是沉淀强化型高强高导铜合金。近年来，美国、日本、德国等国家的企业相继开发了耐热 Cu-Cr-X 系合金引线框架带材，如 KME 公司的 C18160，其抗拉强度为 540～630MPa，电导率 84% IACS；日本三菱伸铜株式会社的 C18141，其抗拉强度为 550～630MPa，电导率 82% IACS。国内在 Cu-Cr-Zr 系合金的成分优化和组织结构调控等方面做了系统研究，宁波博威合金材料股份有限公司等实现了 Cu-Cr-Zr 系合金带材的产业化。

4. 铜导体的制备与加工技术

1）铜管

采用"水平连铸空心锭→铣面→行星轧管→联合拉拔/盘拉"的短流程工艺实现合金铜管的加工成形。研究的重点是铜熔体精炼与净化、多流水平连铸等关键技术。

2）铜板

一般流程工艺为"半连续铸造→热轧→铣面→冷轧"，短流程工艺为"水平连铸→铣面→冷轧"。研究的重点是熔体的精炼和外场作用下拉铸工艺的优化、残余应力控制等关键技术。

3）铜线

低氧光亮铜线杆的生产工艺是"竖炉熔炼→连铸连轧→多线多模拉伸→连续退火→动盘收线"，无氧铜杆的典型制备工艺是"上引连铸→连续拉拔→连续退火→动盘收线"。

4）热冷组合铸型连铸技术

北京科技大学研发了热冷组合铸型连铸技术，所生产的铜合金铸坯组织致密，可直接用于大变形量冷轧和拉拔加工，成功解决了传统工艺生产铜合金存在的流程长、生产效率低、能耗大、成材率低、生产成本高、产品质量差等问题，该技术已在 Cu-Ni-Si 带材、BFe10-1-1 白铜管等进行推广应用。

（二）铝导线的研究现状与发展趋势

铝的密度（2.7g/cm³）仅为铜的 30%，在航空航天电缆、汽车电缆、电器的轻量化方面优势突出，具有极大的发展潜力。

1. 架空导线用铝导体

85% 以上的铝导电材料用于架空导线。当前在高压、超高压和特高压架空输电线路中应用最广泛和成熟的是普通钢芯铝绞线（aluminum conductor steel reinforced，ACSR），其电导率为 61%IACS，强度 ≥ 160MPa。为了进一步降低线路损耗、提高输电效率，我国开展了高导电硬铝导线的研发，包括电导率为 61.5%IACS、62%IACS、62.5%IACS 和 63%IACS 四个等级的高导电硬铝单丝产品。相较于普通钢芯铝绞线，高强全铝合金绞线（AAAC）具有弧垂特性好、拉重比大、抗拉强度高、耐磨性能和耐腐蚀性能好、接续金具简单、便于施工安装等优点，常用作大跨越架空输电导线和换流站母线。法国和日本在该材料上位于世界领先地位，国产牌号LHA1 和 LHA2 与国际先进水平存在差距。

耐热钢芯铝绞线（HTLS）是一种良好的扩容导线，相较于钢芯硬铝绞线，其电力输送能力可提升 40% 以上。为提高耐热导线的性能及提升耐热导线的多场景适配能力，日本陆续发展了高耐热（长期服役温度达到200℃）、高强度耐热（相较于耐热导线强度提高40%）、耐蚀耐热（可用于腐蚀气氛中）及高导耐热（电导率达到61%IACS）等多个新品种。我国对耐热导线的研究主要围绕 Al-Zr 系合金开展，近年来耐热铝导线技术得到快速发展，已经可以生产电导率为 61.5%IACS 的高导耐热导线。

2. 电气电缆用铝导体

铝合金导线广泛应用于各种电气电缆，铝芯电力电缆和电气装备线缆的使用比例最高曾达 40% 左右。在航空航天领域，铝合金电缆较好地满足了轻量化要求。铝的抗蠕变性能差。为克服这一问题，美国开发了 AA8000 系铝合金，加入铁元素，改善了合金抗蠕变性能和抗疲劳性能。我国的航空电缆技术比较落后，主要产品依赖进口。

3. 铝导体的制备与加工技术

1）电工铝杆连铸连轧

连铸连轧法是电工铝杆当前最主要的生产方法，占铝杆产量的90%以上。我国于 1970 年初自主设计制造了第一条圆铝杆连铸连轧生产线，经过50 多年的发展，圆铝杆连铸连轧技术日臻完善。

2）铝包覆同轴电缆连续挤压

采用连续挤压法生产同轴电缆（CATV）具有生产效率高、成品率高的特点。该技术由英国 HOLTON 公司在 20 世纪 80 年代推出，两挤压轮为水平布置，该设备已完全实现国产化。

（三）铜包铝复合材料的研究现状

铜包铝复合材料是在铝芯线外表面同心包覆铜层，使两种金属在界面形成原子间的冶金结合而形成一个整体金属复合导体。与纯铜导体相比，铜包铝复合材料具有质量轻、成本低等优点，被认为是继铜、铝后的第三种理想导电材料。我国铜资源短缺，2010年以来铜资源的进口依赖度达到75%以上。铜铝复合导体新技术的研究开发和工业应用是实现"以铝节铜"的有效手段之一。

现阶段，铜包铝复合材料制备与加工方法主要有包覆焊接法和铜铝双金属连铸直接复合成形法。北京科技大学发明了铜铝双金属连铸直接复合成形技术，开发了"连铸复合—特种孔型轧制加工—连续退火"短流程高效生产高性能铜包铝复合材料的新工艺和成套装备，实现了工业化规模生产，相关技术和产品被确立为美国ASTM国际标准。

三、新型纳米导电金属材料

以铜和铝为代表的传统高电导率金属材料在应用中最大的问题是强度不足，而当前各种强化金属材料的方式都会不同程度地导致电导率下降。针对当前对力学性能和导电性能的要求不断提高的现状，探索并发展对电导率影响较小的强化机制，是相当长一段时间内导电金属材料研究和开发面临的核心问题。

将金属显微结构尺寸减小至100nm以内，可以有效提高其强度。纳米晶或纳米孪晶结构的纯铜的强度极限可由400MPa提高至1GPa以上，且电导率下降程度较低。提高金属材料综合性能的另一条有效途径是将具有不同优异性能的材料复合化。由于纳米碳具有密度小、力学性能好、高温导电性能好、载流量大、热导率高等优点，发展纳米碳增强铜/铝复合导电材料有望实现导电材料综合性能的突破性提升。

（一）纳米结构铜及铜合金

1.高强度纳米结构纯铜

图3-5总结了一些纳米晶铜样品的硬度、强度与晶粒尺寸的关系。结果表明，将晶粒尺寸减小至纳米尺度，纯铜的强度会得到显著的提高。纳米结构纯铜可以通过纳米粉体加压烧结制备。典型的纳米金属粉体制备方法包括稀有气体冷凝法和球磨法。由于烧结过程不可避免地存在大量孔隙和污染，这种纳米结构铜的一致性差，电导率也通常远低于块体纯铜。

通过增大变形量可以使纯铜的晶粒尺寸实质性减小。但传统塑性变形方法（如轧制、拉拔）仅可将纯铜的晶粒尺寸减小至数百纳米，将屈服强度提升至200～300MPa。为了进一步减小晶粒尺寸，研究人员提出了一系列严重塑性变形方法，但是由于动态回复和动态再结晶的发生，单纯依靠严重塑性变形并不能将纯铜的晶粒尺寸降低至100nm以下，也很难将强度再继续提高。利用物理气相沉积、化学气相沉积、电解沉积等方法，可以很方便地获得纳米晶金属薄膜。由于生长薄膜比纳米粉体烧结致密度更好，这种纳米结构纯铜的一致性好、导电性能优异，强度可以达到800MPa。然而，随着晶粒尺寸的减小，晶界大量增加，界面对电阻的影响变得不可忽略。用磁控溅射方法生长的纳米晶铜膜，晶粒尺寸为20nm时，电导率降低至54%IACS。

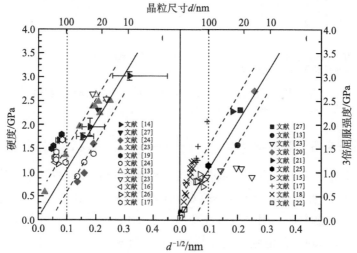

图 3-5　纳米晶纯铜的硬度、强度与晶粒尺寸的关系 [13-27]
直线为图中文献结果根据霍尔-佩奇（Hall-Petch）关系拟合直线。图中不同的点
表示的不同文献报道的材料

中国科学院金属研究所利用脉冲电解沉积法制备了具有高密度纳米孪晶结构的铜薄膜，如图3-6所示。当孪晶层片厚度为15nm时，铜薄膜的拉伸强度超过1GPa，电导率不低于96%IACS。和纳米晶铜相比，纳米孪晶铜具有更好的塑性和更优的热稳定性。纳米孪晶结构也可通过低温或高速塑性变形获得，且容易实现大规模生产。通过对孪晶形成能力的系统研究发现，降低变形温度和提高变形速率有利于在变形纯铜中获得孪晶结构。液氮温度拉拔可以在纯铜线中获得高密度位错和孪晶结构，使其室温拉伸强度达到580MPa。液氮温度动态塑性变形纯铜中有超过70%的体积发生孪生，孪晶厚度30～45nm。在其室温拉伸强度600MPa时，可保持电导率不低于95% IACS。

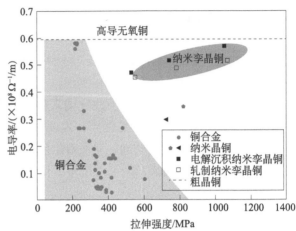

(a) 脉冲电解沉积法制备的具有高密度　　　(b) 沉积生长纳米结构纯铜的综合力学、电学性能
纳米孪晶结构的铜薄膜中的孪晶结构

图 3-6　脉冲电解沉积法制备的具有高密度纳米孪晶结构的铜薄膜中的
孪晶结构及其综合力学、电学性能

2. 高强度高电导率铜合金

以高电导率为主要指标的铜合金通常添加合金元素较少，主要依靠沉淀相析出强化，如 Cu-Be、Cu-Ni-Si、Cu-Cr-Zr 等体系。高强度、高电导率铜合金研究主要集中在利用严重塑性变形方法细化显微结构，并与沉淀相共同强化。例如，Cu-Cr 合金经过高压扭转（high pressure torsin，HPT）后时效处理，在电导率 85%IACS 时强度可达到 840MPa[28]。液氮温度变形可在 Cu-Cr-Zr 合金中引入纳米孪晶结构，强度可达 830MPa。相比于纳米结构纯铜，其软化温度提高至 450℃。将纳米尺寸变形结构与沉淀强化相结合，是当前制备高强高导铜合金可以采用的较好方法。变形过程可以方便和传统加工成型工艺结合，利于大规模稳定生产。纳米结构中析出的沉淀相在进一步提高强度的同时能够改善结构和性能的热稳定性。

（二）碳纳米管增强铝基复合材料

碳纳米管以其优越的力学性能被誉为理想的增强改性材料，在铝基复合材料领域获得极大的关注，已逐步发展走向产业化。拜耳（Bayer）材料公司开发的碳纳米管增强铝合金的力学性能可与碳钢相比，密度却只有其 1/3，而且硬度、耐磨性、抗冲击性都得到显著的提高。日本和韩国的研究团队报道，通过碳纳米管改性的铝基复合材料可在不明显降低导电性的情况下显著提高铝的力学强度，在电力电缆领域具有应用前景，有望用作全铝导线或者其力学支撑芯。由于其具有高强度、高模量的特点，碳纳米管增强铝基复合材料在国防军工、航空航天装备领域受到青睐。

1. 碳纳米管分散技术

碳纳米管由于具有巨大的比表面积和长径比，以及管间强烈的范德瓦耳斯力作用，极易在复合材料制备中形成团聚体。为此，如何均匀分散碳纳米管是需要首先解决的关键问题。当前，制备碳纳米管增强铝基复合材料的分散方法有固相分散、液相分散、原位生长等。

固相分散的常用手段为高能和低能球磨，通过球磨时产生的高能量和剪切的共同作用，将碳纳米管团聚体有效打散，通过金属粉末的大塑性变形使其嵌入铝颗粒中，从而实现其在金属基体中的均匀分散和混合。基于这个技术，德国 Zoz 公司与拜耳公司合作开发连续卧式球磨系统，实现碳纳米管增强铝基复合材料的产业化，其中碳纳米管增强 5083 铝合金的强度可达 700MPa，弹性模量可达 80GPa。不同于球磨工艺，液相分散技术在一定程度上能降低对碳纳米管结构的剧烈破坏。由于碳纳米管自身强烈的范德瓦耳斯力作用，必须通过超声波、高速剪切等技术辅助才能在低黏度体系实现分散。超声波处理能使碳纳米管长度变短，随着分散时间的延长，碳纳米管外壁会剥落，导致管壁变薄。另外，由于两者的密度差异大，直接将碳纳米管与铝粉分散混合，容易导致分层析出。因此适当的表面功能化及聚合物增稠处理是常见的有效解决手段。原位生长合成法是结合碳纳米管制备工艺在基体材料表面原位生长碳纳米管的一种方法，如图 3-7 所示。原位生长合成法不仅实现了碳纳米管在铝粉表面的均匀分散，而且避免了后续分散对碳纳米管结构的破坏，近年来被广泛应用。

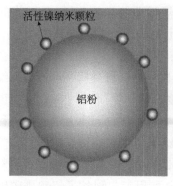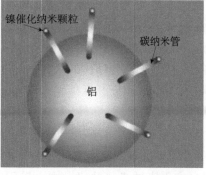

图 3-7 原位化学气相沉积生长法制备碳纳米管增强铝基复合粉末示意图

2. 碳纳米管增强铝基复合材料的制备方法

碳纳米管增强铝基复合材料的制备方法直接影响材料的性能，需主要考虑以下问题：①实现碳纳米管在铝基体中均匀分布；②避免碳纳米管与铝基体之间发生不良界面反应，并避免对碳纳米管结构的强烈破坏；③获得良好的界面结合以形成良好的载荷传递。基于上述考虑，碳纳米管增强铝基复合材料的制备主要有粉末冶金法、热喷涂法、搅拌摩擦法、熔体浸渍法、熔融铸造法及大塑性变形工艺等。当前，碳纳米管增强铝基复合材料的制备新技术不断出现，但从工程应用角度来看，普遍存在制备效率低、工序烦琐、成本高等不足，难以快速制备以满足规模应用的需求。因此，碳纳米管增强铝基复合材料的应用尚局限在航空航天、国防装备、精密仪器等领域，要实现在电工材料领域的应用，必须实现可规模化、低成本、高效率的制备技术的突破。

我国较早开展了该领域的相关研究，上海交通大学、哈尔滨工业大学、中国科学院金属研究所、天津大学、中国科学院苏州纳米技术与纳米仿生研究所、浙江大学等高校与科研机构均积累了大量研发经验，承担了国家重点基础研究发展计划（973计划）、国家高技术研究发展计划（863计划）等重大科技专项。当前，人们对新型碳纳米管增强铝基复合材料的关注集中在轻质高强特性的开发，对其导电性能的改性并未获得显著的正面报道。

（三）纳米碳／铜复合材料

1. 碳纳米管改性铜基复合材料

碳纳米管具有弹道输运特性，而且具有极高的载流能力，被认为是制备高性能铜基复合导体的理想增强相。基于碳纳米管/铜复合导体的研究逐渐成为研究热点，如"欧盟第七框架计划"启动了联合开发项目"Ultra Conductive Copper-Carbon Nanotube Wire"，美国能源部和国际铜业协会在大力推动碳纳米管/铜复合导体的研究，日本国立材料研究所和产业技术综合研究所（AIST）也在积极开展碳纳米管/铜复合导体的研究[29]。我国在该领域也较早开展了相关研究，清华大学、上海交通大学、天津大学、中国科学院金属研究所、中国科学院苏州纳米技术与纳米仿生研究所及中国科学院电工研究所等多家单位不断探索新的方法和技术来发展碳纳米管/铜复合材料。例如，清华-富士康纳米科技研究中心采用电沉积工艺制备了超顺排碳纳米管增强的铜基层状复合材料。当前，碳纳米管/铜复合材料的制备方法主要包括粉末冶金法、电解共沉积法、熔融法和化学还原法[30,31]。

2. 碳纳米管纤维/铜复合材料

碳纳米管纤维是近年来发展的新型纳米组装材料。纤维中碳纳米管排布紧凑、取向度高，纤维电导率可达 $500\sim8000S/cm$。在高取向、高致密度条件下辅助掺杂改性后，纤维电导率可高达 $3\times10^4S/cm$。与传统导电材料不同，碳纳米管电子运输中存在量子效应，电子传输不需要消耗能量，而在管间电子输运中，跳跃机制起着主导作用。在载流容量方面，碳纳米管的载流能力远超过金属，可承受超过 $10^{13}A/m^2$ 的电流密度，较铜导体高出 $3\sim4$ 个数量级。但管间电子传输大幅度增加了纤维的电阻率，在承受大电流时产生的焦耳热使纤维温度大幅度提高。随着纤维直径的增加，冷却效应变弱，焦耳效应起主导作用，导致纤维载流容量大幅度减小。

尽管碳纳米管导线显示出许多优于传统铜导线的性能，但当前的实用化性能仍不能满足绝大多数电气电路设备的要求，导电性能仍与铜、银等金属存在很大差距。为此，将碳纳米管纤维与金属复合，结合两者优势，是发展轻量化高导电纤维的另一重要途径。科研工作者发展了激励沉积和电镀沉积等方法在碳纳米管纤维表面复合金属。通过对纤维表面进行预处理以产生丰富的羧基及羟基等电化学活性位点，可以使晶粒与碳纳米管的结合更紧密[32]。进一步的研究表明，通过在纤维表面引入纳米级镍缓冲层再电镀沉积铜层，可利用铜晶体与碳纳米管的界面性能，使复合导体具有更加优异的力学稳定性和热稳定性。由于其独特的界面结构，碳纳米管纤维/铜复合导体可拥有极高的载流容量[33]。

基于碳纳米管纤维发展新型导电材料已受到美国、英国、澳大利亚、日本等发达国家的高度关注，我国也在该领域开展了一系列国际前瞻性研究探索。例如，中国科学院苏州纳米技术与纳米仿生研究所在碳管纤维外沉积金属成功发展出轻量化导线。通过进一步发展纤维致密化、碳纳米管/铜界面结构调制及铜颗粒结晶度与力学性能优化等关键技术，发展复合线缆加工技术有望快速推动我国相关产业的发展，实现新型导线的产业应用。

3. 石墨烯/铜复合材料

作为纳米碳材料的另一代表，石墨烯也被广泛用作铜基体的增强体。石墨烯/铜复合材料的制备方法与碳纳米管/铜复合材料类似。为了解决石墨烯的分散问题与界面结合问题，近年来研究者们在材料设计思路与技术改性手段方面开展了广泛的研究[34]。上海交通大学的研究团队通过在片层状铜粉表面原位生长出石墨烯，制备出片层状复合块体材料，如图 3-8 所示。该复合材料具有高的屈服强度和抗拉强度，大的塑性变形量及高的电导率（97.1% IACS）[35]。进一步，该研究团队采用化学气相沉积法在铜箔上下表面同时生长石墨烯，并通过精细的界面设计和形貌控制，实现高电子迁移率和高电子密度。在石墨烯体积百分比仅有 0.008% 的情况下实现电导率达到 117% IACS，比纯银的电导率还高。此外，也有学者通过降低铜基体的尺寸在铜纳米线表面生长石墨烯，以实现石墨烯/铜复合材料导热和导电性能的显著提高。

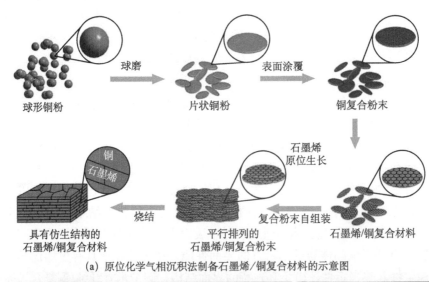

（a）原位化学气相沉积法制备石墨烯/铜复合材料的示意图

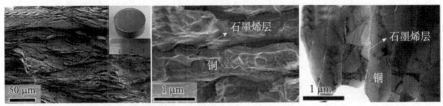

（b）石墨烯/铜复合材料的微观组织图

图 3-8 原位化学气相沉积法制备石墨烯/铜复合材料的示意图及微观组织图

四、碳纤维复合芯导线

碳纤维复合芯导线是一种全新概念的输电线路用导线，具有大容量、低损耗、节能环保、质量轻、抗拉强度大、耐高温、耐腐蚀、热膨胀系数小等特点。在已经取得的新型复合材料合成导线中，日本的碳纤维芯铝绞线、美国的碳纤维和玻璃纤维混合芯铝绞线较典型。

（一）国际研究现状与发展趋势

日本于 20 世纪 90 年代开始研发架空线路导线，开发了多类特种导线，开启了架空输电线路用导线的全新领域。早在 20 世纪 70 年代的城网改造中，为增大输电容量，根据殷钢的线膨胀系数比普通钢小很多的特点，用殷钢芯代替普通钢芯开发了作为低弧垂导线的殷钢芯铝绞线。由于这种导线的结构与常规钢芯铝绞线相同，原有的绝缘子和金具仍可使用，施工机具也可使用，能在铁塔不变的情况下更换导线即可，大大降低了成本。到了 20 世纪 90 年代，日本学者研究用碳纤维芯代替钢芯，开发了一种新型复合材料合成导线，即碳纤维复合芯铝绞线，如图 3-9 所示。与常规导线相比，这种新型导线具有相同的外径和强度，施工中不需要特殊的机具和方法，是一种质量轻、线膨胀系数小、具有良好弧垂特性的划时代的新型导线[36]。

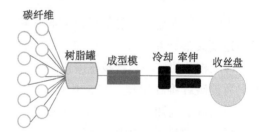

(a) 碳纤维复合芯软铝绞线　　　　(b) 碳纤维复合芯制造过程

图 3-9　碳纤维复合芯软铝绞线及其碳纤维复合芯制造工艺过程

北美洲碳纤维复合芯导线的应用以美国为主。美国作为碳纤维复合芯导线使用最早、应用范围最广、投资力度最大的国家，至今已在美国全境内铺设了 2000 多 km 的碳纤维复合芯导线。美国新型复合材料合成芯导线开发研究较成功的是 CTC 公司（Composite Technology Company）。2001 年，该公司制造出 CRAC/121、CRAC 和 CRAC/TelePower 三种型号的样品。CRAC/121 的结构类似于传统的钢芯铝绞线，仅中间 7 根钢芯由复合材料代替，截面为扇形。CRAC 为其改进型，把复合材料线股放在外层，内层为铝线。两种导线均可携带光缆成为 CRAC/Telepower。上述 3 种导线均完成了常规的型式实验，但尚未进行实际的现场实验。2003 年，美国 CTC 公司推出了型号为 ACCC 的复合材料芯导线，其芯线是以聚酰胺耐火处理、碳化而成的碳纤维为中性层，以玻璃纤维及高强度、高韧性配方的环氧树脂包覆制成的单根芯棒，外层与邻外层组线股为梯形截面。ACCC 导线的结构型式更有利于提高直线管、耐张线夹与导线的压接强度。其次，由于芯棒的外表面为绝缘体的玻璃纤维层，芯棒与铝股之间不存在接触电位差，保护铝导体免受电腐蚀。另外，这种导线的外层为梯形截面形成的外表面远比传统的钢芯铝绞线表面光滑，有利于提高导线的电晕起始电压，减少电晕损失。目前，美国 CTC 公司生产的 ACCC 绞线已投入商业运行并取得了相当好的应用业绩[37]。

美国最早成功推行复合芯导线输电线路，欧美地区的国家共有 19 条线路（均为单回路）使用该种导线，其中美国 16 条线路、法国 2 条线路、西班牙 1 条线路；日本碳纤维复合芯导线由日本制钢株式会社生产，并在日本东北电力公司宫城支店的 66kV 输电线路试用。目前，印度、波兰、巴西等国家也积极开发碳纤维复合芯导线技术。印度作为最有潜力的市场，正在推动复合芯导线输电线路的应用[38]。

（二）国内研究现状与发展趋势

我国碳纤维复合芯导线的研究起步较晚。随着我国碳纤维复合芯导线市场的迅猛发展，特别是"十二五"时期转变经济增长方式这一主基调的确定，与之相关的核心生产技术应用与研发成为业内企业关注的焦点。进入 21 世纪后，碳纤维在电缆领域的中国专利申请量激增，2010 年后更是快速增长。中国科学院知识产权运营管理中心于 2018 年所做的："碳纤维专利技术分析报告"中显示，中国在碳纤维电缆应用方面申请的专利数已突破 2000 件，为日本、美国数量的 2～3 倍。同时，碳纤维在电缆领域的应用专利在本国碳纤维应用专利中的占比情况为：中国为 5.12%，占比情况与日本、美国、韩国基本持平，两倍于德国。目前国内的主要研发机构有远东电缆有限公司、中国电力科学研究院、山东大学、华北电力科学研究院（与河北硅谷合作开发）、辽宁省电力有限公司（与哈尔滨玻璃钢研究院合作开发）、中国航天科技集团有限公司第四研究院第四十三所等。

远东电缆有限公司于 2005 年开始与美国 CTC 公司合作，专业生产碳纤维导线和复合电力杆塔产品。该公司推出的 JRLX/T 碳纤维复合芯导线于 2006 年 6 月起在多个省份的多条输电线路挂网运行。但由于导线的核心部分碳纤维复合芯是由美国 CTC 公司提供，国内无法生产，即使实现复合芯的国内生产，复合芯的原材料及配方、工艺等核心技术也完全掌握在外方手中，不具备自主知识产权，直接导致导线价格较高，成为其在国内大面积推广应用的主要障碍[39]。哈尔滨玻璃钢研究院于 2006 年自主研发了碳纤维复合芯及其导线并在辽宁省多地挂网试验,迄今运行良好。2011 年,在中国建材集团有限公司的推动下,哈尔滨玻璃钢研究院的碳纤维复合芯及导线技术注入中复碳芯电缆科技有限公司,从而使该项目实现了产业化、规模化。

中国电力科学研究院于 2008 年开始研究碳纤维复合芯导线,研制的碳纤维复合芯软铝梯形导线 ACCC/TW-430/60 于 2009 年 11 月 18 日在 220kV 金仙线成功挂网运行。辽宁省电力有限公司与哈尔滨玻璃钢研究院合作开发了碳纤维复合芯导线,哈尔滨玻璃钢研究院负责复合芯的研制,沈阳供电公司电缆厂生产导线。生产的导线使用温度能达到 160℃,并已在沈阳 66kV 文桃线应用。

2005 年江苏鸿联集团有限公司与国防科技大学合作共同开发倍容量碳纤维复合材料芯铝绞线,并于 2008 年注册成立常州鸿泽澜线缆有限公司,专门从事 ACCC 导线的研发与生产,所研制的产品综合技术水平和产品性能指标达到国际先进水平。山东大学碳纤维工程技术研究中心从 2007 年开始研发具有自主知识产权的碳纤维复合芯导线,于 2009 年完成技术鉴定,并在华北电网实现了国内首条 500kV 超高压电网挂网运行,已与 6 家单位联合推广,具有很强的市场竞争力。山东大学自主研发的碳纤维复合芯与美国技术不同,复合芯采用了三层结构模式,碳纤维 + 玻璃纤维 + 抗劈裂玻璃纤维布拉挤包覆一次成型,导线导电层采用了传统的耐热铝合金圆线,而不是软铝梯形单丝。这种特点可以不改变导线尺寸,重量也有所减小,从而为增容换线改造和配套金具的设计制造提供了方便。上海电缆研究所也是碳纤维复合芯导线研究的先导,他们有针对性地进行了碳纤维复合芯导线的应力和弧垂实验、碳纤维复合芯导线的载流量实验等。目前,国内商业化的有美国 CTC 公司授权远东电缆有限公司开发的 ACCC 导线,山东大学开发的碳纤维复合导线也可以批量供货。截至 2017 年,远东电缆有限公司占据的市场份额最大。"2018 全球碳纤维复合材料市场报告"(广州赛奥碳纤维技术有限公司发布)中电缆芯应用市场章节指出:中国的碳纤维电缆大概有 5 万 km 的水平,全球碳纤维增强复合材料芯材铝导线带来的碳纤维应用量在 2016 年约为 100t,2017 年上涨到 350t,目前国产碳纤维已基本实现了批量挂网应用。总体来看,发展势头良好。

现阶段,碳纤维复合芯导线的应用以增容改造为主,由于存在安全可靠性、经济实用性、运行稳定性的问题,因此在新建线路中并未得到大规模推广。但是,经过多家企业及科研单位的不懈努力与完善,碳纤维复合芯导线的成本在逐步下降，碳纤维复合芯导线的接续过滑车、旧线带新线的张力放线等施工工艺得以实现，碳纤维复合芯导线运行维护技术研究取得一定成效。从电力工业未来发展的大趋势看，发展特高压和智能电网成为国家电网建设的重点，相信今后在输电线路工程中，特别是新建线路及特高压工程中，碳纤维复合芯导线的应用和发展前景必将十分广阔。

五、电接触材料

（一）开关电器触头材料

高压输配电设备是主要的供电设备，属于国家重大技术装备，对可靠供电发挥着重要作用。其中，高压开关作为电网的一种关键电力装备，承担着电网正常开合的作用，在保证电网安全稳定运行中是必不可少的。以高压触头材料为例。随着"一带一路"倡议的实施，我国能源网向跨国跨洲的方向的发展，尤其是"十三五"时期以来，特高压电网由示范工程转向商业化运行，特高压电网技术已引领世界，对电网中的核心控制设备（高压开关用触头）的综合性能要求越来越高，其在跨区域、远距离、大规模的电网建设中占据重要地位。因开关在电网中所处的位置不同，开关的服役环境也不同，要求电网中的控制设备［断路器（开关）］能够满足"超大容量"的服役需求。电容器组开关由于开合频次显著提高（每年高达上千次），其设计电气寿命要求达到 3000 次以上。这些都是中国特高压电网首次在全球全面商业化运行遇到的问题，无经验可借鉴。触头是开关中实施接通和断开的关键核心部件，触头材料性能的优劣将直接决定整个高压电器的使用寿命和电力系统运行的可靠性。按使用环境的电压等级来划分，110kV 及以上电压等级的高压断路器中采用的触头材料是 CuW 合金；35kV 以下中压断路器采用的触头材料是 CuCr 合金；10kV 以下低压、中低负荷使用的触头材料是银基合金。

1. 高压触头材料 CuW 合金

在高压及特高压领域，随着电网进入大电网、大机组、大容量、超高压输电的新阶段，为满足稳定控制电网和减小占地面积的要求，应运而生了小型化、大容量、高可靠性的自能式断路器（开关）。这类断路器中使用的是由 CuW 合金和 CuCr 合金两部分异质材料连接在一起形成的结构功能一体化的整体材料。CuW 合金部分主要承受电弧的烧损，CuCr 合金部分则是提供弹性和导电性。由于钨、铜之间不互熔，国内外学者经过长期的探索研究，形成的 CuW 合金的主要制备方法有高温液相烧结、注射成型、活化烧结、熔渗等，以及近年来发展的微波烧结、放电等离子体烧结、选区激光熔化或电子束成型等。其中应用最广泛和成熟的工艺是熔渗法。随着智能电网建设的逐步深入，高压开关也在不断向智能化方向推进，这就对高压开关提出结构紧凑、便于集成安装的"超小型化"的苛刻要求。整体触头材料的性能也需要满足更高的要求：一方面要求其承受耐电弧烧蚀能力越来越强，另一方面要求 CuW 合金和 CuCr 合金部分的界面结合强度高。

世界各发达工业国家（如美国、德国、日本、法国、英国等）都十分重视高压触头材料的研究与开发。为了提高 CuW 合金的耐电弧烧蚀性能，以牺牲部分电导率和热导率为代价，通过添加合金元素或者强化相的方式，取得了一定进展。例如，通过添加具有较低逸出功的稀土元素、稀土氧化物或碳化物等，将其弥散分布在 CuW 合金基体中，可以有效提高材料的耐电弧烧蚀性能。国内也开展了大量系统的研究工作。西安理工大学电工材料与熔渗技术团队对熔渗 CuW 合金电触头材料中相特征与首次电击穿现象的关系及其物理本质进行了系统的研究，发现铜钨两相尺寸的细化、固熔体相、氧化物/碳化物相均有改变电弧运动轨迹的特点，提出了固熔体型首击穿相和化合物型首击穿相的设计原则。通过合金元素添加和熔渗相控制获得特殊相界面固熔层及原位生成化合物相，实现首击穿相转移；通过添加金属间化合物相和控制首击穿相的大小与分布，达到细化阴极斑点、分散电弧、避免电弧集中烧蚀和提高材料耐电压强度的目的。但是，与国外先进水平相比，我国的研究在系统性方面还存在一定的差距，对触头中晶粒尺寸的具体影响等方面的研究尚较欠缺。

围绕 CuW/CuCr 界面的有效结合问题，人们尝试了诸多连接异质材料的工艺方法，如扩散连接、热等静压连接、爆炸连接和钎焊。在钎焊方面，围绕焊料的选择开展了大量的钨、铜连接工作，如采用 Cu-Mn、Au-Cu-Fe 和 Ti-Zr 非晶焊料等，但均不同程度地存在界面缺陷、界面结合强度不高、焊料成本高、电导率急剧降低等问题。为解决以上问题，现有部分企业采用在 CuW 合金表面熔渗后预留一层铜，然后在铜与 CuCr 合金之间采用摩擦焊和激光焊连接，界面缺陷减少，强度略有增加。针对 CuW 合金和 CuCr 合金的连接问题，西安理工大学设计了一套完整的立式熔渗烧结 CuW/CuCr 生产技术，实现了高可靠性的连接，为我国自能式高压断路器的国产化作出了重要贡献，已得到 20 余家高压开关企业的高度认可及广泛应用，在触头材料连接技术方面处于国际领先水平。

纳米粉末的晶粒细、比表面积大、表面活性大，因而具有烧结驱动力大、烧结温度低且致密化快等优点。近年来，纳米粉末因为这些优点而得到CuW合金研究者的青睐，取得了大量成果。例如，采用机械合金化工艺或化学工艺（如渗氮-脱氮法、湿化学法、溶胶-凝胶法等）获得纳米/亚微米级的CuW合金混合粉末，然后通过烧结时间短的热冲击固结或放电等离子烧结或脉冲电场增强的快速烧结工艺制备CuW合金。但是，在后续热处理、热加工或高温应用时，晶粒组织容易发生粗化而导致在使用状态下成为微米级合金。此外，高温环境下基体金属的氧化、初始纳米粉末吸附引入的杂质、金属间或金属-非金属间化合物的分解等，均会导致合金体系中物相组成发生变化。上述晶粒组织粗化和物相转变都直接影响合金的高温性能。综上所述，在纳米技术、添加稀土元素、复合强化相等改善触头材料的耐电弧烧蚀性能和高温热稳定性等方面，应开展更加深入而系统的研究，以满足未来特高压电网要求的满负载条件下频繁操作对应的高机械寿命。

2. 中压触头材料CuCr合金

在中压领域触头材料中，首选是Cr含量在25wt%～60wt%的CuCr合金触头材料。随着电力工业的发展和真空开关种类的不断增多，对真空触头材料的要求更加多样化、高性能化，以支撑真空开关向高电压等级、特殊场合及小型化方向发展，推进252kV以上电压等级、40kA单端口真空断路器的商业化。目前CuCr系列真空触头材料的研究开发主要包括以下几个方面。

（1）超低氧氮含量CuCr合金触头材料。氧氮含量不仅影响CuCr合金触头材料的使用寿命，而且对其耐电压强度和分断电流能力有重要影响，进一步降低合金中的氧氮含量是提高其性能的重要途径。

（2）超细CuCr合金触头材料。由于Cu相和Cr相在电子发射、局域导热、蒸汽对电弧的交合作用等方面差异很大，因此细化其中作为耐电弧烧蚀的Cr相可以有效降低电弧烧蚀，提高合金的综合性能。

（3）合金元素添加改性的CuCr合金触头材料。该方面研究还需要进一步深入，研究各元素间的交互作用，通过合理的元素搭配、多元微合金化进一步提高触头材料的综合电性能。

3. 低压触头材料银基合金

在低压电器系统中，早期的电接触材料多采用纯银，但银存在硬度不高、熔点低、不耐磨等缺点，在含硫或硫化物介质中易形成硫化银薄膜。另外，由于单一纯金属银在瞬间大电流冲击时易发生黏着和永久性熔焊，以及存在触头体积大、耗银多等缺点，因此相继研发了 Ag-Cu、Ag-Ni、Ag-W、Ag-RE、Ag-C、Ag-CdO、Ag-SnO$_2$、Ag-ZnO、Ag-CuO、银稀土氧化物（Ag-REO）等[40]。Ag-CdO 触头材料由于其优异的导电导热性、耐侵蚀性、抗熔焊性和较低的接触电阻，被长期认为是综合性能优异的"万能触点"电接触材料，广泛应用于几伏到几千伏的各类电器中。但由于在生产和使用过程中不可避免地会产生"镉毒"而造成环境污染，进而危害人体健康。因此，很多国家近年来都开展了替代 Ag-CdO 的环保触头材料的研究，并取得了一定的进展。

Ag-SnO$_2$ 触头材料是第二相 SnO$_2$ 颗粒弥散分布于银基体中的复合材料，其性能可与 Ag-CdO 相媲美，在中等负载下可全面取代 Ag-CdO 触头材料，甚至寿命超过 Ag-CdO 触头材料。尽管 Ag-SnO$_2$ 电触头材料具有优良的耐电弧侵蚀性、耐磨损性、抗熔焊性和材料的迁移少等特性，但由于 Ag-SnO$_2$ 触头材料的两相比重相差大、润湿性差，在服役过程中经过多次开合，导致绝缘的 SnO$_2$ 与 Ag 分离，增大了触头表面电阻，进而影响电气系统的可靠性及稳定性。为解决以上问题，国防科技大学的研究团队将传统方法制备的 Ag-SnO$_2$ 材料中绝缘的 SnO$_2$ 改性为导电的 SnO$_2$，用超声化学法制备 Ag 包覆导电 SnO$_2$ 复合粉末，以改善 Ag 与 SnO$_2$ 颗粒的界面结合，并通过添加剂改善 Ag 与 SnO$_2$ 颗粒界面的润湿。但该方法仍未能从根本上解决 SnO$_2$ 与 Ag 的亲和性及润湿性问题。为了使触头材料有较好的耐电弧侵蚀性及抗熔焊性，可采取较细颗粒、均匀成分、弥散分布、致密化纤维增强等措施来提高触头材料的性能。大量研究表明，材料的晶粒度对触头的性能具有显著影响。西安工程大学的研究团队采用高能球磨和热压法制备了纳米复合 Ag-SnO$_2$ 触头材料及 Ag-Ni 触头材料，发现纳米复合材料的第二相弥散分布在 Ag 基体上，具有良好的分散电弧作用，避免了集中烧蚀，改善了触头表面的烧蚀情况。以上研究表明，基体及添加相颗粒的大小对触头材料的电弧侵蚀有显著影响。

在西方发达国家，低压触头材料的研究和生产已有 60 多年的历史。20 世纪 70 年代中期，日本中外电气工业采用内氧化法成功研发了 AgSnO$_2$-In$_2$O$_3$ 触头材料，德国 Degussa 公司也通过粉末烧结挤压法生产了 Ag-SnO$_2$ 材料。到 20 世纪 80 年代，日本田中贵金属工业公司、法国 Comptoir Lyon-Alemand Louyot 联合公司、德国大的触头制造厂 Degussa 公司和 Doduco 公司、我国桂林电器科学研究所及上海电器科学研究所，对 Ag-SnO$_2$ 材料的制造、性能和应用进行了广泛的研究。此外，一些知名的大学也从事了相关的电触头基础理论研究工作。至 20 世纪 80 年代末 90 年代初，我国开始研制生产不含

Cd 的 Ag-MeO 电触头材料，这些氧化物电触头材料包括 Ag-SnO$_2$、Ag-ZnO、Ag-CuO、Ag-Fe$_2$O$_3$ 和 Ag-REO 等，但在工艺水平、生产规模及质量上仍然与发达国家的电触头材料发展存在一定的差距。目前国内外对银基触头材料性能的研究主要集中在触头材料的耐电弧侵蚀性、抗熔焊性、接触电阻的稳定性及应用过程中随温升变化等方面。为了提高以上性能，对银基电触头材料制备工艺等方面进行了改进。

（二）电磁炮导轨材料

电磁炮是基于电磁发射技术的一种新概念动能杀伤武器。电磁炮具有发射速度快、隐蔽性好、稳定性好、杀伤力大等优异性能，可以用作天基反导、防空、反装甲，以及替代火炮或舰炮的远程打击武器等，因此被世界各国所关注。早在 2010 年，美国就成功试射了能量为 32MJ 的电磁炮，初速度达 5 倍音速，射程超过 200km。而美军未来计划的实战配备目标是 64MJ 电磁炮，能以 7.5 马赫（2500m/s）的初速度发射 20kg 弹头，并以 5 马赫速度对 370km 以外目标实行动能碰撞。要达到这个目标，电磁炮导轨必须通过兆安级的强脉冲电流。因此，导轨材料要有良好的导电性能和高强度，在高温下同样能保持较高硬度，并且具有抵抗弹头与导轨之间的高速滑动摩擦的耐磨性能。寻找或制备出符合要求的导轨材料是制约电磁炮应用的技术难题之一。

就导电性能而言，纯铜或无氧铜是现有材料中导轨材料的首选。但铜的强度不高，如何制备兼顾强度和导电性，且同时具有耐烧蚀性、耐磨性、耐高温和抗氧化性等综合性能的铜基材料一直是该领域的首要难题。现阶段对铜基材料的改性主要从以下几个方面进行：合金化、复合材料技术及表面改性技术。合金化能够在大幅度提高金属材料强度的同时保持较高导电性，复合材料技术可以获得强度与导电性的较好结合，而表面改性技术能够在不影响基体材料性能的同时赋予材料表面某种特殊性能。如果把这三种方法有机结合在一起，就有可能实现铜合金综合性能的突破。

1. 合金化

合金化法是制备高强高导电铜合金的传统方法，通常以固溶强化和析出强化为主要手段，辅助以细晶强化和形变强化等几种方式联合使用来达到强化铜合金的目的。通常使用的合金元素包括 Cr、锆（Zr）、Mg、Sn、Ag、铼（Re）等。为了保持较高的导电性，这些元素的加入量一般在 1wt% 左右，因此强化作用有限。合金化法制备的高强高导电铜合金的强度一般不超过650MPa，电导率一般小于90% IACS。传统的合金化法由于固有的局限性，难以实现导电性和强度的突破，一些新兴技术逐渐进入高强高导电铜合金领域，其中的热点之一就是快速凝固技术。快速凝固过程为非平衡过程，具有冷却速率高（$\geqslant 10^4 \sim 10^6$K/s）、生长速率高（$\geqslant 1 \sim 100$cm/s）、起始形核过冷度大等特点，制备的铜合金具有一些不同于传统材料的组织结构特征，如合金元素的固溶度增加、晶粒尺寸细化、成分偏析减少、缺陷密度增大、形成亚稳相等。这些特征使快速凝固铜合金在保持较高导电性的同时，强度较传统铜合金得到进一步的提高。

快速凝固法制备铜合金虽已有一定的进展，但仍处于发展阶段。研究工作主要集中在铜合金的制备工艺及其组织和性能分析方面，而对其形成机制的研究较少，还需要进一步完善快速凝固过程理论。此外，快速凝固法虽然在一定程度上提高了合金强度，但考虑到固溶对电导率的不利影响，合金元素的加入量有所限制，因此强度的提高也会受到一定的制约，还需要进一步发展。

2. 复合材料技术

铜基复合材料具有更优异的性能，因此铜基复合材料已成为高强高导电材料研究领域的重点发展方向。当前发展最快的为氧化物弥散强化铜合金，代表性制备方法是内氧化法和机械合金化法。

除使用氧化物作为增强颗粒外，还可以使用碳化物、硼化物、氮化物和硅化物等作为强化相，这些统称为陶瓷颗粒增强铜基复合材料。陶瓷颗粒增强铜基复合材料具有较高的导电性和强度，增强相一般选用具有高硬度、高熔点、高热稳定性等特性的陶瓷颗粒，如 TiN、TiB_2、WC、TaC、SiC 等。直接金属激光烧结技术是近20年来兴起的快速成型制造技术，可以用于高强高导电铜基复合材料的制备。该技术是激光技术与粉末冶金法制备金属材料的结合，其烧结机制是液相烧结，具有快速凝固技术的特点。南京航空航天大学在国内首次使用直接激光烧结技术制备了 WC-Co 颗粒增强铜基复合材料。当 WC-Co 含量为30wt% 时，拉伸强度为256.4MPa，平均硬度 $HV_{0.1}$ 高达389.8，添加适量 La_2O_3 可提高硬度 HV 至403.1。

3. 表面改性技术

表面改性铜基复合材料是利用表面技术对材料进行改性处理来提高其机械性能而获得的铜基复合材料，可以实现快速凝固技术和复合材料技术的结合，优势在于只改变表面结构和性能而不影响基体性能，有望制备出性能更优的高强高导电铜基复合材料。当前应用于铜合金表面强化的技术主要有电镀/化学镀、气相沉积、化学热处理、铸渗、热喷涂等技术。

与其他表面技术相比，激光表面强化技术具有快速熔化、快速凝固、与基体冶金结合、热变形小等特点，近年来发展迅速，已广泛应用于钢铁材料表面热处理、零部件修复与制造、零件表面性能改善等领域。国外在20世纪80年代已开始尝试使用激光技术对铜或铜合金进行强化，但是由于铜材料的高导热性、高反光率和低浸润性等性质，激光技术在铜合金上的应用受阻，研究进展缓慢。随着激光技术的进一步发展，近几年来，铜合金激光表面处理的报道不断出现，主要集中在铜合金的激光熔覆、激光表面合金化和激光重熔。

激光表面合金化是在激光的作用下使添加的合金元素、陶瓷等粉末和材料表面局部迅速熔化、混合，凝固后形成不同于基体但以基体成分为基础的合金层。激光重熔是利用激光使金属表面快速熔化，随之借助金属基体的热传导而快速凝固的过程。通过激光重熔使材料表面形成细小的非平衡组织，从而可提高其硬度、耐磨、耐蚀性能。激光熔覆是利用激光束在材料表面熔接一层与基体形成冶金结合而成分和性能完全不同的合金表面层。激光熔覆与合金化的区别在于基材表面只熔化一极薄层，这样可以避免基体熔化对熔覆层的稀释，保证熔覆层的特殊性能。因此，激光熔覆能更好地控制表层的成分、厚度和性能。对铜合金而言，在不要求很高导电性的使用环境中，激光熔覆是较好的选择，因此铜合金的激光熔覆是当前研究的主要方向。铜合金激光熔覆的研究始于国外，国内虽然起步较晚，但是发展较快。近几年，国内的研究主要侧重于激光熔覆层工艺的改善和性能的提高。当前铜合金激光熔覆选用较多的是镍基合金，主要是因为镍与铜的润湿性好，两者可以无限固溶，而且镍基合金是使用广泛的具有良好的耐磨、抗蚀、耐高温等性能的自溶性合金。此外，钴基合金由于具有良好的高温、耐磨和耐蚀性能而成为另一种常用的熔覆材料。

（三）受电弓滑板材料

受电弓滑板是电力机车供电系统的关键部件，通常安装在电力机车受电弓的顶部。当受电弓升起时，受电弓滑板与接触网导线直接接触，从接触网导线上集取电流，再通过车顶母线传送到机车内部供发动机使用，为机车供应电力[41]。日本、德国、法国等发达国家受电弓滑板材料的研究历史悠久，在理论研究与应用方面均取得了重要成果，我国对其的使用与研究则始于 20 世纪 50 年代末（图 3-10）。我国的接触网导线主要采用铜、钢-铝和铝合金三种材料，其中铜接触网导线占 62%，钢-铝接触网导线占 36%，其余的为铝合金接触网导线。钢-铝接触网导线对滑板的磨耗较大且自身的导电率较低，故从 20 世纪 80 年代以来已被逐渐淘汰。当前，我国电气化铁路建设均采用铜接触网导线。按不同材料来分，电力机车受电弓滑板包括纯金属滑板、纯碳滑板、粉末冶金滑板、浸金属碳滑板和碳基复合材料滑板。

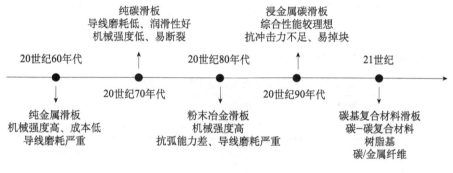

图 3-10　受电弓滑板的发展历史

1. 纯金属滑板

纯金属滑板是以导电金属为材质直接制得的滑板，分为铜、钢两种。其中，铜滑板具有机械强度高、取材方便、成本低的优点，但易引起黏着磨损，迅速磨损接触网导线。1961 年，我国宝成铁路开通，接触网导线为铜质导线，滑板为钢板条。由于钢滑板和接触导线的亲和力较强，接触导线磨耗严重。当前，这类滑板已不能适应电气化铁路发展的需求。

2. 纯碳滑板

纯碳滑板是以沥青焦、石油焦等为骨料，适当添加黏结剂、抗磨剂构成的。纯碳滑板具有良好的自润滑性和减磨性能，易在导线上形成润滑碳膜，以改善对导线的磨损，但其机械强度低，耐冲击性差，磨耗不均匀，易增大弓网离线率。另外，碳滑板固有电阻大，接触区温度高，易引起导线过热氧化。1925 年，日本开始研制并采用纯碳滑板。随后，欧洲也开始使用纯碳滑板。当前这类滑板大量应用于高速、重载铁路和地铁。

3. 粉末冶金滑板

粉末冶金滑板是将金属粉与润滑组分通过机械混合，经液压机压制成型，最后高温烧结而成。此类滑板的机械强度高，抗冲击性好，强度和硬度极高，具有优良的导电性，其固有电阻较低，耐热性高，电腐蚀性较小，有一定的自润滑性，耐磨性较好，使用寿命长。但此类滑板易产生电弧，且其与导线的材质相似，对导线的磨损严重，限制了粉末冶金滑板的应用。表3-4列出了粉末冶金滑板与纯碳滑板导线的磨耗率。自1949年起，日本研制了替代石墨的铜系粉末冶金滑板材料、磷-铜粉末冶金滑板和铁基粉末冶金滑板。我国于20世纪80年代末在京秦线、大秦线上使用粉末冶金滑板，随后铜基粉末冶金滑板成为运行速度低于100km/h列车的主流产品。当前，这类滑板已不能适应电气化铁路发展的需求。

表3-4　粉末冶金滑板与纯碳滑板导线磨耗率对比

滑板类型	纯碳滑板	铜基粉末冶金滑板	铁基粉末冶金滑板
导线磨耗率 /（mm²/万弓架次）	0.0098	0.0200～0.0480	≥ 0.0500

4. 浸金属碳滑板

浸金属碳滑板是将纯金属或合金熔体填充到碳基体的空隙中制得的。其导电相主要为金属相，导电性依赖于金属相的组织和含量。浸金属碳滑板具有低电阻、高强度性能和自身润滑特性，易形成润滑膜，有效抑制电弧产生，同时降低列车运行中的噪声。但此类滑板的抗冲击能力不足，易出现掉块现象，且成本偏高。1987年，英国的电气化铁路开通，主要使用浸金属碳滑板。我国制造浸金属碳滑板的技术尚不成熟，金属与石墨互不浸润，金属容易剥离、脱落，金属相不能连通。当前这类滑板仍大量应用于高速、重载铁路，我国主要依赖进口。

5. 碳基复合材料滑板

碳基复合材料滑板以碳纤维、石墨烯和碳纳米管等增强碳基体。该种材料的抗冲击性能优异、密度小、价格低，同时具有碳基或树脂基复合材料的自润滑和对导线磨耗小等优点。但此类滑板的问题是增强相与基体之间的匹配性差，导致其抗冲击性能无法继续提高、导电和导热性仍有较大提升空间。表3-5和表3-6分别列出了碳-铜复合材料滑板、碳纤维复合材料滑板与其他类型滑板的性能对比。当前，碳基复合材料滑板是研究热点，未来有望成为主流的滑板材料。

表 3-5　碳-铜复合材料与部分滑板性能对比

滑板类型	密度 /(g/cm³)	硬度 (HB)	电阻率 /(μΩ·m)	抗冲击值 /(J/cm²)
纯碳滑板	1.60～1.70	62	≤ 38	≥ 0.15
浸金属碳滑板	≤ 2.85	85	≤ 12	≥ 0.25
碳-铜复合材料滑板	6.50～8.40	62～90	≤ 0.35	≥ 5

表 3-6　碳纤维复合材料滑板与其他滑板磨耗特性比较

滑板类型	导线磨耗率 /(mm²/ 万弓架次)	滑板磨耗量 /(mm²/10⁴km)
纯碳滑板（日本）	0.02	10.40
浸金属碳滑板（英国）	0.02	8
碳纤维复合材料滑板	0.0077	7.80

第三节　关键科学问题与技术挑战

一、关键科学问题

（一）导电材料微合金化理论及复合相设计与组织均匀性调控机制

材料的成分、组织与其服役性能密切相关。微合金化是导电材料中最常用的提高材料强度的方法。然而，合金化在提升强度的同时会造成电导率的降低。如何选择合金元素、优化合金元素的添加含量，设计材料的复相结构，形成导电材料微合金化理论及组织均匀性调控机制，以获得各性能之间的优化，是需要重点解决的科学技术问题之一。

（二）导电材料的界面及性能均一性调控机理

界面反应是决定导电材料性能的关键因素。如何实现界面结构的功能化调控、增强界面结合，是实现高强度与高电导率的一个关键问题。尤其是对于金属/纳米碳复合材料，如何引入界面反应、控制界面相组成、界面微区元素分布及调控界面微结构的演变过程以降低界面电阻、增强载荷传递，并平衡界面产物本身对材料性能的影响，是亟须解决的关键科学问题。在此基础上，需要厘清界面对导电、导热、力学性能的影响机制。此外，传统导电材料中超大规格大电流传输用铜包钢、铜包铝复合材料界面及 CuW 合金界面的扩散规律等均需仔细调控以实现综合性能的提升。

（三）制备加工工艺 – 组织演变 – 力学 / 物理性能的定量关系

导电材料的性能与制备工艺密切相关。研究不同制备工艺下组织演变规律及性能的变化规律，建立制备加工工艺-组织演变-力学/物理性能的定量关系模型以深入探索有效指导相应材料的制备，为实现全过程的组织性能精确调控提供理论依据。例如，建立传统导电金属材料多元多相合金制备全过程中各尺度结构演变的定量描述；揭示变形条件对高密度纳米孪晶/纳米晶结构的块体铜及铜合金孪生行为的影响；建立面向高应力应变高场磁体应用的 Nb-Al 体系成相的动力学模型，揭示 Nb-Al 体系中超导相和非平衡相的分解与再结晶机制等。

（四）极端条件下导电材料的组织结构演变规律及其定量描述

研究极端条件下材料的组织结构演变规律及其定量描述，揭示其对材料使役行为的影响规律，是开发高性能导电材料的关键科学问题。例如，研究用于高速轨道交通的电力接触网线和受电弓在大功率电流及高速摩擦的情况下组织与性能的演变规律，研究抗大电流冲击（3000～5000A）条件下高压开关电器触头材料的组织演变、耐电弧烧蚀及强度变化等。

二、技术挑战

（一）超导材料

1. 低温超导材料

低温超导材料方面的技术挑战主要有：面向大科学工程和高场 NMRI 用的 NbTi 超导材料制备技术；面向高场 NMR 及科研用高场磁体的 Nb_3Sn 超导材料制备技术；面向高应力应变高场磁体应用的 Nb_3Al 超导线材制备技术。

2. 铁基超导材料

铁基超导材料方面的技术挑战主要有：具有较高致密性和良好织构化的

线带材优化加工工艺和烧结技术；如何提高铁基线带材的临界电流和磁通钉扎能力；高强度、高均匀铁基超导线带材的加工技术。

3. 高温超导材料

高温超导材料方面的技术挑战主要有：立方织构的种子层的生长；超导涂层的磁通钉扎、外延生长。

（二）传统导电材料（以铜和铝为代表）

传统导电材料（以铜和铝为代表）方面的技术挑战主要有：

（1）大规格坯锭非真空熔炼成分稳定化及铸锭组织均匀化控制技术。

（2）高效、短流程制备技术，如外场多流连铸技术，连续挤压、轧制技术，板型与带厚控制技术，连拉连退技术等。

（3）高效环保精炼剂的研发、精炼技术的突破及连续化生产整体装备的开发，实现废杂铜直接制备高品质电工铜杆。

（4）高品质单晶或特定取向柱状晶坯料水平连铸设备的设计与开发，超精细铜导线组织、表面质量及残余应力控制技术与配模技术等。

（5）高品质、高性能铜合金型材组织调控和短流程加工工装及产业化技术。

（6）铜包铝线材界面控制技术；废旧铜铝复合材料的低成本高效分离和回收利用技术。

（三）新型纳米导电金属材料

新型纳米导电金属材料方面的技术挑战主要有：

（1）碳纳米管增强铝/铜基复合材料的高效分散和成型技术；调控碳纳米管在铝/铜基体的取向分布，充分发挥碳纳米管在轴向的高强度、高导电特性优势。

（2）轻量化纳米碳基电缆结构设计与连续加工技术，尤其是碳纳米管、石墨烯组装结构中金属铜的均匀沉积，发展纳米碳/金属连续成型加工关键技术。

（四）碳纤维增强复合导线

碳纤维增强复合导线方面的技术挑战主要有：

（1）配套完善工程设计专用软件、设计规范、工程应用数据和相关施工规范；生产、施工、运行在线智能监测系统及无损检测系统。

（2）建设完整的系列化碳纤维复合芯导线生产数据库、施工数据库、导线实验检测数据库及运行数据库。

（3）研究开发满足芯棒制备工艺要求，加工工艺性能良好的树脂体系；系统开展树脂体系耐候性及耐温性研究，建立系统评估体系。

（4）国内配套稳定、批量供应的高性能、低成本碳纤维生产满足后期市场要求。

（五）电接触材料

1. 开关电器触头材料

开关电器触头材料方面的技术挑战主要有：如何协同提高材料的耐烧蚀、高温强度和高温耐磨性；实现 CuCr 合金弹性和导电性的平衡。

2. 电磁炮导轨材料

电磁炮导轨材料方面的技术挑战主要有：如何优化 Cr 和 Zr 元素的添加量，获得强度和导电性兼顾的新型 Cu-Cr-Zr 合金。

3. 受电弓滑板材料

受电弓滑板材料方面的技术挑战主要有：如何提高其抗冲击性能，同时降低电阻率；提高金属与石墨的浸润与结合；增强相（碳纤维、石墨烯和碳纳米管）与基体的匹配性。

第四节　导电材料的重点发展方向

一、超导材料

（一）低温超导材料

要提高超导材料无阻载流和产生强磁场的能力，必须通过结构设计和微结构控制，改善超导材料的磁通钉扎特性、增强稳定性。因此，低温超导材料的工程化、产业化制备技术、磁体应用技术开发的关键在于解决导体结构设计、组织结构控制、各向异性控制、降低交流损耗、特种超导磁体研发等一系列技术问题。

1. 材料制备

当前，NbTi 超导线材产业化技术研发工作主要集中在优化工艺过程和提高超导工程性能方面。针对高度均匀合金的形成机制、多元合金的扩散机制、合金加工过程中的组织形变机制、人工控制的纳米量级钉扎中心的形成过程、微观组织结构与临界电流密度和磁通钉扎特性的关联及应力应变对超导股线性能的影响开展技术开发工作，进一步降低制造成本和使用成本。如何满足 ITER 计划对线材的技术要求并实现批量化生产及降低生产成本是当前工程技术开发的重点方向，以高临界电流密度研究和低磁滞损耗研究为代表。

2. NMRI

医疗诊断影像设备是各级医院必不可少的装备，与 X 射线和 CT 相比，NMRI 提供的信息量最大、无电离辐射，对人体无不良影响，具有分辨率高、成像参数多、诊断范围广、可任意断面扫描、无创无损、无放射危害等优点，成为医用影像诊断设备的主流发展方向之一。当前国内 NMRI 市场基本被国外公司垄断，价格昂贵，使得大多数中、小医院用不起 NMRI 设备。为此，国家明确将 NMRI 设备列为当前优先发展的高技术产业化重点领域之一，其中超导磁体关键材料与技术是基础支撑。

3. 磁控直拉单晶硅（MCZ）

随着光伏产业和半导体集成电路工业的迅速发展，中国已成为全球增长速度最快的单晶硅生产和消费国家。其中，MCZ 产品占总产量的 70%~80%。2010 年，中国 MCZ 设备的总数已超过 2400 台，产能达到 1.4 万吨。按当前我国 1.4 万吨单晶硅的生产现状，每年可节省近 2 亿 kW·h 的电能，因此发展 MCZ 用超导磁体产业化，对于实现我国节能减排目标，保证国民经济发展和国防建设具有重大意义。

4. 高能加速器

以加速器为代表的大科学工程自 20 世纪 80 年代以来一直是高技术发展水平和综合国力的象征，以超导磁体为核心的加速器系统是相关装置的核心，对超导线材具有明确的需求，且由于国家安全和技术保密的需要，将主要依靠国内企业供货。我国正在集中发展的加速器项目包括北京正负电子对撞机升级改造工程、中国散裂中子源工程、ADS 先导专项高功率质子加速器、北京先进光源的设计和预研、基于能量回收型直线加速器的自由电子激光项目（ERL-FEL）等，一台加速器需消耗超导材料 1000t 左右，上述项目的实施将对超导材料提出巨大的需求。

（二）高温超导材料

自氧化物高温超导材料被发现以来，经过科学家的不断努力，Bi2223/Ag 带材率先实现了商业化生产和产业化的发展。虽然近年来 YBCO 高温超导带材备受关注，但 Bi2223/Ag 带材在低场下仍然有优异的超导载流性能。而且，Bi2223/Ag 带材使用了多年，采用 Bi2223/Ag 带材所制作的各种高温超导器件运行情况良好，市场对其有一定的认可度。虽然 YBCO 超导材料临界电流密度达到 $10^7 A/cm^2$，77K 下的不可逆场达到 7T，具有巨大的开发潜力，但由于其制备工艺复杂，至今价格还是高于 Bi2223/Ag 导线。因此，在一定时间内，Bi2223/Ag 乃至 Bi2212/Ag 带材仍然会在超导技术的应用中占有一席之地。但是，YBCO 带材毫无疑问是在液氮温度最有广泛应用价值的高温超导带材[42]。

二、传统导电材料（以铜和铝为代表）的制备与加工技术

（一）高性能铜和铝导体超纯或精确成分调控的微合金化、高精、极细（薄）、超长制备技术

高性能、高精密铜和铝导体材料作为电子器件重要的信号传输介质，广泛应用于电子信息、无人机、机器人、新能源汽车、航空航天等高端制造领域。随着电子信息等高新技术产业的快速发展，电子器件向小型化、高功率、多功能化等方向发展，对铜和铝导体的极细（薄）、超长、高精度等形状尺寸和强度、导电率、耐热性等技术指标提出了更高的要求，但 80% 以上的高端产品依赖进口。发展高性能铜和铝导体超纯或精确成分调控的微合金化、高精、极细（薄）、超长制备技术，对满足电子信息、航空航天等高技术领域对高性能、高精密铜和铝导电材料的迫切需求具有重要的意义。

（二）自主研发高效、低成本的短流程绿色制备技术及其关键装备

我国铜和铝导电材料的生产普遍采用 20 世纪 80 年代传统的制备加工工

艺，技术工艺和装备落后于美国、日本、德国等发达国家 10 年以上，存在流程长、能耗大、环境负担重、效率低、成材率低、成本高等问题。自主研发高效、低成本的短流程绿色制备技术及其关键装备，对推动我国铜和铝导电材料加工行业的技术进步，加快行业转型升级，提升产品的国际市场竞争力具有重要的作用。

（三）Cu-Cr-Zr 系接触网线连续化制备技术

截至 2021 年 12 月，我国高速铁路运营里程突破 4 万公里，接触网线是高铁动力系统的关键材料。目前，我国大多数高铁线的接触网线采用 Cu-Mg 系合金制造。若将接触线的导电率提高 10%，即从 64%IACS（现有 Cu-Mg 系接触网线的水平）提高到 80%IACS，仅以目前京沪高铁对列车数为每日 95 对计，每年节电将高达 6 亿 kW·h 以上。Cu-Cr-Zr 系合金具有较高的强度（≥ 580MPa）、良好的导电性（≥ 80%IACS）和耐热性（≥ 550℃）及抗烧蚀性等特点，从安全、速度和节能降耗的角度出发，Cu-Cr-Zr 系合金是高功率、高可靠性高铁接触网线的首选材料，国内尚无基于 385km/h 的大卷重高铁接触网线用 Cu-Cr-Zr 系合金线材产业制备技术。日本奈川公司已经研发出高性能 Cu-Cr-Zr 系（PHC-120）接触导线，实现了工业化生产，但对我国进行了严密的技术封锁。因此，开发 Cu-Cr-Zr 系接触网线连续化制备技术，对促进我国高速铁路快速发展具有重要的现实意义。

（四）新型高性能铝合金节能输电导线及其制备技术、高导电率铝合金电缆制备和应用关键技术

高性能铝合金导体是超高压、特高压架空输电线路和航空航天用轻质高强电缆的重要基础材料。高强度、高导电、高耐热、高耐蚀的铝合金导体材料及其制造技术与日本、美国等发达国家的差距较大，大部分高端产品依赖进口。开发新型高性能铝合金节能输电导线及其制备技术、高导电率铝合金电缆制备和应用关键技术，对解决我国特高压架空输电和航空航天等领域对高性能铝合金导体的重大需求具有重要的意义。

（五）废杂铜、铝导体的高效回收、绿色再生与高质利用

我国铜资源匮乏，对外依存度在 70% 以上，铝土矿对外依存度在 60% 以上。随着我国铜和铝导体产品需求和铜铝资源短缺的矛盾不断加剧，铜和铝资源循环利用的重要性日益凸显。根据中国有色金属工业协会统计，再

生铜的能耗仅为原生铜的 27%，再生铝的能耗仅为原生铝的 5%，同时节水 70% 以上、减排 CO_2 80% 以上、减少资源进口 30% 以上。再生铜和再生铝是我国铜和铝工业可持续发展的根本出路。然而，我国废杂铜、铝导体的绿色再生利用技术瓶颈尚未突破，与日本、美国、德国等发达国家存在较大差距。通过产学研合作，发展废杂铜、铝导体的高效回收、绿色再生与高质利用关键技术，是实现我国铜铝资源循环利用，保障国家资源安全，促进节能减排，推动"双碳"战略实施的重大需要。

（六）构建新型高性能铜铝导电材料及其产品的设计选型、加工制造、检验及其运行维护的技术标准体系和研发平台

我国铜铝导电材料的总产量和消费总量都居世界第一位，但是产业大而不强，产品多而不精，基础研究和技术发展呈碎片化、零散化状态，创新能力弱，自主知识产权合金牌号和体系很少，以中低端产品为主，大部分高端产品依赖进口，市场竞争力弱，铜、铝加工行业的利润逐年下滑。针对上述问题，打通"产学研用"全流程创新链，实现碎片化基础研究和技术的集成，构建导体材料及其产品的设计、加工制造、检验、应用及其运行维护等系统大数据库、技术标准体系和研发平台，是实现我国高性能铜铝导体材料研发模式由跟踪模仿到自主创新、由制造大国迈向制造强国的重要支撑。

三、新型纳米导电金属材料

（一）深入研究纳米孪晶结构铜和铜合金中的基础科学问题

纳米孪晶强化机制可以在不大幅度调整现有导电铜合金体系的前提下大幅度提高其综合力学电学性能，将对未来高性能导电铜合金设计和制造产生深远影响。但纳米孪晶铜和铜合金的相关研究仍大多处于实验室研究阶段，相关基础科学问题，如纳米孪晶的形成机制、纳米结构的稳定性、孪晶结构及纳米孪晶强化与其他显微结构的相互作用机制、综合力学电学性能与制备方法和显微结构的定量关系等，尚缺乏系统深入研究。在新一代高强度、高电导率铜和铜合金的设计制造中充分利用纳米孪晶强化，需要扎实深入的理论研究和系统的实验数据支撑。应重点研究和解决的基础科学问题包括：纳米孪晶铜和铜合金中纳米尺寸孪晶结构的形成条件、变形行为、强化机制和力学性能，理解孪晶结构对综合力学性能的影响规律

和机制，系统研究合金元素、析出相及制造方法对纳米孪晶结构和综合性能的影响机制等。

（二）研究开发可工业应用的电解沉积纳米孪晶铜制造方法

电解沉积纳米孪晶铜的综合力学电学性能远远超过现有其他方法制备的导电铜和铜合金，为未来导电铜和铜合金的发展提供了一种可行的方向。但目前电解沉积方法制备速度慢、铜板尺寸小、含有纳米孪晶的部分占比小、工艺控制复杂等问题，需要在工艺的生产放大中一一解决。应重点研究电解沉积技术中各个工艺参数对铜中孪晶形态、尺寸、取向分布等晶体学特征的影响，找到生产放大过程中影响纳米孪晶结构特征、产品外观和尺寸、综合力学电学性能的关键工艺及参数，开发配套的电解沉积纳米孪晶铜生产装备和优化工艺，优化生产环节材料回收利用率，解决电解沉积生产中废水废渣无害化处理的技术和经济问题。建立适合大规模生产纳米孪晶结构高强度高电导率铜相关标准和规范体系。

（三）开发塑性成形制造纳米孪晶强化高性能铜合金的方法和工艺

纳米孪晶结构不仅可以在纯铜和铬锆铜等部分高铜合金中获得，其晶体学特点一般性和普适性使纳米孪晶强化可以在高强度高电导率、高强度中电导率、高强度低电导率、中强度高电导率等各个系列导电铜合金产品中得到推广。合金元素种类和含量的设计，可以提高成形过程中铜合金的变形孪生能力，降低获得纳米孪晶的工艺难度，还可以大大提高纳米结构的热稳定性和机械稳定性，改善合金的使役性能。根据已有研究结果，通过塑性成形方法将可以在各个类型的铜合金中引入纳米孪晶。这意味着，在导电铜合金的工业生产中，可以在塑性成形环节通过工艺调整引入纳米孪晶，大幅度提高铜合金的强度和综合力学电学性能。弥散和沉淀强化导电铜合金的过程中，第二相可能促进孪生，也可以稳定纳米结构。充分利用纳米孪晶与第二相的耦合作用将大大提高导电铜合金的综合性能。应重点系统研究导电铜合金中合金成分体系对其塑性成形过程中孪生条件的影响，包括合金成分与塑性成形的温度、变形速度、变形量、变形方式、热处理条件等对合金中孪晶比例、孪晶尺寸和形态、强化效果等的影响。针对现有导电铜合金塑性成形方法（如轧制、挤压、拉拔等）的装备条件和工艺条件，通过合金成分调整设计与室温成形条件适配的新型纳米孪晶强化高性能导电铜合金体系，基于现有成形方法优化适合该类型合金体系的成形工艺条件。针对特种性能导电铜合金（如高强度高电导率纯铜和高铜合金），利用实验室相关引入纳米孪晶的方法和技术原理，设计和开发基于现有成形方法改进的新型成形方法和装备。设计和开发具有纳米孪晶结构的高强度、高耐磨性、高取向性沉淀强化导电铜合金体系。建立相关纳米孪晶结构强化铜合金的标准和规范体系。

（四）碳纳米管增强铝基复合材料的分散与复合工艺

高品质单壁碳纳米管的产业化已为铝基复合材料的规模制备与应用提供了坚实的物质基础，碳纳米管增强铝基复合材料已逐步发展走向产业化。由于单壁碳纳米管具有更大的表面积，范德瓦耳斯作用力及自身的机械缠绕导致其比多壁碳纳米管更难分散（尤其在固相金属基体中），目前尚有很多关键难题需要深入研究。在固相复合方法中，利用球磨过程产生的高能量和剪切作用，可将碳纳米管团聚体有效打散，通过金属粉末的塑性变形使其在金属基体中均匀分散。液相分散技术也被用于碳纳米管与铝粉的均匀复合，可考虑超声波处理、表面功能化及聚合物增稠等处理手段。新近发展的铝基粉末表面原位生长碳纳米管的方法，简化了复合过程，成为另一种高效的复合手段。此外，碳纳米管增强铝基复合材料的制备过程主要采用传统的复合工艺，普遍存在制备效率低、工序烦琐、成本高等不足，难以快速制备以满足规模应用的需求。应进一步关注具有均匀碳纳米管分布及良好铝碳界面结合的复合工艺优化改进技术。

（五）高载流纳米碳／铜复合导电材料的研发与应用

将碳纳米管及石墨烯为代表的纳米碳材料进行组装后与金属基体复合，充分利用碳纳米管和石墨烯的弹道传输效应、高热导率、高热稳定性等性能，可发展下一代具有优异力、电、热综合性能的新型导电材料。其中碳纳米管纤维、取向碳纳米管及大尺寸石墨烯等体现出其独特的优势。除了增强增韧等力学性能改进之外，纳米碳与铜复合可以进一步提高导电率，也可以获得远超金属数个数量级的载流能力。目前该领域的研究仍然存在诸多基础性问题，包括：如何改善碳纳米管、石墨烯与铜间的界面结构；如何降低其接触电阻、提高界面传热，从而阻止铜层在高载流情况下的电迁移；高载流的微观物理机制有待明确；等等。此外，发展高载流纳米碳／铜复合导电材料的同时，应加速发展相关复合线缆加工技术，实现新型导线的产业应用。

四、碳纤维复合芯导线

（一）关键原材料的国产化、导线结构优化及智能化

1.关键原材料的国产化

加快碳纤维复合芯导线原材料碳纤维的国产化进程，进一步降低碳纤维导线的总体造价，并加快国产碳纤维复合导线的应用研究工作。

2.结构优化及智能化

在全国智能电网建设的大背景下，不断优化碳纤维复合芯导线结构，实现电力输送和光电信号的同时传输。在满足电力输送要求、降低输送损耗的同时，完成光电信号的传输。同时，如果线路出现断线等故障，能及时准确地检测到断线位置，减少人力、财力的投入，降低使用成本。

在特高压直流输电技术发展的背景下，发挥碳纤维复合芯导线的优势（载流量大，不存在钢丝材料引起的磁损和热效应，具有较好的运行电磁环境），不断优化碳纤维复合芯导线结构，扩大其在国家特高压直流输电方面的应用空间。

（二）配套金具开发

开发完善的系列化配套金具，便于施工操作，并制定相关的国家标准，指导生产企业完成配套金具的标准化、系列化。

（三）开发软件、形成标准、形成指导原则

开发配套设计施工软件，开展应用碳纤维复合芯导线的架空线路设计相关研究工作；进一步完善碳纤维复合芯导线在国内应用的系列化研究工作，并研制出相应的碳纤维导线，形成国内标准，为以后线路设计和导线选型提供参考依据；可逐步在超高压和特高压线路上尝试碳纤维导线的挂网试运行，进一步积累相应的施工经验和运行参数，并尽快形成与之相应的施工指导原则；编制碳纤维复合芯导线的应用技术指导原则，指导设计院、用户正确使用碳纤维复合芯导线。

五、电接触材料

（一）开关电器触头材料

1. 提升原材料品质

触头的诸多性能会受到粉末尺寸和分布的影响，同时杂质的含量和种类会对性能的恶化产生不同的影响。目前我国的冶金质量控制不够成熟，生产的粉末存在杂质种类多、含量偏多的现象。生产触头的主要原材料钨粉的粒径分布跨度大、含氧量高等。稳定产品的质量，在今后一段时间内还需进一步提升原材料的品质，特别是复杂低品位有色金属资源的开发与利用，提高我国有色金属工业的自主创新能力。

2. 新型触头材料的短流程低成本制造技术

CuW 合金组织微纳化、添加金属碳化物/氧化物、外加物理场作用等对提高触头耐电弧烧蚀、高温强度、高温耐磨均具有贡献，也有相应的研究基础，但这些技术均不同程度地存在工序多、工艺复杂、自然成本高的问题。一些开关企业只愿意在高端产品上使用，与工业化批量生产要求的简单可控还有一定差距。同时，超细、超纯、低氧氮含量的 CuCr 合金制备关键技术也至关重要。因此，需要围绕现有基础进一步简化工序，降低生产成本，加强统筹协调，加强学术界与工业界的合作，提高经费使用效益。

3. 触头材料失效控制与延寿技术

在化学组成、结构形态、力学性能、耐电弧烧蚀性能的相关性基础上，建立各种服役行为之间的交互作用模型，探究多失效模式下的判据和动力学损伤规律；研发各种失效控制与延寿技术，研发新的耐磨、耐电弧烧蚀和耐裂纹萌生的处理方法。

4. 新型高耐烧蚀整体触头材料及其连接技术

CuW 合金是高压、超高压断路器的理想触头材料。然而，这类材料可挖掘的潜力有限，且钨资源作为关键战略资源越来越匮乏，因此迫切需要开发可替代钨触头的材料，同时储备代钨触头与导电端 CuCr 合金的连接技术。建立各元素的作用机制、合金元素间的交互作用，通过合理的元素搭配、多元微合金化进一步提高触头材料的综合电性能，特别是在切除电容、瞬态大电流、直流高压等特殊应用场合下，合金元素的优化设计及制备工艺是今后研究工作的重点。

5. 整体组装

触头是断路器的关键部件，整机产品的稳定性不仅取决于触头本身的质量，而且与周围铜或铝部件的配合也很关键。不断增加电压等级是全球输变电行业一直追求的目标，现在瑞典通用电气布朗-博韦里（Asea Brown Boveri，ABB）公司、德国西门子公司这样的公司基本要求关键部件组装好再供货。当前，国内还是单一产品供货，预计采用这种整体组装的模式势在必行。

（二）电磁炮导轨材料

1. 颗粒增强和多元微合金化

颗粒增强和合金化法是当前制备高导电、高耐磨铜基材料的主要途径，但仍需进一步改进。

2. 基体纯化和晶粒细化

当前对在铜基体中添加稀土以净化基体的研究很多，但净化机制尚未明确，有待进一步研究。晶粒细化和纳米晶化可以显著提高材料的强度和耐磨性能，但晶粒越细、晶界越多、电子散射概率越大，对材料的导电也就越不利。因此，应权衡利弊，选择合适的晶粒大小。

3. 高度致密化

粉末冶金法已成为生产高导电、高耐磨铜基材料的主要方法。孔隙是粉末冶金材料的固有特性，它显著影响着材料的力学、电学和工艺性能。目前已开发出多种提高粉末冶金材料密度的生产工艺，使材料的性能大大提高，这也是今后研究工作的重点。

4. 表面改性

针对应用目标的性能需求，通过不同的表面改性工艺，改变其表面组织结构，提高其表面在某个方面的性能（耐磨、耐烧蚀等），满足使用要求，延长使用寿命。当前单一的表面技术由于具有局限性，有时不能满足材料使用要求，由此而开发出了综合两种或多种表面技术进行复合处理的复合表面技术。

（三）受电弓滑板材料

（1）粉末冶金滑板可通过增加多种固体润滑组元，在提高润滑性的同时提高材料对不同环境的适应性。充分发挥其价格优势，拓宽应用范围，降低维护和生产成本。

（2）纯碳滑板和浸金属滑板需要通过创新、改进生产整支碳滑板和碳端角的制造工艺，简化结构接轨国际。

（3）针对碳纤维复合材料滑板，需要加强原材料碳纤维的国内大批量生产；钛硅碳系导电陶瓷材料滑板则需要解决高纯度的钛硅碳系陶瓷粉体材料的批量合成与制备技术问题。

本章参考文献

[1] Wang L, Qi Y P, Wang D L, Zhang X, Gao Z, Zhang Z, Ma Y, Awaji S, Nishijima G, Watanabe K . Large transport critical currents of powder-in-tube $Sr_{0.6}K_{0.4}Fe_2As_2/Ag$ superconducting wires and tapes. Phys C, 2010, 470: 183-186.

[2] Togano K, Matsumoto A, Kumakura H. Large transport critical current densities of Ag sheathed (Ba, K)Fe_2As_2+Ag superconducting wires fabricated by an *ex-situ* powder-in-tube process. Appl Phys Express, 2011, 4: 043101.

[3] Gao Z S, Wang L, Yao C, Qi Y P, Wang C L, Zhang X P, Wang D Q, Wang C D, Ma Y W. High transport critical current densities in textured Fe-sheathed $Sr_{1-x}K_xFe_2As_2$+Sn superconducting tapes. Appl Phys Lett, 2011, 99: 242506.

[4] Zhang X P, Yao C, Lin H, Cai Y. Realization of practical level current densities in $Sr_{0.6}K_{0.4}Fe_2As_2$ tape conductors for high-field applications. Appl Phys Lett, 2014, 104: 202601.

[5] Wang L, Qi Y P, Wang D L, Gao Z S, Zhang X P. Low-temperature synthesis of $SmFeAsO_{0.7}F_{0.3-\delta}$ wires with a high transport critical current density. Supercond Sci Technol, 2010, 23: 075005.

[6] Fujioka M, Kota T, Matoba M, Ozaki T, Takano Y, Kumakura H, Kamihara Y. Effective *ex-situ* fabrication of F-doped SmFeAsO wire for high transport critical current density. Appl

Phys Express, 2011, 4: 063102.

[7] Zhang Q J, Lin H, Yuan P S, Zhang X P, Yao C C, Wang D L, Dong C H, Ma Y W, Awaji S, Watanabe K. Low-temperature synthesis to achieve high critical current density and avoid a reaction layer in SmFeAsO$_{1-x}$F$_x$ superconducting tapes. Supercond Sci Technol, 2015, 28: 105005.

[8] Ozaki T, Deguchi K, Mizuguchi Y, Kumakura H, Takano Y. Transport properties of iron-based FeTe$_{0.5}$Se$_{0.5}$ superconducting wire. IEEE Trans Appl Supercond, 2011, 21: 2858-2861.

[9] Li X, Liu J X, Zhang S N, Cui L J, Shi Z X. Fabrication of FeSe$_{0.5}$Te$_{0.5}$ superconducting wires by an *ex situ* powder-in-tube method. J Supercond Nov Mag, 2016, 29: 1755-1759.

[10] 雷若姗. 高强度 Cu-Nb 纳米弥散强化铜合金的制备及其相关基础问题的研究. 长沙：中南大学, 2011.

[11] Zuo X W, Guo R, Zhao C C, Zhang L, Wang E G, Han K. Microstructure and properties of Cu-6wt%Ag composite thermomechanical-processed after directionally solidifying with magnetic field. J Alloys Compd, 2016, 676: 46-53.

[12] Dong Q Y, Wang M P, Shen L N, Jia Y L, Li Z. Diffraction analysis of α -Fe precipitates in a polycrystalline Cu-Fe alloy. Mate Charact, 2015, 105: 129-135.

[13] Agnew S R, Elliott B R, Youngdahl C J, Hemker K J, Weertman J R. Microstructure and mechanical behavior of nanocrystalline metals. Materials Science and Engineering A, 2000, 285(1-2): 391-396.

[14] Chen J, Lu L, Lu K. Hardness and strain rate sensitivity of nanocrystalline Cu. Scripta Materialia, 2006, 54(11): 1913-1918.

[15] Ebrahimi F, Zhai Q, Kong D. Deformation and fracture of electrodeposited copper. Scripta Materialia, 1998, 39(3): 315-321.

[16] Gray Ⅲ G T, Lowe T C, Cady C M, Valiev R Z, Aleksandrov I V. Influence of strain rate & temperature on the mechanical response of ultrafine-grained Cu, Ni, and Al-4Cu-0.5Zr. Nanostructured Materials, 1997, 9(1): 477-480.

[17] Haouaoui M, Karaman I, Harwig K T, Maier H J. Microstructure evolution and mechanical behavior of bulk copper obtained by consolidation of micro- and nanopowders using equal-channel angular extrusion. Metallurgical and Materials Transactions A, 2004,35(9): 2935-2949.

[18] Hayashi K, Etoh H. Pressure sintering of iron, cobalt, nickel and copper ultrafine powders and the crystal grain size and hardness of the compacts. Materials Transactions, JIM, 1989, 30(11): 925-931.

[19] Jiang H, Zhu Y T, Butt D P, Alexandrov I V, Lowe T C. Microstructural evolution, microhardness and thermal stability of HPT-processed Cu. Materials Science and

Engineering A, 2000, 290(1): 128-138.

[20] Lei L, Shen Y, Chen X, Qian L, Lu K. Ultrahigh strength and high electrical conductivity in copper. Science, 2004, 304(5669): 422-426.

[21] Ma E. Instabilities and ductility of nanocrystalline and ultrafine-grained metals. Scripta Materialia, 2003, 49(7): 663-668.

[22] Meyers M, Chawla K. Mechanical Behavior of Materials. Upper Saddle River:Prentice-Hall, 1999.

[23] Sanders P G, Eastman J A, Weertman J R, Elastic and tensile behavior of nanocrystalline copper and palladium. Acta Materialia, 1997, 45(10): 4019-4025.

[24] Iyer R S, Frey C A, Sastry S M L, Waller B E, Buhro W E. Plastic deformation of nanocrystalline Cu and Cu–0.2 wt.% B. Materials Science and Engineering: A, 1999, 264(1): 210-214.

[25] Valiev R Z, Alexandrov I V, Zhu Y T, Lowe T C. Paradoxon of strength and ductility in metals processed by severe plastic deformation. Journal of Materials Research, 2002, 17(1): 5-8.

[26] Valiev R Z, Kozlov E V, Ivanov Y F, Lian J, Nazarov A A, Baudelet B. Deformation behaviour of ultra-fine-grained copper. Acta Metallurgica Et Materialia, 1994, 42(7): 2467-2475.

[27] Youssef K M, Scattergood R O, Murty K L, Koch C C. Ultratough nanocrystalline copper with a narrow grain size distribution. Applied Physics Letters, 2004, 85(6): 929-931.

[28] Islamgaliev R K, Nesterov K M, Bourgon J, Champion Y, Valiev R Z. Nanostructured Cu-Cr alloy with high strength and electrical conductivity. J Appl Phys, 2014, 115(19): 194301-194304.

[29] Hjortstam O, Isberg P, Soderholm P, Dai H. Can we achieve ultra-low resistivity in carbon nanotubes-based composites? Appl Phys A, 2004, 78: 1175.

[30] 易健宏, 杨平, 沈韬. 碳纳米管增强金属基复合材料电学性能研究进展. 复合材料学报, 2016, 33: 689.

[31] Wang Z, Cai X, Yang C, Zhou L. Improving strength and high electrical conductivity of multi-walled carbon nanotubes/copper composites fabricated by electrodeposition and powder metallurgy. J Alloys Comp, 2018, 735: 905-913.

[32] Xu G, Zhao J, Li S, Zhang X, Yong Z, Li Q. Continuous electrodeposition for lightweight, highly conducting and strong carbon nanotube-copper composite fibers. Nanoscale, 2011, 3(10): 4215-4219.

[33] Zou J Y, Liu D D, Zhao J N, Hou L G, Liu T, Zhang X H, Zhao Y H, Zhu Y T, Li Q W. Ni nanobuffer layer provides light-weight CNT/Cu fibers with superior robustness, conductivity,

and ampacity. ACS Appl Mater Interfaces, 2018, 10(9): 8197-8204.

[34] Baringhaus J, Ruan M, Edler F, Tejeda A, Sicot M, Taleb-Ibrahimi A, Li A P, Jiang Z, Conrad E H, Berger C. Exceptional ballistic transport in epitaxial graphene nanoribbons. Nature, 2014, 506: 349-354.

[35] Cao M, Xiong D B, Tan Z Q, Ji G, Amin-Ahmadi B, Guo Q, Fan G L, Guo C P, Li Z Q, Zhang D. Aligning graphene in bulk copper: Nacre-inspired nanolaminated architecture coupled with in-situ processing for enhanced mechanical properties and high electrical conductivity. Carbon, 2017, 117: 65-74.

[36] 尤传永. 架空输电线路碳纤维芯铝绞线的开发研究. 第五届输配电技术国际会议论文集. 北京: 中国电力企业联合会, 2015: 50-57.

[37] 梁栋, 邓蜀平. 碳纤维复合芯电缆国内外技术研发现状及工程应用进展. 化工新型材料, 2011, 39(4): 13-17.

[38] 胡良全. 碳纤维复合材料应用与产业机遇. 2011 中国功能材料科技与产业高层论坛文集. 重庆: 中国仪器仪表学会仪表功能材料分会, 重庆市科协, 2011: 631-635.

[39] 王宏伟, 何钢, 张冰, 王宇. 碳纤维复合芯导线的研究和应用综述. 中国电机工程学会第十二届青年学术会议论文集. 杭州: 中国电机工程学会, 2012: 1-5.

[40] Wingert P C, Horn G. The effects of CdO on the static gap arc erosion of silver-based contacts. Proceedings of the 38th IEEE Holm Conference on Electrical Contacts, Philadelphia, 1993, 190-195.

[41] 吴积钦. 受电弓与接触网系统. 成都: 西南交通大学出版社, 2011: 7-8.

[42] 肖立业, 刘向宏, 王秋良, 马衍伟, 古宏伟. 超导材料及其应用现状与发展前景. 中国工业和信息化, 2018, (8): 30-37.

第四章
先进绝缘材料发展战略研究

本章将详细介绍绝缘材料在电气工程学科发展和电力装备制造中的重要作用。在回顾绝缘材料发展历程的基础上，重点详细介绍高击穿场强绝缘材料、智能绝缘材料、耐电晕和耐电痕绝缘材料、高导热绝缘材料、高储能密度绝缘材料、耐高低温绝缘材料、耐辐射和耐候绝缘材料、环境友好型绝缘材料等的国内外研究现状和发展趋势。在分析对比的基础上，阐明我国在绝缘材料方向上与发达国家的差距，归纳出我国在高性能绝缘材料的发展中需要解决的关键科学问题和技术挑战，并结合我国的实际情况指出应该重点发展的方向。

第一节　绝缘材料的战略需求

绝缘材料作为电工电子装备的基础材料，对电力、轨道交通、新能源、微电子、航空航天、国防军工等领域的电工电子装备的革新换代具有基础性、支撑性、先导性的作用，决定着电力行业与电子行业的技术水平。随着电气设备向大容量、高电压、高功率密度化和小型轻量化发展及微电子和集成电路向高速度、高集成度方向发展，高性能绝缘材料的研究和开发迫在眉睫。

现阶段，我国绝缘材料已经严重制约了相关领域的发展。例如，高性能绝缘材料的制约使得我国航空、航天飞行器制造面临着巨大的潜在风险。我国在民用及军用航空、航天飞行器所用绝缘材料方面主要依赖进口。以我国自主研发的大型飞机COMAC919为例，其绝缘系统大量采用进口耐高温绝缘材料；内部环境控制系统中的加热器采用了美国 ITT 公司的解决方案；线缆绝缘系统用的聚四氟乙烯（PTFE）、复合聚酰亚胺材料是由法国 Nexans 公司生产的。在航天飞行器方面，我国的众多航天计划中使用的绝缘材料基本依赖进口，其中大规模应用于航天器的绝缘材料聚酰亚胺几乎都是使用美国杜邦（DuPont）公司和日本宇部生产的 Upilex-S、Upilex-R 系列，而国产聚酰亚胺产品和国外同类产品相比，其拉伸强度、伸长率和电气绝缘性能等方面尚有差距，无法应用。

高性能绝缘材料严重制约了我国的高速铁路产业发展，使我国的变频轨道交通产业受制于人。高速机车等交通装备中广泛应用的变频调速电机对绝缘材料的性能提出了较高要求，要求绝缘材料具有高耐热、低损耗、高热导率、高介电强度、耐电晕性、耐局部放电及耐老化等性能。在中国高速铁路轨道交通关键设备——变频电机中使用的耐电晕、耐高温绝缘材料方面主要依赖于进口。例如，我国动车组变频电机绝缘中所使用的耐电晕薄膜几乎全部是从美国杜邦公司进口的 Kapton® CR 型薄膜。关键材料的单一化来源对我国高铁产业安全极为不利。

高性能绝缘材料严重制约了我国输变电设备制造水平，成为制约国家电力能源发展的主要瓶颈。以新一代电网大规模新能源接入技术的关键设备变频调速电机为例。它长期工作于不同于传统交流、直流的脉冲宽度调制工况，严重发热导致其绝缘寿命不到传统工况的 1/10，其原因在于绝缘材料的热导率极低。同时，传统高导热材料中依靠电子传递热量的机制与绝缘材料要求低的电荷迁移率相悖，限制了兼具高导热、高绝缘性电工材料的发展。再如，高压电机是满足下一代电网大容量要求的关键设备，其内部绕组端部电场集中，极易导致绝缘材料发生电晕放电和电机故障。而且，新能源发电的工况多为极端条件，伴随湿度增加、海拔升高和空气稀薄等变化，起晕电压还会进一步降低。此外，变压器（电网中最常用的电力设备）的矿物绝缘油难以生物降解且燃点较低，不能满足"绿色环保"的发展要求。

高性能绝缘材料严重制约了我国电子产业的发展。随着摩尔定律失效，集成电路的发展尤其依赖先进电子封装技术的革新突破，因此先进绝缘封装材料将起到至关重要的作用。另外，随着"互联网+"等国家战略的推进实施，智能制造、产业升级又将催生巨大的集成电路市场。这意味着绝缘封装材料将面临广阔的产业机遇。现有国产电子材料占比非常低，通常不超过10%，高端绝缘封装材料几乎是空白，严重阻碍了我国电子产业的发展。

因此，深入研究绝缘材料在复杂环境下的宏观、介观、微观劣化和破坏规律，探索研发高性能绝缘材料，是发展电力、电子产业的关键基础，已成为我国电力、轨道交通、新能源、微电子、航空航天、国防军工等领域迫切需要解决的问题。

第二节　绝缘材料的研究现状与发展趋势

一、高击穿场强绝缘材料

绝缘材料的击穿场强是其介电性能的基本参数之一。改善电介质材料的击穿性能往往要从材料本身的特性入手。一方面，通过化学合成、掺杂、交联、热处理等手段改变聚合物绝缘材料的本征属性，如电阻率、结构形态、热特性等，提高聚合物材料击穿场强；另一方面，通过降低介质材料的厚度，在一定条件下可以提高绝缘介质的击穿场强。然而，在实际电力系统中，设备额定电压、容量和绝缘距离有一定要求，加之绝缘材料需具有一定的机械强度，所以难以简单采用减小绝缘材料厚度来提高击穿场强。传统的改性介质材料的方法是通过添加微米颗粒制备复合电介质材料，可以明显改善介质材料的热、机械和一些电气特性。但对击穿性能而言，微米掺杂往往会引入杂质或缺陷，容易引发局部放电甚至击穿，所以与纯聚合物介质相比，微米复合电介质的击穿场强会降低。交联和热处理等方法在一定程度上可以提高介质材料的击穿场强，但可能降低了介质材料的热或电性能，导致击穿性能不够稳定。

（一）纳米复合电介质材料

随着化学合成手段的日趋成熟，新型高击穿场强绝缘材料的研究和开发成为绝缘材料发展的必由之路。近年来，纳米复合电介质材料的研究和发展为高击穿场强绝缘材料的发展指明了方向。与传统的微米复合电介质材料相比，纳米颗粒的比表面积大、活性高，容易与高聚物基体形成大量结构复杂的界面区。这种复杂、独特的界面改变了纳米复合电介质材料的介观结构和微观参数，从而可以提高电介质的电性能。纳米颗粒的含量、粒径和类型会影响纳米复合电介质材料的击穿性能，如图 4-1 所示。采用具有绝缘、导电或导热特性的纳米尺度粒子改性聚合物基体，制备纳米复合电介质材料，进一步通过表面修饰和微观-介观-宏观的关联研究是开发高击穿绝缘材料的发展趋势，具有非常广阔的应用前景。

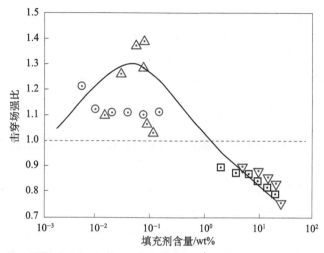

图 4-1　纳米复合电介质材料的击穿性能

　　纳米复合电介质材料的优异性能来源于纳米颗粒与聚合物基体间的界面区。纳米颗粒及界面区可以影响"雪崩击穿"过程中的电子加速、碰撞电离、平均自由行程（自由体积）及击穿的二次效应（空间电荷等），从而改变材料的击穿性能。有研究指出，纳米颗粒起到阻碍电流通道或电树发展的作用，较大的界面区使得纳米颗粒间的距离缩短，从而提高了复合材料的击穿场强。另外，界面区的作用改变了陷阱深度和密度，降低了载流子迁移率和能量；陷阱变深会导致同极性空间电荷积聚，界面区的散射载流子作用都会提高试样的击穿场强。通过纳米颗粒的表面化学修饰可以调控界面区的物理化学特性，改变聚合物的微观电荷输运过程，改善聚合物的击穿特性。一方面，表面处理会降低纳米颗粒的表面能，提高其在聚合物基体中的分散性，纳米颗粒的分散性是影响复合材料击穿的关键因素；另一方面，表面处理会加强粒子表面和基体间的相互作用，改变界面区的化学作用，从而影响纳米复合电介质材料的击穿性能。此外，纳米颗粒的含量、粒径和类型影响纳米复合电介质材料的击穿性能。LDPE/Al$_2$O$_3$、LDPE/TiO$_2$、PI/SiO$_2$、EP/SiO$_2$纳米复合电介质的击穿研究表明，击穿场强随纳米 Al$_2$O$_3$ 含量的增加而先增大后减小。

（二）绝缘材料的结构设计与调控

　　聚合物的宏观性能取决于其分子结构，通过改变分子结构提高材料的击穿场强，能够避免纳米复合带来的高损耗、界面效应等缺点。除了改变聚合物的分子量、分子构型外，通过化学合成也可以制备出击穿性能优异的聚合物材料。研究结果表明[1]，聚酰亚胺中的醚键结构易破坏共轭结构，造成电子离域化程度降低，降低 π 电子的移动性，材料禁带宽度增大，即本征击穿场强提高。因此，选择合适的反应前驱体可以提高聚酰亚胺的本征击穿场强。聚偏氟乙烯（PVDF）及其共聚物都具有明显的铁电体特征，是当前研究较多的一种聚合物材料。三氟氯乙烯（CTFE）、六氟丙烯（HFP）等单体掺杂在 PVDF 基体中能够减小晶粒尺寸，使非晶区增大，无序结构增多，电子难以获得足够的能量越过势垒，从而提高击穿场强。在 PVDF 基础上进一步改性得到的三元共聚物 P(VDF-TrFE-CFE)，共聚物由普通铁电体变成弛豫铁电体，电气性能也有较大提高。CFE 的加入消除了铁电–顺电相带来的相应滞后的不利影响，打乱了铁电畴，减小了铁电畴的体积。通过悬浮聚合法制备的 P(VDF-TrFE-CFE)，介电常数在室温下高达 50（1kHz），是所有聚合物中介电常数最大的，击穿场强高达 400MV/m[2]。

（三）国内外绝缘材料的发展现状对比

国外开发高纯净电缆料的企业主要为北欧化工（Borealis AG）与陶氏化学公司（Dow Chemical Company）。北欧化工的交联聚乙烯直流电缆料已经通过了 525kV 等级的型式实验。北欧化工与陶氏化学公司均以 "superclean" 宣传其 XLPE 绝缘料，且以纯净度的提升作为产品更新换代的标志。研究发现，北欧化工的直流料具有较低的抗氧化剂含量，这也是导致其直流绝缘性能提升的原因之一 [3,4]。在纳米复合电缆料方面，日本于 21 世纪初期开发出电压等级为 ±250kV 和 ±500kV 的直流电缆，其绝缘层均采用 XLPE/MgO 纳米复合电缆料。除 MgO 外，Al_2O_3 和 SiO_2 等氧化物纳米颗粒也被广泛应用。研究结果表明，$LDPE/Al_2O_3$ 具有高直流击穿场强和优异的空间电荷特性等 [5-7]。

20 世纪 90 年代末，接枝改性技术开始被应用于调控聚乙烯（PE）的绝缘性能。接枝改性技术在电缆料的研发应用中可分为基体树脂接枝改性技术和添加剂（抗氧化剂、电压稳定剂等）接枝改性技术。在基体树脂分子链上接枝的应用有芳香酮、马来酸酐、苯乙酮、乙烯咔唑等。通过极性分子接枝聚乙烯，能够引入深陷阱，实现电学性能的灵活调控。当低密度聚乙烯上接枝马来酸酐的质量分数高于 0.2% 后，异极性电荷积聚明显减少。然而，接枝改性技术的缺点是有机基团所调控的陷阱特性是否真正有利于直流绝缘性能仍需验证。此外，接枝化学反应过程的不充分可能导致未接枝分子成为"杂质"。

国内主要存在以下几个问题。

缺乏对电介质击穿过程和耦合作用下的击穿机制的深入理解，对液体和固体电介质的击穿过程仍缺乏足够的深入认识。尤其需要关注以下几个问题：对变压器油及油纸绝缘材料的击穿机制研究仍需进一步深入微观、介观领域；变压器油的老化和寿命评估不够；油纸复合绝缘的界面问题。另外，对温度、试样厚度、交直流击穿过程等仍没有明确的理论依据，限制了绝缘材料的设计和应用。对复合材料尤其是纳米复合电介质材料的击穿机制还处于定性描述和猜测阶段，缺乏定量的仿真计算和直接的实验证据。同时，高击穿场强绝缘材料的准确表征和应用技术不足。如何直接、微观地检测或表征绝缘材料击穿前的介电、电荷输运、热和机械等性能是研究击穿特性的关键技术。当前，这方面的表征手段有限，采用传统的表征方法已无法满足材料特性和机制研究的需要。我国在表征技术上与国外先进水平有较大差距，新型的原子力显微镜、太赫兹等技术急需解决。

在应用方面，仍大面积使用传统的有机绝缘材料，材料的更新换代缓慢，缺乏有效的实验和应用技术。高性能纳米复合电介质材料一直处于实验研究的阶段，仍没有应用方面的突破。如何实现高击穿场强绝缘材料的实际应用是需要长期解决的问题。未来电网的要求给绝缘材料的设计和开发提出了很多挑战。目前缺乏高击穿场强绝缘材料的设计研究，尤其是微观分子结构设计。我国绝缘材料的制备技术与国外先进水平还有很大差距。一方面，国外在高等级电工环氧、聚乙烯、液体硅橡胶等基础原材料方面掌握核心技术，在高端电工原材料领域几乎垄断了全球市场。另一方面，国外产品在核心制造方面处于领先地位，欧洲、日本等国家或地区已经可以生产500kV直流电缆，其320kV直流电缆附件已经实现了工程应用。而我国在高性能绝缘材料领域的产品结构、技术水平、质量性能、技术开发、市场快速反应能力和企业设备技术等方面的国际竞争力有待提升。

国内绝缘材料在击穿性能（如气体、固体和液体绝缘材料的击穿场强）方面与国外先进水平还有差距（图4-2）。由于击穿性能的指标（击穿场强）与试样厚度、电压波形、温度、电极等因素有关，因此在对比时选择最高击穿场强进行对比，欧洲、日本和美国整体绝缘材料的击穿性能较好，国内材料的击穿性能低于上述国家和地区，其他国家和地区材料的击穿性能一般。美国的固体绝缘材料击穿性能最好；日本的液体绝缘材料和欧洲的气体绝缘材料性能最好。材料的本征击穿性能取决于材料本体特性，与材料设计、合成、制备工艺密切相关。在高击穿场强绝缘材料方面，我国与日本、欧洲和美国也有一定差距。这主要与我国材料设计、制备和开发等关键技术和先进国家和地区存在差距有关。

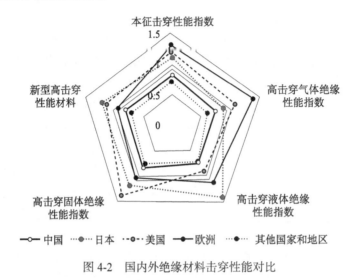

图 4-2　国内外绝缘材料击穿性能对比

二、智能绝缘材料

随着全球能源互联网和特高压输电技术迅速发展，需不断提升电力装备的可靠性和运行寿命，确保电网可靠运行。电力设备的运行寿命取决于绝缘组件使用寿命，材料老化将导致设备故障、引发电网停电事故。电压等级越高，绝缘问题的重要性越显著。其次，高压设备中绝缘部件所承受的电场分布极不均匀，如电缆终端、穿墙套管等，由此带来了一系列设计、制造难题。基于传统技术的高压设备，如基于电容屏均压的套管、基于应力锥的电缆终端，在更高电压等级下遇到瓶颈。因此，智能绝缘材料的研发对降低高压设备设计、制造难度及造价，并提高其运行可靠性等方面具有重要作用和意义。

根据现有研究已实现的材料功能，智能绝缘材料分为自适应电场调控材料（简称自适应材料）及电老化缺陷自修复材料（简称自修复材料）两大类。

（一）自适应材料

常规材料的电学参数对于设备电场分布的影响属于"开环"过程，一旦遇到温度变化、材料老化等扰动因素的影响，设备电场分布容易与预期情况产生偏离，这是传统的均匀电场方法稳定性较差的原因。自适应材料相较于常规固定参数材料最大的优势在于，材料的电学参数能够随着外电场进行改变，当材料某处的电场强度有明显高于邻近区域平均电场的趋势时，该处材料的电导率或介电常数也会显著升高，从而使得该处的电场强度有所降低，因此能够达到均匀电场的作用。自适应材料能够产生均匀电场的本质在于能够实现"电场提升—材料电导/介电提升—电场下降"的这一负反馈闭环调节过程，因而能够达到更好地改善电场分布的效果并且对于扰动因素的稳定性也更强。与此同时，由于自适应材料具有类似于避雷器的电荷泄放特性，其在直流电场中也具有一定的抑制空间电荷的作用。自适应材料一般由微、纳米功能填料填充高分子聚合物来实现，因此也称为非线性复合材料。

1. 自适应材料的均匀电场理论

瑞典 ABB 公司认为自适应材料均匀电场的本质在于：材料电学特性在空间上的不均匀性使其能够在内部产生削弱外加电场的空间电荷[8]。在交流电场中，时间常数 τ_M 是考察材料均压特性的重要指标，为材料介电常数与电导率的比值 ε/σ，表征了时变场下空间电荷以指数形式向平衡状态趋近的松弛时间常数。在低电场区域，要求时间常数足够高（即电导率足够大）以使得空间电荷的积累跟不上电场周期性变化的角频率，这样材料的低场损耗较小。在高场区，要求电导率足够高（即时间常数足够小）以保证积累足够的空间电荷来削弱外电场。另外，如果还要考虑雷电波等冲击波的影响，为了能够及时响应，在冲击波的高场下时间常数 τ_M 还应小于冲击波形的持续时间，因此在高场下材料电导率也有下限，这又对材料提出了更加严格的要求，此时材料的压敏电压及非线性系数等参数就可以基本确定了。

对于直流场而言，材料损耗与分压关系完全由材料电导率决定，但也有与交流场类似的约束条件。在高场区，有开关操作过电压及冲击波过电压的限制要求，其约束与交流场中类似。而在低场区，由于需要考虑损耗的问题，材料的电导率有上限，否则泄漏电流过高。同时，需要保证自适应材料在中低场下电导率比绝缘材料高两个数量级，以保证足够的均匀电场效果，因此在中低场区材料的电导率还有下限。根据以上需求即可在直流场中选定自适应材料的电学参数。用电导自适应材料均匀场强的基本理论与概念发展至此已较完善。此后直至当前，学者的研究方向都是通过仿真或数值计算验证自适应材料在各类高压设备中的均匀电场效果，但这些研究在最初的材料选择与绝缘结构设计上基本都遵循着以上介绍的均匀场强理论。

国内外对于自适应介电材料应用于均匀场强的理论的相关研究很少。瑞典 ABB 公司分析了介电自适应材料直接作为电缆绝缘层的均匀电场效果[9]。通过仿真计算,该公司证明若材料具有 $\varepsilon \propto E^2$ 的非线性介电特性,则对于电缆轴向电场分布有明显的改善作用。该公司进一步通过介电自适应材料用于电缆绝缘层的均压仿真研究证明了材料 $\varepsilon \propto E$ 的特性就能够起到一定的均匀场强效果,并且 $\varepsilon(E)$ 曲线斜率越大,均匀电场的效果也越好。当前,由于可供选择的介电自适应材料远远少于电导自适应材料,鲜有研究涉及材料介电自适应调控电场的方法,理论尚不成熟。

2. 自适应材料配方研究

近 20 年来,相关学者广泛关注的是以微型压敏电阻为填料的电导自适应材料。以氧化锌压敏微球为填料的电导自适应材料具有很好的非线性电导特性与稳定性,且压敏电场易于调节[10]。清华大学的何金良等提出了通过调控 ZnO 填料粒径、体积分数、晶界尺寸等手段大范围灵活调控复合物压敏电场的方法,从而完善了根据仿真设计方案调控材料自适应参数的技术方法[11-14]。此外,伦斯勒理工学院及瑞典 ABB 公司等的研究者报道了将纳米尺寸的碳化硅填料掺入硅橡胶基体中也可以获得一定的非线性特性,发挥很好的均匀场强的功能[15]。哈尔滨理工大学的研究团队也对自适应材料开展了比较全面的研究[16,17],其中包括:以微米碳化硅颗粒为填料的复合物(如碳化硅/聚乙烯、碳化硅/硅橡胶)及聚乙烯基不同填料的复合物的非线性电导特性;自适应材料的制备与不同电学特性的测试手段;材料在不同电场激励下响应的仿真,以及材料在电缆等具体绝缘结构中均压效果的仿真。

3. 自适应材料的应用研究

达姆施塔特工业大学与瑞典 ABB 公司的研究者合作制备了基于 ZnO 自适应材料的绝缘子,并对新型绝缘子与传统绝缘子的运行性能进行了对比。其研究表明:基于自适应材料的新型绝缘子在高电压下具有更好地抑制电晕及抑制干带电弧的特性,并且其在人工降雨及积污条件下比传统绝缘子具有更长的运行寿命[18]。清华大学的研究团队在前期对于高非线性低残压避雷器的大量研究基础上,开始研究以 ZnO 微型压敏电阻为填料的非线性复合物的应用,得到具有较稳定的高非线性的 ZnO/硅橡胶复合物,其非线性水平与国外研究所报道的自适应材料相似。此后,他们采用由喷雾造粒法制得的 ZnO 压敏微球作为填料,得到性能更加稳定、特性更容易调控的非线性复合物,并深入研究了材料机制,掌握了自适应材料非线性电学参数调控原理与方法[19,11-14]；通过有限元仿真模拟提出了在复合绝缘子、盆式绝缘子、电缆附件中采用自适应材料均匀电场分布的设计方案，制备得到 250kV 与 500kV 自适应复合绝缘子，并通过光电传感器在国际上首次获得了自适应材料能够改善电场分布的直接证据，制备得到 500kV 盆式绝缘子缩比模型，通过耐压、极性反转等实验间接验证了自适应材料的改善电场作用[20,21]。

近年来，我国高度重视发展先进高压电力装备与先进电工材料，在自适应材料领域的研究已处于"并跑者"甚至"领跑者"地位。当前，我国在基于自适应材料的表面绝缘结构的应用研究中已处于世界领先地位。例如，对于自适应复合绝缘子、盆式绝缘子等设备，国内的研究已经制备得到设备成品并通过了设备出厂实验。而对于自适应材料在内绝缘结构中的应用，我国的研究尚停留在仿真设计阶段。近年来，我国中低压电缆附件故障频发；高压 500kV 直流电缆附件的制造，特别是附件与经过纳米改性的电缆本体绝缘的配合，也面临诸多挑战。因此，发展基于自适应材料的电缆附件是我国未来的发展重点。

（二）自修复材料

自修复材料等智能材料自 20 世纪末被提出以来，世界各国争相开展研究，部分新材料和新技术已经在电子、航空工业取得应用。然而截至 2020 年，绝大多数的自修复材料只能应对机械损伤，国内外在自修复绝缘材料领域的研究在近几年刚刚起步，鲜有报道。这主要由于绝缘老化具有特殊的损伤形式，并伴随着复杂的物理化学过程。以电树老化为例。电树是一种"生长"在绝缘介质内部的三维树枝状中空裂纹，孔径约为数微米，而当前基于动态化学键（可逆键）的自修复方法只能在损伤断面直接接触的情况下修复纳米尺度甚至分子尺度的损伤。另外，电树老化通常导致绝缘介质的化学成分和结构发生不可逆转的破坏，导致高化学活性的自修复添加物破坏失效。此外，对于传统采用的内含修复液的微胶囊等自修复方法，流体和催化剂等成分将严重影响材料的电气绝缘性能，需要进一步改进。

当前针对固体绝缘介质的研究主要集中在降低介质损耗、提高击穿场强、抑制空间电荷和提升老化性能等方面。针对电树老化的研究主要集中在生长机制探究和生长抑制上，对材料的自修复性能研究鲜有报道。关于自修复的研究，研究工作主要集中在对材料机械损伤的修复上，对其他特殊应用场合下的性能修复鲜有研究。挪威科学和工业研究基金会（SINTEF）能源研究所开展了基于微胶囊基自修复电介质研究，但没有验证修复后材料的绝缘性能。美国宾夕法尼亚州立大学研究团队利用可逆键高分子基体与超薄氮化硼（BN）纳米片化学交联技术，构筑可自修复机械损伤的复合电介质材料。

国内方面，清华大学的研究团队利用纳米颗粒在聚合物中的熵耗散迁移行为，结合超顺磁纳米颗粒的磁热效应，实现了热塑性电介质的电树损伤靶向修复和电气绝缘性能恢复，打破了电树破坏不可修复的传统认知，为大幅提高电力电缆、电力装备及电子设备的使用寿命和可靠性提供了全新的方法，其原理如图 4-3 所示[22]。利用 X 射线显微 CT 技术（micro-CT）的亚微米空间分辨能力对绝缘介质中电树损伤的修复过程进行了表征和三维重构，再现了纳米颗粒的靶向迁移、修复和扩散行为。该团队进一步提出了光触发基体/微胶囊自愈绝缘材料体系，为实现高绝缘强度的电树缺陷自修复体系奠定了基础（图 4-4）。

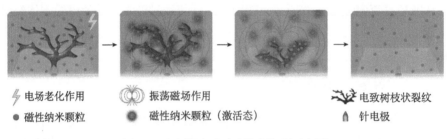

图 4-3　电树靶向追踪和修复机制示意图

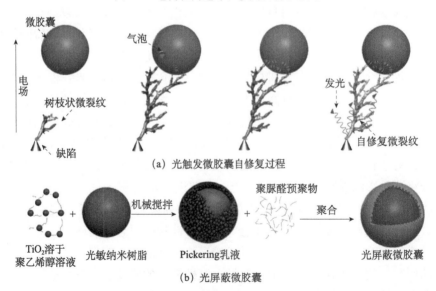

图 4-4　基于微胶囊的光触发自修复绝缘材料

三、耐电晕和耐电痕绝缘材料

绝缘材料在强电场、日光照射、湿度、污秽、酸雨等作用下会出现不同程度的老化，憎水性下降甚至消失，随着积污的加剧，产生不均匀火花放电，放电产生的高温和氧化作用及诱发紫外线的联合作用导致绝缘材料表面形成碳层，泄漏电流增大，发生电痕老化，电痕老化进一步发展导致绝缘破坏，引发严重短路事故。

（一）耐电晕绝缘材料

1. 电晕老化的机制

对电晕放电来说，其对聚合物绝缘材料的老化作用主要有以下三个方面。

（1）带电粒子的直接碰撞作用。从放电时电场强度和空气平均自由行程估计电子的能量平均约为 3.2eV。碳–碳键键能约为 4eV，电离能为 10～11eV，说明高能电子有可能切断主链碳–碳键，实际上主要冲击分子外层的碳–氢键，因此在电晕放电作用下主要产生大量氢气。

（2）局部高温。一次放电的时间约为 10^{-7}s，使放电附近表层约为 5×10^{-11}cm^3 的材料平均温升为 170℃，热点温度可达 1000℃，有可能导致熔化、化学分解及热冲击。

（3）放电作用中活性产物的老化作用，其中特别是 O、O_2^* 的作用。绝缘材料在这些因素的作用下，首先材料表面慢慢变白、变脆，接着在表面发生粗化甚至出现凹坑，然后放电集中于凹坑并向绝缘材料内部发展，通过树枝化老化发展阶段直到材料击穿。

2. 耐电晕绝缘材料的发展现状

1988 年美国通用电气公司的 Johnston 等指出在聚合物中加入一定量纳米尺度的氧化硅或氧化铝可以大幅度提高聚合物基体的耐电晕老化特性[23]。1997 年前后，美国杜邦公司与瑞典 ABB 公司、德国西门子公司联合研制出耐电晕聚酰亚胺薄膜 Kapton-CR 和 Kapton-FCR，并在欧洲高速电力机车上得到广泛的应用，其耐电晕能力比原始聚酰亚胺提高了 500 倍以上。以其作为匝间绝缘和对地绝缘，为提高牵引电机的功率、减轻质量开辟了新的道路，也为变频电机的进一步发展奠定了基础[24,25]。美国 Phelps Dodge Industries 公司和通用电气公司也发表专利指出，在聚酰亚胺、聚酰胺、环氧树脂等聚合物中加入 5～1000nm 的金属或非金属氧化物纳米颗粒（如 TiO_2、SiO_2、Al_2O_3、ZrO_2、ZnO 等）可以大幅度提高聚合物的耐 PWM 变频器输出的脉冲过电压老化能力[26-28]，初步显示出纳米复合改性在电气绝缘材料中的潜在应用价值。研究表明，电晕老化区主要是表面非晶态区，无机纳米或微米颗粒的耐电晕性能相对非晶态的聚合物要高很多。电晕老化时，非晶态区的聚合物高分子变成小分子而挥发掉，表面粗糙度降低，露出无机颗粒，可以抵挡电晕侵蚀。由于纳米颗粒体积小，与聚合物接触的表面积大，故当与其作用的周围聚合物被侵蚀掉后就暴露出来，形成一层无机纳米颗粒层，可以抵挡电晕的进一步侵蚀。

随着近年来我国高速铁路技术的快速发展，对变频牵引电机耐电晕绝缘材料的需求日益迫切，采用纳米复合改性提高聚酰亚胺薄膜的耐电晕性能一直是企业界和学术界研究的热点。为打破杜邦耐电晕聚酰亚胺薄膜 100CR 在国内市场的垄断地位，国内有多家厂家相继研制纳米复合耐电晕聚酰亚胺薄膜并开始尝试产业化。与纯聚酰亚胺相比，纳米复合改性后聚酰亚胺的耐电晕性能有很大提高。但国产聚酰亚胺耐电晕绝缘材料与杜邦 100CR 薄膜在电气绝缘性能、耐电晕性能、力学性能及尺寸稳定性等方面都有一定的差距，主要是国内在基础研究方面对电晕老化机制及其影响因素、纳米复合电介质的耐电晕老化机制和耐电晕老化模型缺乏足够理解。

（二）耐电痕绝缘材料

1. 电痕老化的机制

对电痕老化的研究始于 20 世纪 50 年代末，日本、英国、美国等国家的学者对电痕老化进行了大量的理论研究和实验研究。图 4-5 为聚合物的电痕老化破坏过程。空气中灰尘、工业粉尘等污秽累积在固体电介质表面，在雨、露、霜、雾等作用下处于湿润状态，电导率会迅速增加，导致材料表面的泄漏电流增大，产生较大的热量，使湿润污秽带中的水分蒸发。但是由于热量的分布不均匀，水分蒸发也是不均匀的，因此在绝缘材料表面产生了不均匀的干燥带。干燥带上的电场强度超过空气击穿场强时会引发绝缘材料表面的火花放电，生成大量热量。当热量累积超过了聚合物绝缘材料分子链的键能，就会打破分子链，析出碳元素。碳元素有可能在热量作用下生成气体，使绝缘材料表面生成很多小坑，导致材料的机械强度下降；碳元素也有可能积累在材料表面，直接形成碳化导电通路，使放电更加剧烈，最终使绝缘材料表面发生电痕破坏。一般在有机绝缘电痕破坏过程中所分解生成的物

质有气体和残留物，分解生成的气体主要是一氧化碳和二氧化碳。有机材料
中含有大量的碳元素。碳通过放电热分解过程与氧结合生成气体而放出，多
余的碳残留在材料表面，形成导电路径。对于容易气化的材料，碳化导电路
径较难形成，因此其电痕破坏较难发生。研究表明，由碳氢键为主链的高分
子材料的电痕老化的重要原因是放电产生的高温和氧化作用及诱发紫外线的
联合作用导致绝缘材料表面形成碳层，最终使绝缘材料发生破坏（图4-5）。

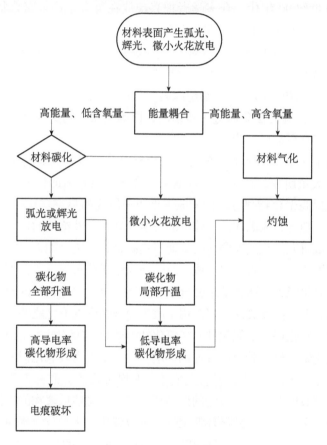

图4-5　聚合物材料的电痕老化破坏过程

2. 耐电痕绝缘材料的发展现状

国际上对耐电痕绝缘材料的研究大致经过了以下几个阶段。

（1）国际电工委员会创建并且修订了耐电痕试验方法，20世纪50年代创
建了国际电工委员会（International Electrotechnical Commission，IEC）Publ.112 国

际标准试验法，1971 年又对 IEC Publ.112 试验法进行了修订，发表了第二版 IEC Publ.112 试验法，1979 年对第二版进行了修订，发表了第三版 IEC Publ.112 试验法，然后经过数次修订，于 2003 年发布了现在的 IEC60112 试验法。

（2）20 世纪 80 年代，国际上主要采用化学、光谱分析法和现象学方法等研究和分析耐电痕劣化现象的原理，其中现象学方法主要考虑材料表面污秽和放电方式，而光谱分析法主要研究材料表面的火花放电光谱。

（3）20 世纪 90 年代，众多学者把兴趣放在复合条件下聚合物耐电痕性的研究上。这一时期，研究人员在高温、高海拔和辐射等条件下测试了环氧树脂、聚乙烯、聚苯醚树脂、聚对苯二甲酸丁二醇酯、聚碳酸酯、聚耐酸丁醇酯等聚合物绝缘材料的漏电痕劣化特性。

（4）21 世纪初，随着聚合物绝缘材料在电气绝缘领域的应用范围逐步扩大，IEC60112 试验方法急需进一步修改，以满足聚合物绝缘材料在各种复合环境下使用安全可靠的要求。

（5）近十年来，国际上对聚合物绝缘材料改性以提高其耐电痕老化性能方面进行了大量研究，特别是随着纳米复合电介质材料的快速发展，通过纳米复合改性提高聚合物耐电痕性能成为近年来研究的热点。

近年来，随着新能源和高压输电的快速发展，户外绝缘的耐电痕老化成为电气绝缘领域研究的热点问题之一。通过提高材料的抗污能力、抑制放电、提高耐放电侵蚀能力、阻碍炭层形成、改善绝缘电场分布等手段都可提高绝缘材料的耐电痕老化能力。通过纳米复合改性提高聚合物绝缘材料的耐电痕老化性能已引起国际上的高度关注，当前用于改善聚合物耐电痕性能的纳米填料主要有氢氧化铝、氧化铝、二氧化硅、二氧化钛、氧化镁等。日本秋田大学的团队研究了氢氧化铝对硅橡胶介电性能的影响[29,30]，发现当氢氧化铝的质量分数高于 40wt% 时，可以明显改善材料电痕迹化和腐蚀现象。研究表明，高温硫化硅橡胶经干带放电会生成不稳定的硅循环低聚物，这些低聚物能激活材料的热降解，生成更多不稳定的硅循环低聚物，导致碳化，干带放电集中并导致碳化区域的热降解，最终发生电痕化和腐蚀，而氢氧化铝的加入可以抑制这一过程。TG-DTA-MS 结果显示，氢氧化铝受热会与硅橡胶中的支链官能团反应，含氢氧化铝的硅橡胶热降解时会产生甲烷、二氧化碳气体和二氧化硅，使低聚物生成变少，减少残余碳，抑制碳化，改善聚合物耐漏电起痕性能。

国内学者们对纳米复合改性聚合物的耐电痕性能也开展了深入的研究。室温硫化硅橡胶涂料可以有效地防止输变电设备污闪，但电晕放电和电弧容易导致室温硫化硅橡胶涂料老化，放电引起的材料憎水性丧失对室温硫化硅橡胶漏电起痕及电蚀损有决定性的影响。武汉大学的研究团队对室温硫化硅橡胶/纳米层状硅酸盐复合绝缘材料抗电痕性能的研究发现[31]，纳米层状硅酸盐掺杂能明显提高室温硫化硅橡胶的抗电痕性，用量仅约为常规氢氧化铝的1/8。天津大学的研究团队利用硅烷偶联剂对纳米氮化硼颗粒进行表面改性，然后将纳米氮化硼和硅橡胶混合制备得到不同纳米氮化硼质量分数的硅橡胶复合试样。实验结果表明，随着纳米氮化硼颗粒质量分数的提高，硅橡胶复合材料试样表面放电区域的最高温度得到抑制，试样表面温度超过60℃的区域面积增大，停止放电后试样表面温度下降速度增快；纳米复合硅橡胶的电蚀损失质量和电蚀深度较未添加纳米颗粒的硅橡胶有明显的下降。因此，含有纳米氮化硼颗粒的硅橡胶有较好的抑制热量积累能力，且耐电弧侵蚀性增强，能够有效提高硅橡胶的绝缘能力。然而，国内对于耐电痕绝缘材料的研究存在的问题是，对不同环境工况特别是极端和特殊环境条件下（湿度、风沙、污秽、盐雾、海拔、真空、辐射、高低温、冷热冲击、机械振动、电磁环境等），各种环境因素对绝缘材料电痕老化影响的研究还处于初步阶段，对宏观、介观及微观等多层次下的电痕破坏的表征和理论研究还比较少，对电痕破坏机制和老化过程缺乏系统深入的理解。

四、高导热绝缘材料

导热与绝缘是一对矛盾体，电子导热是最高效的，但同时又是导电的。覆铜板通过陶瓷基来导热绝缘，但它又是单面绝缘而且非柔性的。固体绝缘材料在低温、常温下主要通过声子传热。声子是一种准粒子。准粒子涉及的常常不是一个粒子，而是许多粒子的集体行为，是相互耦合着的原子系统中被激发的集体振动的量子化概念。声子与周围的电子、离子会产生相互作用，发生界面散射，因此很难在聚合物的无规缠绕、低结晶度的分子链之间有效传递，而且声子概念在非晶态下的有效性很值得研究。这又涉及大量的基础科学问题，需要从机制上研究清晰才能有更多突破并大量地应用到工程上。应该说，柔性高导热绝缘材料的研究是一个世界级的难题。

当前国内外的研究主要集中在两个方面：①对聚合物本体进行改性形成本征导热聚合物；②在聚合物中填充大量高导热性填料形成导热网络而得到填充型导热聚合物。

（一）本征导热聚合物

本征导热聚合物绝缘材料研究的一般思路是在材料合成及成型加工过程中

通过改变材料分子和链节结构获得具有高度结晶性或取向度的物理结构，减少声子散射以增大声子自由程和提高声子在聚合物中的传输速度，从而提高其热导率。对热塑性聚合物，主要采用拉伸取向法；对于热固性聚合物，主要在基体中引入含特殊规整排列的结构单元。聚合物热导率较低的主要原因是声子受到分子和晶格非谐性振动的动态散射及界面和缺陷的静态散射。提高聚合物链结构的有序性有助于热量沿分子链方向传输。通过对热塑性聚合物进行定向拉伸，使得分子链沿一定方向实现有序排列，能够提高其在该方向上的热导率，拉伸后热导率的提升与高分子链构象的相关参数有关。

制备本征型导热绝缘聚合物材料的主要途径有：① 通过外界的模压或者定向拉伸，以及外加电场或者磁场等外力使小分子单体在聚合时有序排列，从而增加聚合物的有序性和结晶度，进而通过声子振动来获得本征型导热绝缘高分子材料。② 在制备聚合物材料时，尽量减少材料的内部缺陷，从而通过减少声子散射以提高材料的本征热导率。③可以通过化学合成刚性链或者容易结晶的小分子单体或者在分子链上引入液晶结构，这样的小分子单体聚合以后可以使聚合物的结晶度或者分子间的作用力增强，从而提高聚合物的热导率。

对于本征型的热塑性导热高分子，当前关于聚乙烯的研究比较多。关于各向异性取向的聚乙烯的热导率及计算模型有很多报道，如有晶桥模型、改进的麦克斯韦（Maxwell）模型、集合模型。研究发现，在拉伸比为 25 时，聚乙烯在 300K 下的热导率可以达到 14W/(m·K)。通过在环氧树脂等热固性聚合物中引入介晶单元形成液晶结构，可以增强其微观分子结构的有序性，减少树脂材料中的分子缺陷，从而提高分子振动和晶格振动的协调性，克服声子散乱以提高链间方向的导热性。日本日立金属公司和住友电工公司也分别开发出不同的具有高导热性能的新型液晶环氧树脂，主要通过在环氧单体中引入局部液晶结构来控制微观结构的长程有序，以提高聚合物本身的热导率，然后进一步与高导热的陶瓷材料混合，制备的复合材料的热导率大于10W/(m·K)，远远超过一般聚合物的热导率。

从应用研究来看，大量的先进制备技术被利用制备本征的和复合高导热绝缘材料。例如，通过拉伸纺丝制备高模量聚合物纤维，使其分子链结晶和具有高取向结构特征，因而在轴向呈现出高热导率，如使用环氧固化过程诱导液晶，可提高热导率一倍等；国际上研究较多的高导热绝缘材料主要有导热聚合物（包括树脂、塑料、橡胶、胶黏剂和涂层等）、高导热陶瓷、导热纳米流体等。日本和美国的研究机构及美国通用电气公司、德国西门子公司、瑞典ABB 公司等跨国公司当前在高导热绝缘材料研究和应用方面居领先地位。

（二）填充型导热聚合物

填充型导热聚合物常用的导热填料有金属氧化物（MgO、Al_2O_3、ZnO、TiO_2、BeO 等）、金属氮化物（AlN、BN、Si_3N_4 等）和碳化物（碳化硅等）等。此外，金刚石具有超高的热导率，现在已经被用于半导体工业中来帮助散热。近年来，以日本国立材料研究所、香港城市大学、澳大利亚迪肯大学、爱尔兰都柏林圣三一学院、美国佐治亚理工学院、上海交通大学等为代表的研究机构在高导热纳米片 BNNS 的制备改性聚合物复合材料方面做了大量有意义的研究工作，得到 BNNS/ 聚合物复合材料，表现出较高的导热性能。

国内外研究时主要考虑了填料形状，有球状、片状、纤维、晶须等形式。填充型聚合物复合材料导热性能的提升主要依赖于填充物热导率的高低、填料形状、填充物在基体中的分布及填料与基体的界面相互作用。近年来，国外在填充型高导热聚合物方面的研究主要聚焦于填料的性质及表面微观形态、形状尺寸、用量、混配、取向等因素对复合材料热导率、电气绝缘性能、力学性能、热性能、黏度及工艺性能等的影响。填充型导热聚合物广泛应用于各种形式的绝缘材料的制备，如导热绝缘塑料、导热绝缘胶黏剂、导热绝缘橡胶、导热绝缘复合涂层等。用于电机绝缘的环氧粉云母带的热导率受连续相影响最大，因此提高云母带热导率的关键在于提高环氧胶黏剂的热导率。在环氧树脂胶黏剂中加入高导热微纳米填料可以显著提高环氧树脂和环氧粉云母材料的热导率。日本日立金属公司、瑞士依索拉公司、瑞典 ABB 公司等在这方面进行了大量研究，推出了热导率高于 0.5W/(m·K) 的少胶粉云母带，并将其成功用于大容量空冷发电机绝缘。

陶瓷材料具有耐高温、高强度、低密度、高气密性、耐氧化及极高的热导率等诸多优点，被广泛用于航空、航天、军事等领域。具有良好绝缘性和高热导率的氮化物和碳化物包括氮化铝、氮化硼、氮化硅、碳化硅等，具有很好的耐热性、高温抗氧化性及化学稳定性，已被广泛应用于战机、导弹、卫星、火箭等电子系统的封装和高强度耐高温部件。但由于其具有力学性能差、脆性大，且价格昂贵、难以加工成型等缺陷，已经部分被高导热塑料封装代替。在绝缘油中均匀分散纳米填料形成纳米流体能够有效提高绝缘油的导热能力，国外就纳米流体绝缘油在电力变压器绝缘方面的应用进行了探索。高导热纳米填料的均匀分散和悬浮稳定是高导热纳米流体作为电力变压器绝缘材料应用的关键。在矿物油中分散少量的二维氮化硼纳米片可以在保持矿物油绝缘性能的同时大幅度提高其导热能力。

我国关于高导热材料的研究始于 20 世纪 90 年代末，从复合材料微观模型建立到声子散射与传导进行了一些基础理论研究，但还没有从复杂体系（特别是无定形聚合物结构）出发，对分子层面结构及基体与颗粒之间的界面声子传播过程和动力学进行研究，也没有充分利用计算机模拟结构与导热性的能力。在材料制备方面，近年来国内对高导热环氧树脂、硅橡胶、乙丙橡胶、聚烯烃、聚酰亚胺等复合材料的制备与应用、结构与性能等进行了大量探索性研究。工业界相继开发了高导热橡胶、高导热塑料、导热环氧树脂和硅胶、导热覆铜板等产品，但在性能上与国外先进产品仍有很大差距。纵览近年来国内高导热绝缘材料的研究可以看出，当前我国还没有开展针对从合成入手的本征导热型聚合物的研究，绝大部分研究集中于填充型高导热聚合物基复合绝缘材料，而且对填充型导热聚合物至今也没有形成系统的基础理论和观点共识。国内的论文报道虽多，但在高导热绝缘材料制备工艺技术及应用、导热绝缘材料基础理论研究等方面与国外先进水平尚有一定差距。工业化成熟的高端高导热绝缘材料（如柔性、弹性高导热界面材料、导热塑料、导热基板等）仍然被国外公司占据。

五、高储能密度绝缘材料

电容器具有绿色环保、使用寿命长、充电时间短和功率密度大的优点，非常适合作为未来的储能装置。但是电容器的一个显著缺点就是储能密度小，即要想达到相同的储能水平，需要更大的体积和重量。为了减小系统的重量和体积，需要更高储能密度的新型介质材料来支撑高储能电容器设备的研制。

电介质是电容器的重要组成部分，其质量好坏直接影响电容器的容量稳定、耐压优异、绝缘电阻性能、使用的安全性及其寿命周期等各项性能指标。当电介质为陶瓷材料时，它的优点是其介电常数很大。但由于陶瓷材料本身难以消除的缺陷及过小的禁带宽度导致其介电击穿强度过小。一般来说，陶瓷电容器的耐受电压在 15～50MV/m 范围内。当电介质材料为有机材料时，由于在有机材料制备过程中引入了缺陷少且禁带宽度大的材料，所以有机薄膜电容器的介电击穿强度很高，一般都超过 200MV/m，但有机薄膜材料的介电常数很小，导致其储能密度较小。在各国科学家的共同努力下，电介质材料种类不断增多，新型电容器不断涌现，耐受电压和储能密度得到显著提高。

在设计和制备高储能密度绝缘材料的过程中，应该从以下几个方面去考虑：

（1）从材料本身性能方面考虑，选用高介电强度的材料制备电介质材料。通过改善制备工艺或对材料本身进行改性，改变材料的内部结构，以期获得更高的介电性能和储能密度。

（2）制备高介电常数复合材料。通过在基体中加入可以改善材料性能的填料，综合提升材料本身的介电性能，从而达到提高储能密度的目的。根据电介质材料的不同，可以将电容器分为 10 余种，表 4-1 列出了不同电介质材料电容器的性能特点。

表 4-1 不同电介质材料电容器的性能对比

名称	电容量	额定电压	主要特点	应用
聚酯电容（CL）	40pF～4μF	63～630V	小体积，大容量，耐热耐湿，稳定性差	对稳定性和损耗要求不高的低频电路
聚苯乙烯电容（CB）	10pF～1μF	0.1～30 000V	稳定，低损耗，体积较大	对稳定性和损耗要求较高的电路
聚丙烯电容（CBB）	1 000pF～10μF	63～2 000V	性能与聚苯相似，但体积小，稳定性略差	代替大部分聚苯或云母电容，用于要求较高的电路
云母电容（CY）	10pF～0.1μF	100～7 000V	高稳定性，高可靠性，温度系数小	高频振荡，脉冲等要求较高的电路
高频瓷介电容（CC）	1～6 800pF	63～500V	高频损耗小，稳定性好	高频电路
低频瓷介电容（CT）	10pF～4.7μF	50～100V	体积小，价廉，损耗大，稳定性差	要求不高的低频电路
玻璃釉电容（CI）	10pF～0.1μF	63～400V	稳定，损耗小，耐高温	脉冲、耦合、旁路等电路
铝电解电容	0.47～10 000μF	6.3～450V	体积小，容量大，损耗大，漏电大	电源滤波，低频耦合，去耦，旁路等
钽电解电容（CA）铌电解电容（CN）	0.1～1 000μF	6.3～125V	损耗、漏电小于铝电解电容	在要求高的电路中代替铝电解电容
空气介质可变电容器	100～1 500pF		损耗小，效率高；可根据要求制成直线式、直线波长式、直线频率式及对数式等	电子仪器，广播电视设备等
薄膜介质可变电容器	15～550pF		体积小，质量轻；损耗比空气介质的大	通信，广播接收机等
薄膜介质微调电容器	1～29pF		损耗较大，体积小	收录机，电子仪器等电路作电路补偿
独石电容	0.5pF～1μF	二倍额定电压	电容量大、体积小、可靠性高、电容量稳定，耐高温耐湿性好等	广泛应用于电子精密仪器，各种小型电子设备作谐振、耦合、滤波、旁路

电容器作为潜力巨大的储能设备，受到世界各国科学家的广泛关注。2015 年，美国国家科学基金会宣布将在宾州州立大学和北卡罗来纳州立大学设立电介质和压电材料研究中心，主要研究领域为电力电子和能量网格用高能量密度电容器、特种电容器、高储能密度和功率分布的绝缘体等。这些举措极大地促进了美国高储能密度绝缘材料的发展。2009 年，美国 GA 公司研制出最高储能密度达到 $3.0MJ/m^3$ 的金属化聚丙烯膜电容器。欧洲的能源战略行动计划中对电能储存技术的支持力度也越来越大。英国 ABB 电力输配电公司、芬兰和法国的施耐德公司生产的电容器在世界上享有盛誉，研发电容器产品的工作电场强度和重量比特性均优于国产电容器。德国的西门子公司和 EPCOS 公司、法国的标志雪铁龙公司和法国科研中心在超级电容器储能技术领域具有很强的竞争力，日本的日新公司生产的电容器畅销全球。

随着信息化技术、电力和电子工业的高速度发展，特别是智能电网、节能环保技术、新型可再生能源的开发和应用，我国逐渐转变为电容器生产大国。当前，国产电容器的技术性能与国外先进水平基本相当，但产品的比特性和工作电场强度与国外先进水平相差较大。和国外先进生产厂家〔如麦塔机器设备公司 METAR）、美国通用电气公司、意大利义卡（ICAR）公司、瑞典 ABB 公司等〕的同类产品相比，国产电容器的重量和尺寸均较大，且使用寿命短（5～10 年），相应的原材料消耗、能源消耗、劳动力等方面成本均较高，难以在国际市场立足。在高端产品中，国外先进产品在我国市场仍占垄断地位。因此，需要投入更大研发力量，发展新电容器制备技术和高储能密度绝缘材料，淘汰老旧的制备工艺和设备，集中精力降低电容器原材料消耗，提高设计场强和储能密度，这对于工业生产和军事应用都具有非常重要的意义。

六、耐高低温绝缘材料

随着电工与电子绝缘技术向高温方向的不断发展，人们对于耐高低温绝缘材料的需求日益迫切。开展耐温等级超过 H 级（180℃）的聚合物绝缘材料及耐超低温（液氮温度为-196℃；液氦温度为-269℃）绝缘材料的基础与应用研究对于提升我国的综合国力具有重要的作用。

（一）耐高温绝缘材料

耐高温绝缘材料的共同特征在于具有较高的玻璃化转变温度（T_g）、高介电强度及相对较低的介电常数与介电损耗。表 4-2 总结了当前国际上耐高温绝缘材料的典型商业化产品及其典型性能。这些材料按照应用形式的不同可分为清漆、薄膜、塑料、泡沫、气凝胶等多种类型。清漆主要用于浸渍铜线等导线，制造漆包线漆；薄膜材料主要用于铜线等绕组；塑料则主要用于制造电气、电子接插件、连接器等部件。

表 4-2　国际上常见耐高温绝缘材料的典型商业化产品及其典型性能[1]

绝缘材料	牌号	$T_g/^{\circ}C$	体积电阻率 /($\Omega \cdot cm$)	介电强度 /(kV/mm)	介电常数	介电损耗
聚酰亚胺薄膜	Kapton® HN	>300	1.5×10^{17}	303（25μm）	3.4（1kHz）	0.0018（1kHz）
	Kapton® CR100	>300	2.3×10^{16}	291（25μm）	3.9（1MHz）	0.003（1MHz）
	Kapton® MT100	>300	$>10^{16}$	220（25μm）	4.2（1MHz）	—
	Upilex®-S	>350	10^{15}	272（25μm）	3.5（1kHz）	0.0013（1kHz）
聚酰亚胺塑料	Vespel®-SP1	>300	$10^{14} \sim 10^{15}$	22.0（2mm）	3.55（1MHz）	0.0034（1MHz）
	Meldin® 7001	>300	$10^{15} \sim 10^{16}$	22.9（2mm）	3.14（1MHz）	—
聚酰胺酰亚胺塑料	Torlon®4203L	>300	2.0×10^{17}	23.6（2mm）	3.9（1MHz）	0.031（1MHz）
聚苯并咪唑塑料	Celazole® PBI	427	2.0×10^{15}	23.0（2mm）	3.2（1MHz）	0.003（1MHz）
聚醚酰亚胺薄膜	Ultem®-1000	219	2.1×10^{17}	200（25μm）	3.2（1MHz）	0.005（1MHz）
聚醚酰亚胺塑料	Extem® XH1005	267	$>10^{16}$	25（1.5mm）	3.1（1MHz）	0.0918（1MHz）
聚醚醚酮薄膜	Aptiv® 1000	—	—	190（50μm）	3.5（10MHz）	0.002（10MHz）
聚苯基喹噁啉薄膜	IP200®	365	3.0×10^{17}	—	2.4（1kHz）	0.0003（1kHz）

（二）耐低温绝缘材料

近年来，国外除了在传统的聚酰亚胺、聚丙烯层压纸（PPLP）、有机硅、聚四氟乙烯、聚三氟氯乙烯、聚乙烯醇等低温绝缘材料方面不断提高其品质外，还开发了一系列新型材料，如玻璃纤维增强塑料（GFRP）、柔软性环氧树脂、纳米复合绝缘材料及先进化学涂层等。

1. 聚酰亚胺类材料

聚酰亚胺类材料包括聚酰亚胺、聚酰胺酰亚胺与聚醚酰亚胺。从化学结构上讲，这类材料的分子结构中均含有酰亚胺环。不同类型的特征基团赋予了上述绝缘材料不同的特性。

聚酰亚胺绝缘材料是最早应用于电机绝缘的聚合物材料之一。聚酰亚胺绝缘材料的主要性能特征是：①耐高低温性能优异。起始热分解温度一般超过500℃，在-269℃液态氦中仍不会脆裂。②力学性能优良。聚酰亚胺薄膜的拉伸强度一般超过 100MPa。③介电性能优异。一般而言，聚酰亚胺的相对介电常数为 3.4 左右，介电损耗为 10^{-3} 左右，介电强度可达 300kV/mm，体积电阻率可达 $10^{17}\Omega\cdot cm$。④阻燃性能优异。⑤耐辐射性能优异。10^7Gy 剂量 γ 射线辐照后，聚酰亚胺的强度仍可保持初始值的 80% 以上。近年来，随着航空航天、轨道交通等领域的快速发展，对于具有特殊功能绝缘材料的需求日益迫切，各种新型聚酰亚胺绝缘材料应运而生。例如，美国杜邦公司先后开发了耐电晕聚酰亚胺薄膜（Kapton® CR）、导热型聚酰亚胺薄膜（Kapton® MT）等绝缘材料。

聚酰胺酰亚胺绝缘材料兼具聚酰亚胺材料的耐高温及聚芳酰胺材料的高强度等特性，因此具有良好的综合性能。在电工领域中，聚酰胺酰亚胺主要以漆和塑料两种形式使用。由于聚酰胺酰亚胺涂层较聚酰亚胺等其他类型涂层更耐磨，因此主要用作漆包线的面漆。聚酰胺酰亚胺绝缘材料的典型代表是比利时 Solvay 公司的 Torlon® 系列材料。

聚醚醚酰亚胺绝缘材料分子结构中除了酰亚胺环外，还含有醚键、异丙基等取代基。这些柔性基团的存在虽然在一定程度上牺牲了聚醚醚酰亚胺的耐热稳定性，但同时赋予其优良的加工性能。例如，聚醚醚酰亚胺可以无需借助黏合剂层实现热绕组。近期，沙特基础工业公司（Sabic）推出了适用于 3D 打印技术生产的 Ultem 9085 树脂。利用这种树脂，采用 3D 打印技术可直接生产电气接插件等绝缘制品。

2. 聚苯并咪唑

聚苯并咪唑是所有热塑性聚合物材料中耐热等级最高的一类材料，其结构特征在于分子结构中含有刚性苯并咪唑环。商业化聚苯并咪唑材料的玻璃化转变温度高达 427℃，可长期工作于 300℃ 以上环境中。聚苯并咪唑树脂可以溶解于 N,N-二甲基乙酰胺（DMAC）、N-甲基吡咯烷酮（NMP）等极性溶剂中，配制成一定固含量的溶液，可作为清漆应用于铜导线的绝缘防护。高温固化后的聚苯并咪唑漆膜可以耐受超过 300℃ 以上的高温。聚苯并咪唑作为绝缘材料推广应用的主要问题在于其制造成本较高，因此主要应用于极端环境电气绝缘中。聚酰胺酰亚胺绝缘材料的典型代表是美国 Celanese 公司的 Celazole® 聚苯并咪唑系列材料。

3. 聚苯并噁唑

聚苯并噁唑是一类分子结构中含有苯并噁唑结构单元的聚合物材料。聚酰亚胺在电工绝缘方面虽然得到广泛的应用，但其分子结构中极性的酰亚胺环往往会使其具有相对较高的吸水率（1wt%～4wt%）。高吸水率会缩短聚酰亚胺绝缘材料的使用寿命。此外，由于水的介电常数为80左右，因此吸收1%水分就会使聚酰亚胺的介电常数升高0.8左右。与聚酰亚胺相比，聚苯并噁唑分子结构中的极性基团含量相对较低，不易与水形成氢键，因而表现出了较低的介电常数与吸潮率。

4. 聚苯基喹噁啉

聚苯基喹噁啉是一类分子结构中含有苯基取代喹噁啉环的聚合物材料。聚苯基喹噁啉分子结构中极性基团的含量很低，因此往往表现出优异的耐水解特性及较低的介电常数与介电损耗。聚苯基喹噁啉作为绝缘材料主要应用于高温、高湿环境中的电气绝缘，表现出十分优异的稳定性。聚苯基喹噁啉绝缘材料的典型代表是法国 IFP-Cemota 公司的 IP-200® 系列材料。

5. 聚醚醚酮

聚醚醚酮是一类分子结构中含有醚键与酮羰基的半结晶性聚合物材料。与传统的聚酰亚胺绝缘材料不同，聚醚醚酮半结晶性的结构特征使其具有热熔特性，可在高温下直接与铜线进行高温热绕，不需要使用额外的黏合剂层。免除了黏合剂层可使绝缘体变得更薄，有利于提高散热性，且提高了绝缘材料的可靠性。此外，聚醚醚酮材料具有高耐热稳定性、低吸湿率、优异的耐环境稳定性和耐水解性、耐辐射性及良好的机械性能，在航空、石油工业、核能发电站及舰船中均有广泛应用。聚醚醚酮绝缘材料的典型代表是英国 Victrex 公司的 APTIV® 系列材料。

（三）耐高低温绝缘材料的国内外研究现状

功能化、低成本、环境友好是先进绝缘材料研究发展的几个不变主题。国外以美国、欧盟国家、日本为代表的发达国家近年来在先进电力装备的强力应用需求牵引下，无论是在先进绝缘材料基础研究领域，还是在产业化方面，均取得了众多突破性进展。我国在耐高低温绝缘材料研究方面基本上与国外同时起步。在基础研究方面，我国从1953年设立电气绝缘与电缆技术专业之始，就开始了以聚酰亚胺、有机硅、氟树脂等为代表的耐高温与耐低温绝缘材料的研究。在应用研究方面，国内几大绝缘材料生产厂家，包括东方绝缘材料厂、西安绝缘材料厂、原机械工业部桂林电器科学研究院、上海电缆厂等，在20世纪70年代左右就开展了以聚酰亚胺、聚酰胺酰亚胺、聚酯酰亚胺、有机硅树脂等为代表的聚合物电工绝缘产品的试制与生产工作。

我国在耐高低温绝缘材料基础与应用研究方面主要存在以下问题。

（1）先进耐高低温绝缘材料的分子模拟、材料设计与性能仿真技术手段匮乏。我国在先进绝缘材料的结构设计方面还主要依赖于经验，缺乏科学的设计手段，造成相关材料研制周期较长、成本较高且精确度不够的问题。

（2）重要基础性耐高低温绝缘材料主要依赖进口，众多相关支柱产业用绝缘材料受制于人。例如，当前尚没有成熟的耐高温绝缘材料应用于商业及军用飞机中，所用特种耐高温绝缘材料全部依赖进口。在耐超低温绝缘材料方面，我国在深空探测航天型号中所使用的绝缘材料也主要依赖进口。这种现象导致我国的高技术产业发展受制于人，国际竞争力不足。

（3）先进耐高低温绝缘材料的制造技术与装备相对落后，直接造成材料性能批次稳定性差，服役寿命短。

（4）在从事耐高低温先进聚合物绝缘材料基础与应用研究的软件方面，人才队伍建设、产学研结合及国际合作交流有待提高。

七、耐辐射和耐候绝缘材料

（一）耐辐射绝缘材料

当前主要有两种思路来改善绝缘材料的耐辐射性能：①通过复合高分子材料和无机物来提高材料本身的耐辐射性；②在材料外层增加防护层。用于航空航天领域主要的耐辐射绝缘材料主要是聚酰亚胺及以聚酰亚胺为基体的改性绝缘材料。发达国家聚酰亚胺的制备及研究起步较早，当前生产厂家主要集中在美国、西欧和日本等发达国家和地区。表4-3给出了当前国际上典型耐辐射绝缘材料的商业化产品及其良好电性能。由于传统的聚酰亚胺已不能满足当前的需求，聚酰亚胺材料在使用过程中易与环境中的水汽发生反应，易水解；易被电弧中产生的原子氧侵蚀，耐电弧能力差，美国正在研发超薄型高性能聚酰亚胺薄膜（<25μm），并且向多功能化的方向发展，开始研究新技术，如使用纳米材料等来提高聚酰亚胺薄膜的性能；为减少或消除空间电荷效应对绝缘介质的危害，日本学者通过对不同聚合物的共混，降低聚合物绝缘电缆的空间电荷效应；通过对抗氧剂、稳定剂的筛选，研制成了性能稳定、无空间电荷效应的聚合物绝缘材料；澳大利亚的研究人员通过分子接枝，降低了材料的空间电荷效应。在聚合物中添加有效成核剂，降低

聚合物绝缘的空间电荷，对聚合物进行热处理，也可以降低空间电荷。为减少或消除近原子氧剥蚀，在航天器外部采用耐原子氧的新材料，如表面改性或保护膜在不改变原基材性质的基础上起到材料的保护剥蚀作用，延长其使用寿命。国外在原子氧效应与非金属材料化学结构关系方面开展了大量的研究，通过化学结构改性研制出的磷改性聚酰亚胺薄膜与硅改性聚酰亚胺薄膜逐渐实现了工程应用。

表 4-3　国际上典型耐辐射绝缘材料的商业化产品及其良好电性能

绝缘材料	相对介电常数	电气强度 /(kV/mm)	介电损耗	表面电阻 /Ω
Apical 薄膜 150AF	2.7	197	—	—
Upilex 薄膜 -R	3.5	280	0.0014	1×10^{16}
UPIMOLSA101	3.7	22.7	0.0013	8.5×10^{16}
Kinel 树脂	4.5	—	0.0017	—
Torlon4203 聚酰胺酰亚胺	4.2	23.2	0.026	—
环氧树脂 EV：220 胺硫化	4.0	—	0.01	1×10^{14}
聚氨酯（PU）树脂聚醇 11% 二苯基甲烷二异氰酸酯（MDI）- 聚合物	3.6	—	0.006	1×10^{14}

我国于 20 世纪 80 年代开始研究耐高温薄膜材料。由于起步较晚，国产聚酰亚胺材料的性能普遍不高，因此在某些特性要求较高的应用场合仍依赖进口聚酰亚胺材料。例如，风电牵引电机用的耐电晕聚酰亚胺薄膜，目前国内只有少数几家企业能生产，大部分产品只能依靠进口高价位产品，所以提高产品质量与性能变得尤为重要。随着对航天器长寿命和高可靠性要求的不断提高，有关空间环境与航天器材料相互作用的研究工作日益受到重视。我国在这方面的研究工作已经起步，主要是针对地面模拟试验装置的研制及试验。

在核电领域，电气电子工程师学会（Institute of Electrical and Electronics Engineers，IEEE）提出了评价核电站用电缆的标准 IEEE383 和 IEEE323；日本对验证 IEEE 标准做了许多实验研究工作；在实际应用中，通过向高分子材料中加入抗辐射助剂来提高电缆材料的耐辐射性是一种比较有效的方法，除此以外，还可以通过向聚合物中加入某些能吸收辐射的助剂或材料，将高能辐射经中间过渡态转化为热量耗散，也能够有效提高材料的耐辐射能力。

国际上从 1kV 低压电缆、6～35kV 中低压电缆至 110kV 高压电缆都倾向用交联聚乙烯绝缘电缆。法国电力公司、法马通公司（Framatome）和诺瓦通公司（Novatome）制定了一系列核级电缆研发计划。当前各个国家均使用耐辐射、阻燃的电线电缆，并由一般阻燃型核电站电缆向无卤低烟阻燃型核电站电缆发展，特别是 K1 类电缆在无卤低烟阻燃的基础上还要通过一系列苛刻的核环境试验考核，以确保核电站的高安全性和高可靠性。为了提高核电站用电缆的耐辐射性能，英国研究人员向核级电缆材料中加入抗辐射助剂，通过捕获大分子受到辐射后产生的自由基，阻断进一步的裂解、交联等不利的化学反应。但这种方法在惰性气氛或真空环境下效果比较良好，而在有氧气存在时，效果会受到很大的影响，需要加入更大量的抗氧助剂，这可能会对电缆材料的绝缘性能等其他性能产生不利影响。法国学者通过向聚合物中加入某些能吸收辐射的助剂或材料，将高能辐射经中间过渡态转化为热量耗散，提高材料的耐辐射能力。此外，由于芳香环的共轭结构能够将某个键吸收的能力传递分散到整个芳香环上，避免了单个键吸收过多能量而断裂。因此，加入含芳香环的化合物可以提高核级电缆材料的抗辐射能力。国外关于核电涂料的研究比我国起步早，且国外的核电产业也较我国先进。目前国外核级涂料研究及应用较好的是 Amoron 公司、Carboline 公司、Keelerlong 公司的产品。该系列产品更注重涂料成膜物的高性能，主要是研究不同树脂基制备核电环氧涂料的抗辐射性。

我国电缆行业于 1987 年开始了核电站用电缆的研究与开发，已在无卤低烟阻燃电缆料方面取得了出色的成绩。但由于电缆材料性能的限制，我国当前核级电缆仍主要依赖进口。除秦山核电站及田湾核电站少部分电缆由国内自行生产外，其余已建成和在建核电站所用核级电缆（K1、K2、K3 类）全部采用进口。我国核电站绝缘材料设计就是依据法国 RCC-E 规则的要求进行的，因此我们在电缆结构、材料配方、实验方法及检测技术等方面开展的大量设计、实验、试制及研究工作均依据法国 RCC-E 规则及相关的国际电工委员会标准（IEC 标准）等进行。自 20 世纪 80 年我国建造第一座核电站——秦山核电站起，国内各大涂料研究单位就开始了核级涂料的研发工作。兰州应通特种材料研究所开发了核电用耐高温涂料，上海开林化工油漆厂研发了环氧系列类核岛用涂料。此前，国外核电涂料优于国内同类产品，在较长一段时间内处于垄断地位。中国海洋石油集团有限公司常州涂料化工研究院研究团队已建立起适合我国非能动核电站的国产化涂层系统技术体系，并研制开发出满足工程及核安全要求的涂料，我国核级涂料正试图改变被国外垄断的局面。国内对应用于航空航天等高辐射环境下的聚醚醚酮需求量很大，但国产的聚醚醚酮稳定性较差，不能用于制造电线电缆。

（二）耐候绝缘材料

由于我国特殊的地形地貌，海拔在1000m以上的山地和高原面积超过全国土地总面积的2/3，电气设备外绝缘的污闪问题特别突出。而发达国家大多位于平原地区，高海拔地区污秽绝缘子的放电问题对于这些国家来说并不是主要关心的问题。因此在这个领域，只有日本、加拿大、瑞典等少数国家曾对高海拔外绝缘污闪特性问题进行过研究。我国的清华大学、重庆大学、国网公司青海省电力科学研究院、云南省电力试验研究院、西安高压电器研究所等许多科研院所一直致力于高海拔地区电气设备外绝缘特性的研究，取得了一定的成果。

实现长效优能防污闪涂料的途径有：①改善涂料基体材料；②改变涂料成分；③构筑类荷叶超疏水结构。国内外常用的防污闪涂料有硅油、室温硫化硅橡胶和持久性防污闪复合涂料（PRTV），如表4-4所示。室温硫化硅橡胶具有良好的耐候性、耐酸碱性、耐热性、耐寒性及电气特性，涂刷在绝缘子表面后，在正常的环境温度下固化为橡胶膜层，起到防污闪的作用，使用较方便。

表4-4　国内外常见防污闪绝缘材料的电气性能

材料类型	相对介电常数	体积电阻率/(Ω·m)	击穿强度/(kV/mm)
硅油	2.8	5×10^{15}	12
室温硫化硅橡胶	≤ 1.3	$\geq 1 \times 10^{14}$	≥ 18
持久性防污闪复合涂料	< 0.3	$\leq 1 \times 10^{14}$	≥ 25

在防冰绝缘材料的研究方面，"荷叶效应"超疏水表面的研究进展让人们看到解决防覆冰难题的希望。"荷叶效应"是由于荷叶表面具有极强的疏水性，当水滴撒到荷叶表面上时会自动汇聚成较大水滴，在水滴冻结前及时离开表面达到防覆冰效果。超疏水涂层的服役特性如表4-5所示。把具有超疏水特性的涂层用于输电线路防冰，将有助于提高输电线路抵抗冰冻雨雪灾害的能力。但是和国外先进防冰涂料相比，我国许多厂家的耐候性环保型材料有待加强，制作工艺存在原料利用率不高、污染较重、制备的涂料耐候性不佳、难以长久在输电线路上运用等缺点。

表 4-5　超疏水涂层需满足的精确服役特性

名称	表面电阻率 /(Ω/m)	体积电阻率 /(Ω·cm)	憎水性 /(°)	覆冰黏结强度 /kPa	主要特点
硅橡胶涂料	3.5×10^{12}	4.3×10^{13}	> 115	57.9	附着力好，耐久性强，防冰性能差
二氧化硅/硅橡胶复合超疏水涂料	5.6×10^{12}	7.3×10^{13}	> 150	3.19	机械耐久性能需提高，具有延缓覆冰的作用

在高湿环境下的陶瓷绝缘材料方面，我国研发了防污型纳米级釉料，弥补了瓷绝缘子表面的亲水缺陷。采用室温硫化硅橡胶涂料替代传统的硅脂、硅油等疏水材料，大幅提高了玻璃、陶瓷绝缘子的绝缘性能。针对复合绝缘子伞裙，经过不断改进从最初的环氧树脂、三元乙丙橡胶绝缘材料过渡到现在普遍使用的室温硫化硅橡胶、高温硫硅橡胶及耐酸碱氟硅橡胶，外绝缘材料的绝缘性能和使用寿命不断提高；针对复合绝缘子绝缘芯棒，开发了耐酸环氧树脂芯棒，提高了绝缘芯棒在高湿、电场等多因素条件下的机械强度和绝缘性能，有效地防止了复合绝缘子酸蚀脆断。

在扬沙条件下的绝缘材料方面，具有高强度、高稳定性、自恢复性的复合绝缘子具有良好的应用前景。当前常见的耐风沙、耐候绝缘材料的电气服役特性如表 4-6 所示。美国玛堡工业元件公司于 2012 年建成新生产线，生产新品牌 BAY LUXE 产品，实现了对传统合成绝缘子（bulk molding compound，BMC）制备的全面升级换代，完成了对研发、设计、配方、合成、模压和表面处理全部环节的工艺优化和经验转化，成为全球范围内的热固性绝缘行业中的创新型领导者。近几年，我国在复合绝缘子设计与制作方面取得了显著进步，技术日趋成熟。国内最新研制的高温硫化硅橡胶绝缘材料在防污闪技术方面有了质的飞跃，采用整体真空注射成型工艺，其优异的材料性能和先进的制造工艺有效地保证了复合绝缘子的使用寿命，成功通过了荷兰电工材料协会的 5000h 人工加速老化试验，各项性能指标达到国际先进水平。我国在 BMC 方面的研究开发比较晚，但是发展非常迅速。

表 4-6　防风沙绝缘材料的服役特性

名称	体积电阻率 /(Ω·m)	电气强度 /(kV/mm)	拉伸强度 /MPa	冲击强度 /(kJ/m²)	主要特点
高温硫化硅橡胶	1×10^{15}	20	7～8	—	耐高低温、耐气候老化；电绝缘性能优异；物理机械性能良好
团状模塑料	3.38×10^{14}	12	30～40	11～15	刚性耐热性能优良；机械强度、电性能优良

（三）我国耐辐射、耐候材料的研究现状与相关问题

当前，我国在耐候性和耐辐射绝缘材料基础与应用研究方面存在的主要问题包括如下几个方面。

（1）室温硫化硅橡胶多用于玻璃陶瓷绝缘子表面，但室温硫化硅橡胶的分子量低，在高海拔地区等电场、紫外多因素老化作用下易粉化、龟裂，使用寿命受到限制。高温硫化硅橡胶的分子量高，但在耐低温和耐油方面欠佳。当前的氟硅橡胶材料具有较好的耐酸、碱、油性能，但是氟硅橡胶价格是高温硫化硅橡胶的5～10倍，难以实现复合绝缘子的工业化应用。用于复合绝缘子外绝缘氟硅橡胶对环境造成一定的污染，还需开发新技术，发展取代氟硅橡胶的新型无毒合成介质。

（2）憎水性防冰涂料目前主要存在如下问题：防冰涂料表面具备微纳米结构，在实际应用过程中易受机械、风沙等外力作用破坏，开发耐机械磨损、长效防冰涂料是当前研究人员的主要研究方向之一；防冰涂料在低温、高湿等复杂环境下会发生只能延缓覆冰、不能完全阻止覆冰的现象，需要对其防冰失效微观机制进行解释，研制出复杂环境下的新型防冰涂料。

（3）在BMC防风沙绝缘材料方面，虽然我国已经引进国外的表面安装元件（surface mounted component，SMC）生产线21条、BMC生产线3条，部分BMC产品已进入国际先进行列，但制备BMC的高性能材料及助剂仍依赖于进口，迫切需要实现BMC原材料的国产化。

（4）我国耐辐射绝缘材料的制备研究主要依据的都是发达国家的标准，对高性能介质材料的需求进一步扩大。例如，聚酰亚胺、聚酰亚胺薄膜与碳纤维、芳纶纤维一起被认为是当前制约我国发展高技术产业的三大瓶颈性关键高分子材料。我国现已生产的聚酰亚胺薄膜虽是各类高分子材料中耐热等级最高的，但其耐辐射、耐电晕能力不足，且缺乏聚酰亚胺板的生产制造工艺。我国的空间材料科学还处于起步阶段，有大量的基础工作要做。同美国，俄罗斯等空间大国相比，我们在空间介质材料耐辐射实验研究、地面原子氧环境模拟设备、新型聚酰亚胺替代材料等方面的范围上和深度上都有较大的差距。

（5）我国核电站电缆的研究、生产与国际脱节，现有核级电缆制造工艺复杂，且质量较差。随着运行时间的延长，核电站电缆存在电缆护套开裂、热老化、拉伸强度差、耐辐射性能下降等问题。由于核用电缆在苛刻的环境下使用，它不仅要求高的安全性，而且是核电厂关键的电气设施。当前K1级核级电缆产品严重依赖进口，由于核电站的快速发展、核电站电缆需求的增加，我国亟须研究和开发核电用电缆的全系列产品（K1、K2、K3级核电缆）。

八、环境友好型绝缘材料

（一）环保型气体绝缘

由于全球温室效应加剧，土地资源日益稀缺，在传统架空线路向紧凑型输电走廊发展的建设中，迫切需要探索对环境影响小、绝缘强度高、灭弧性能优异的环保绝缘气体新体系。寻找一种新的能够取代六氟化硫（SF_6）的低温室效应气体显得尤为迫切。相关研究国外开展较早，研究较多的替代气体主要是氢氟碳化物卤族元素和卤代基团取代的烃类化合物，如三氟碘甲烷（CF_3I）、八氟环丁烷（$c\text{-}C_4F_8$）、氟代甲基异丙基酮（$C_5F_{10}O$）、七氟异丁腈（C_3F_7CN）等气体。

20世纪90年代，德国西门子公司已为500kV断路器研制出混合比为60/40的SF_6/N_2，成功地开断了6kA的短路电流。日本对于环保型绝缘气体的研究和应用则主要集中于30% CF_3I + 70% N_2上。该类气体具有良好的环保性，但绝缘性能较SF_6气体弱，在相同低温环境下也更容易发生液化。瑞典ABB公司对氟代甲基异丙基酮与二氧化碳或空气构成混合气体的绝缘与灭弧性能开展了大量研究。研究结果表明：$C_5F_{10}O$含量小于10%的$C_5F_{10}O/CO_2$混合气体，当气压为0.7MPa时，绝缘性能为0.4～0.45MPa SF_6的90%；6% $C_5F_{10}O$ + 11% O_2与二氧化碳混合气体的气压为0.7MPa，开断能力比SF_6下降20%。

美国电力科学研究院和东京大学均提出将$c\text{-}C_4F_8$混合气体用作绝缘介质，中国科学院电工研究所和西安高压电器研究院开展了$c\text{-}C_4F_8$开断特性及其应用研究。混合气体的$c\text{-}C_4F_8$为30%时，绝缘性能约为SF_6的75%～79%，其与CO_2混合的性能优于与N_2混合。实验研究表明，$c\text{-}C_4F_8$含量为10%～20%时，$c\text{-}C_4F_8/N_2$可能作为SF_6的替代气体，需提高设备气压才能满足绝缘要求。

当前，美国、欧洲及我国均提出并实现了4% C_3F_7CN + 96% CO_2在设备或样机中的使用。该类气体具有与SF_6气体相当的绝缘性能和液化温度，却具有良好的环保性。2019年，华北电力大学研究团队与山东泰开电气集团有限公司合作，完成了世界首台 ±100kV环保型直流输电管道样机的研制。该样机以C_3F_7CN/CO_2为气体绝缘介质，通过了力学、绝缘、温升等型式实验项目的考核，形成了涉及环保型绝缘气体应用及气固界面调控的一系列设计原则和指导建议。

（二）环保型油纸绝缘

1. 绝缘纸

随着电压等级的逐渐提高和环境意识的增强，对绝缘纸性能的要求也逐步提高，需要满足绝缘强度、耐热等级和机械强度等的要求。因此，绝缘纸的改进一直是国内外学者关注的焦点。绝缘纸的电气应用要求与其应用对象有密切的关系：在干式变压器中，要求绝缘纸的耐热等级达到 F 级、H 级，且具有较高的机械强度；压板和垫块部位要求具有较高的抗张和抗压特性；变压器器身的禁锢捆绑带要求具有较高的收缩性和伸长率。

20 世纪 60 年代，耐高温聚合物的研究与制造出现高潮，如产生了聚酰亚胺、聚芳酰胺、聚芳砜、聚苯并咪唑等耐高温绝缘材料。在此期间，我国电工产品仍以 A 级、E 级为主。20 世纪 70 年代，我国相继开发了聚酰亚胺、聚马来酰亚胺、聚二苯醚等胶黏剂和薄膜，以及改性环氧、不饱和聚酯、聚芳酰胺纤维纸和复合材料等系列新产品。电工产品耐热等级大批上升为 B 级。1960 年，美国杜邦公司研制生产了属于 H 级的 Nomex 绝缘纸，并以 Nomex 为商标开发出芳香烃聚酰胺等特殊合成配方，被用于变压器用纸张和纸板，适用于那些对电气设备有特别苛刻要求的场所。20 世纪 90 年代，美国杜邦公司又向市场推出其新一代芳纶纸基材料——对位芳纶纸。对位芳纶纸基复合材料具有优异的机械性能、优良的电学性能、良好的耐高温特性、化学稳定性、轻量化和对环境的适应性等特点。当前，该材料已作为优良的变压器绝缘材料、马达电机绝缘材料和电源绝缘材料被广泛应用，在我国的长江三峡水利枢纽工程、西气东输工程和黄河小浪底水利枢纽工程等重大工程项目中也有相关应用。1991 年，日本日立金属公司将聚甲基戊烯（PMP）纤维和纤维素纤维混合制备成复合绝缘纸板，相对介电常数只有 3.5，与传统绝缘纸板垫片相比击穿电压提升了 30%。美国库柏电力系统公司在 2001 年开发了一种在纤维素母体中添加耐高温合成纤维的绝缘纸，使其抗张度、抗撕裂度、耐破度均有所提高。

我国新型绝缘纸的研究主要集中在高校和科研院所，成果未能很好地产业化，国内相关公司还无法与国外大公司在国际市场上竞争。虽然国内关于绝缘纸（板）的改性研究已初见成效，但尚未建立完善的绝缘纸材料微观-介观结构与宏观性能提升之间的关系，也未有健全的理论和模型指导新型绝缘纸的分子设计及模拟仿真优化。新型绝缘材料的研究涉及多学科领域（如材料、化工和电气等）的配合，这就需要不同领域的研究团队相互合作，共同实现。

2. 绝缘油

为开发环保型绝缘油，在过去的几十年里，世界各国的科研机构与企业开展了大量的基础与应用研究，并取得了重要进展。从油成分方面来讲，可将矿物油的替代油分为合成绝缘油、植物绝缘油和混合绝缘油。

合成绝缘油往往是在矿物绝缘油上进行加工改良获得的，存在原料不可再生、合成过程复杂、环境污染等问题，难以推广应用。与合成绝缘油相比，植物绝缘油在原料来源、成本和生物降解性等方面都占有优势。从 20 世纪 90 年代起，植物绝缘油再次成为矿物油替代用油的关注焦点。瑞典 ABB 公司于 1999 年在美国申请了 BIOTEMP® 型植物绝缘油的专利。次年，美国 Cooper 公司基于大豆油开发出 Envirotemp FR3® 型植物绝缘油。英国 M&I 材料公司研制出名为 MIDEL® eN 的植物绝缘油。2009 年，日本 AE 帕瓦株式会社对棕榈油进行了改性，研制出高闪点、低黏度的棕榈植物绝缘油——PFAE（plam fatty acid ester）。在植物绝缘油的应用方面，21 世纪初，Alstom Grid 公司使用 FR3 植物绝缘油研制出 245kV 植物绝缘油电力变压器并挂网运行。2005～2013 年，美国研制并生产出 110～220kV 电压等级植物绝缘油变压器并挂网运行。2014 年，德国西门子公司研制出电压等级为 420kV、容量为 300MVA 的植物绝缘油变压器并投入运营。据环洋市场（Global Info Research，GIR）统计，当前全球在投植物油变压器超过 100 万台，主要分布在北美、东亚、欧洲等地。然而，植物油因其固有特性，无法直接替换矿物油使用，需要对变压器的绝缘结构进行重新设计。但与矿物油变压器相比，植物油变压器的数量及规模都很小，投运年限短，运行经验尚浅，可能存在一些未知的问题，因而并未大规模地推广。

21 世纪初，混合绝缘油被提出替代矿物绝缘油。已有的混合绝缘油有矿物-合成混合绝缘油、矿物油-植物油混合绝缘油等。到目前为止，国外关于混合绝缘油的探索还停留在实验室阶段，研究方向包括混合油的配比、电气性能、老化性能等。国内关于混合绝缘油的研究几乎和国外同时起步，但基于生物降解和成本考虑，国内着重于矿物-植物混合绝缘油的应用研究。从 2003 年开始，重庆大学开始了矿物-植物混合绝缘油的研究，先后提出了矿物油-橄榄油混合绝缘油和矿物油-菜籽油混合绝缘油。这些混合绝缘油的理化电气性能良好，并且能够有效延缓绝缘纸的老化速率。不足之处是黏度、介损等参数仍较大。近年来，很多学者开展了新型混合绝缘油的研究。2017

年，重庆大学研究团队在已有研究成果的基础上研制了一种新型的三元混合绝缘油，其重要参数均严格达到矿物油在电力系统的应用标准，在不改变变压器绝缘结构的情况下可以直接替代矿物油，并于 2019 年初顺利应用挂网，目前运行状况良好。

第三节　关键科学问题与技术挑战

一、关键科学问题

（一）高性能绝缘材料的精确服役特性

聚合物绝缘材料服役过程中，在电、热、机械和环境因素等长期作用下会发生老化，随着服役年限的增加，绝缘材料的长时特性会发生改变，如老化（电热）、劣化、机械和耐热性能降低等。对高击穿场强绝缘材料而言，服役过程中的老化和劣化（包括电树、水树枝老化和劣化）及由此导致的材料击穿破坏是关键科学问题。电晕老化和电痕老化是绝缘材料最常见的两种放电老化形式。工作在电晕老化和电痕老化较严重环境中的电工设备，必须使用耐电晕和耐电痕绝缘材料。此外，风力发电机由于工作在户外较苛刻的环境中，湿度、风沙、污秽、盐雾、辐射、高低温、冷热冲击、机械振动等因素都会加速绝缘材料老化。因而，风力发电机耐电晕绝缘材料必须同时具有较强的耐环境老化能力。应用于航空、航天、军事等领域的器件通常都需在高频、高压、高功率及高温等苛刻的环境下运行，并且要求可靠性高、无故障工作时间长，对散热的要求极高，因此对绝缘材料的导热性、绝缘性能、力学性能、耐热性能提出了更高的综合要求。研究热导率与电气绝缘性能及热力学性能之间的关联关系，以及各种温度下对绝缘材料热导率影响，对高导热绝缘材料在特种运行环境下的绝缘可靠性有重要意义。应用于超导绝缘与深空探测的耐低温绝缘材料，要求具有低收缩率、低介电损耗、抗辐射及低温力学性能优异等特性。应用于核能领域的耐高低温绝缘材料需要具备耐高温、抗辐射老化及力学性能优异等特性。

此外，绝缘材料的劣化与其物理化学结构、材料的寿命和服役环境有关。根据未来第三代电网的发展需求，设备的智能化、小型化及绿色环保等发展目标，必然对材料的抗劣化性能提出新的要求。为满足高击穿、耐电晕、耐电痕、高导热、耐高低温及环境友好等特性要求，绝缘材料应注重化学结构、原料选择、合成路径、老化特性和环境保护等方面。在不同的条件下（如在多物理场、电磁环境、高低温、极性变化等环境中）研究材料的劣化特性，掌握绝缘材料的老化特性，如树枝化产生条件、起始机制和发展过程及对劣化、老化的影响规律，获得特性数据，提出提高材料耐高低温、耐辐射、耐电晕等性能的方法，并在此基础上不断优化材料设计、制造和测试技术，通过添加纳米颗粒等提升绝缘材料的老化特性，实现高性能绝缘材料在未来电网中的应用。

（二）高性能绝缘材料的极限应用理论

未来电网的发展要求涉及很多特殊和新的环境，这将对绝缘材料性能的极限值提出更多的要求，也必将使传统的绝缘介质理论研究不断向特殊环境或微观方面发展。电力设备不断向小型化发展，对绝缘材料尺寸的缩小提出了更高的要求。绝缘尺寸缩小的前提是保证绝缘材料的电、力和热特性在较高的水平。绝缘介质的很多电性能都存在尺度效应。例如，一定范围内随着厚度的减小，聚合物材料的击穿场强增大，无机材料的击穿场强减小。绝缘尺寸的减小也会造成介电响应、局部放电、老化等特性的改变。而绝缘距离的减小会造成放电的发生。未来电力设备的应用环境复杂多变，在高温、高海拔、强电磁辐射、高真空、复杂气氛等特殊环境下，绝缘材料需要承受高温、低气压的沿面闪络、辐照损伤及化学腐蚀等影响。这也会对材料的耐候性及特殊环境下运行的理论提出更大的挑战。

传统的绝缘介质理论需向新的方向拓展。随着纳米复合电介质等高性能绝缘介质的研究和发展，介质物理的研究需向更微观、结构复杂和交叉学科的领域发展。对纳米复合电介质材料而言，纳米颗粒与基体间界面区的介观特性是影响复合材料极化、电荷输运、击穿、老化等电学性能的关键，未来的研究需重点突破微/介观的介电理论，如上述性能的尺度效应。极化的尺度效应是指由于纳米颗粒与基体之间的相互作用，导致纳米尺度的分子链运动受限、纳米复合电介质材料的电荷积聚现象。电荷输运的尺度效应是指界面区的应力弛豫导致的失配位错，以及氧空位等产生不同种类的陷阱，且在复杂的氧化物界面处产生高迁移率的电子系统，进而影响载流子的输运特性。击穿的尺度效应是指击穿主要受纳米尺度界面、粒子分散和团聚及与基体是否相容等因素的影响，其击穿强度（E_b）的提高归结为载流子受界面散射等因素影响，其理化结构缺陷可能使击穿概率的韦布尔（Weibull）分布的形状参数下降，即击穿数据的分散性增加。击穿理论强调表面及界面深、浅陷阱的作用。纳米复合电介质材料老化的尺度效应是指由于老化引起的微观尺度上材料性质的变化，进而影响材料的介观尺度变化，最后引起局部放电与电树。纳米颗粒及其界面效应对老化有抑制和延缓作用。未来需要对纳米复合电介质材料的介观性能进行研究与调控，探索建立微观结构-介观结构-宏观性能（3M）三者相互联系的理论模型。除了电介质理论上的研究外，模拟和仿真分析也是研究纳米复合电介质材料性能和机制的有效手段。基于密度泛函理论（density functional theory，DFT），采用第一性原理计算纳米复合电介质材料界面的电子结构、穿越界面处的介电常数、电子-质子的相互作用、界面的稳定性、界面处的杂质分离等，可以促进纳米复合电介质材料的理论研究。通过比较仿真计算和实验结果分析，修正仿真模型，可以得到纳米复合电介质材料介电性能的变化机制，并预测纳米复合电介质材料可能具备的特性。针对特殊环境下的应用，一方面根据不同特殊环境下的要求，研究获得高温、高海拔、强电磁辐射、高真空、复杂气氛等对绝缘材料性能的影响规律，重点研究材料表面特性与环境相互作用的机制，如沿面闪络的气-固耦合作用机制，获得材料改性对绝缘性能的影响和机制。需要研究的相关理论主要有：真空或复杂气氛下的沿面闪络机制，电磁辐射下的材料损伤、劣化和老化机制，极性翻转下的电荷积聚，高温或温度梯度下绝缘的介电理论等。

未来材料研究和应用的理论突破离不开先进的表征手段。首先需要新的表征手段表征材料的微观结构、形态、粒子的分散性及特性等，如原子力显微镜（atomic force microscope，AFM）、透射电子显微镜（transmission electron microscope，TEM）和太赫兹光谱（terahertz spectrum）技术等。然后，需要进行性能表征和参数的提取，如改进和完善传统表征技术，包括脉冲电声法、热刺激电流法、电导、电致发光、光电子谱、表面电位衰减等表征技术；并开发新的表征技术，如自由体积（正电子湮灭谱）、内聚能密度（cohesive energy density，CED）表征等，以及特殊环境下的测试技术等。最后，需要新的设计和仿真技术实现材料的结构设计和应用，如分子动力学、蒙特卡罗（Monte Carlo）模拟、第一性原理计算等。

（三）高性能绝缘材料的设计、制备与应用

新型可应用的高性能绝缘材料可通过分子仿真、结构设计，加上上述的化学合成和制备技术来制备。首先，需进行大量的实验研究，获得微观结构、化学成分与宏观电性能的关联，获得击穿等性能优异的材料的化学组成、单元结构、分子链结构和状态、聚集态结构和晶区/无定形区结构等。然后，通过分子仿真和计算等手段（如分子动力学、第一性原理计算等）构造出性能优异的材料，并研究材料表现出的微观和宏观性能。接着，尝试获得可靠的化学合成方法，并通过实验获得所设计的高性能绝缘材料样品。最后，采用多种表征手段表征材料的结构、化学组成、物理化学特性、介电响应、击穿、老化等多种形态和特性，获得其特性数据。其中，绝缘材料的设计是关键。未来，高性能的纳米复合电介质的设计特别是界面区的调控和设计是关键。主要的调控技术包括纳米颗粒表面硅烷偶联剂的修饰和功能化处理及界面结构的改变（如单层或双层的壳层结构、壳心结构）。一些纳米复合电介质材料的研究结果已经证实了这些界面调控效应，如聚苯乙烯/$BaTiO_3$、聚偏二氟乙烯/$BaTiO_3$、环氧/AlN 和环氧/氮化硼等纳米复合电介质材料。

随着复合材料特别是纳米复合电介质材料的发展，基于化学方法的合成和制备技术显得尤为重要。当前普遍采用的制备方法有原位聚合法、溶液共混法、溶胶-凝胶法、熔融共混法等。

原位聚合法是将经过表面处理的纳米颗粒加入聚合物单体中，均匀混合，在合适的条件下进行单体聚合，得到纳米复合电介质材料的方法。这种方法的优点是，纳米颗粒不仅能够在基体中均匀分散，而且能够保持自身的特殊性能。另外，在加工过程中，纳米复合电介质材料能够通过原位聚合法一次成型，避免了重复加工导致的性能退化，保证了纳米复合电介质材料性能的稳定性。但是，原位聚合法的工艺复杂，对各种聚合条件（如温度、时间等）的要求高，且聚合度不容易控制，容易生成低聚物，产生杂质，因此还未普遍应用。溶液共混法是使用有机溶剂溶解聚合物基体，在溶解液中加入经表面处理的纳米颗粒，均匀分散，然后蒸发去除溶剂得到纳米复合电介质材料的方法。溶液共混法存在的问题是溶剂不能完全挥发，会影响纳米复合电介质材料的性能。另外，溶解聚合物的有机溶剂往往具有毒性，危害人体健康，造成环境污染。溶胶-凝胶法使用含高化学活性组分的化合物作为前驱体，在液相下将原料进行混合，并经过水解、缩合化学反应，在溶液中形成稳定的透明胶质体系，溶胶经过陈化，胶粒互相聚合，形成三维空间网络结构的凝胶，凝胶经过干燥、固化等工序制备出纳米复合电介质材料。溶胶-凝胶法由于反应条件温和、合成手段丰富等优点而得到广泛应用。然而，溶胶-凝胶法制备过程时间较长，且在干燥过程中溶剂和有机物的挥发会造成材料内部收缩、脆裂，影响纳米复合电介质材料的性能。熔融共混法是将聚合物在一定温度下熔解，形成流动性较好的熔融态，在熔融态中加入纳米颗粒，经过混料机的机械剪切和搅拌作用，使得纳米颗粒在聚合物基体中均匀分散。熔融共混法采用机械应力分散纳米颗粒，不使用溶剂，因此操作简单、适用性强、无污染，适合工业生产。熔融共混法的缺点是存在纳米颗粒团聚现象，分散性较差。未来应不断改进和发展现有制备技术，同时研发能够实现纳米颗粒分散良好、工艺简单、便于应用和环境友好的新型纳米复合电介质材料制备技术，如原位热蒸发技术、原位原子转移自由基聚合（ATRP）和原位可逆加成-断裂链转移（RAFT）聚合等。

二、技术挑战

（一）高击穿场强绝缘材料

高击穿场强绝缘材料主要面临以下几个技术挑战。

（1）突破以往绝缘材料的选择、制造和结构优化流程，从微观化学基团、单元、分子链和形态等结构入手，设计新的材料；在传统电工材料的基础上进行复合材料设计，特别是纳米复合材料，调控界面区，实现新型材料设计。

（2）突破微观化学基团、结构单元、分子链段的表征技术；介观层次界面、晶区/无定形区的表征；宏观局部放电、介电、老化等表征。

（二）智能绝缘材料

智能绝缘材料主要面临以下几个技术挑战。

（1）基于不同修复机制的自修复电介质绝缘材料体系构建；通过调控微胶囊的粒径大小、在基体中的含量变化等措施平衡自修复电介质复合材料的绝缘性能与自修复能力。

（2）在较低的填料掺杂下实现性能稳定优异并且灵活可调的电导自适应特性及较好的导热特性；探明材料的有效工作温度范围，揭示材料冲击耐受特性及其老化机制，长时间电场畸变下的电、热和机械老化特性及其机制，建立自适应材料的寿命预测模型；建立各类高压设备电场分布特性的评估机制。

（三）耐电晕和耐电痕绝缘材料

耐电晕和耐电痕绝缘材料主要面临以下几个技术挑战。

（1）建立并完善聚合物及其纳米复合绝缘材料微观-介观结构与宏观耐电

晕和耐电痕性能的关联关系模型和理论,以此模型和理论为指导,实现新型绝缘材料开发从实验探索转向理论设计,从根本上丰富基础绝缘材料的种类和功能。

(2)发展聚合物及其纳米复合绝缘材料在多环境因子作用下的多时空尺度、多层次结构和性能的表征技术,特别是纳米、微米级尺度的结构和性能表征。

(3)发展聚合物及其纳米复合绝缘材料的制备工艺理论、技术和设备。

(四)高导热绝缘材料

高导热绝缘材料主要面临以下几个技术挑战。

(1)设计和开发低填料高导热复合材料。

(2)对纳米流体的工程应用研究来说,如何使悬浮液获得长期稳定性是一个尚未得到解决的问题。

(五)高储能密度绝缘材料

高储能密度绝缘材料主要面临以下几个技术挑战。

(1)超微薄膜厚度越小,制备越困难,产品成本居高不下。如何降低成本并生产更薄的超微薄膜成为当前的主要问题。

(2)对于高介电常数复合材料来说,如何在控制损耗和介电强度的情况下提高材料的储能密度是当前最主要的挑战。

(六)耐高低温绝缘材料

耐高低温绝缘材料主要面临以下几个技术挑战。

(1)耐高低温绝缘材料的性能模拟与计算机仿真技术。

(2)耐高低温绝缘材料的制造与评价技术。

(3)新型耐高低温绝缘材料的合成技术,涉及化学、电工、材料等多个学科的交叉。

(七)耐辐射和耐候绝缘材料

耐辐射和耐候绝缘材料主要面临以下几个技术挑战。

(1)满足成本低、工艺简便、可大面积复杂曲面施工、良好耐久性要求的超疏水涂料。超疏水涂层的基本绝缘性能、覆冰演变过程及现场覆冰实验研究也需要进一步开展。

（2）开发大面积 BMC 绝缘材料的制备工艺，将其广泛应用于绝缘领域是亟须解决的技术难题。

（3）如何有效模拟空间环境并表征辐照对绝缘材料内部电荷及电性能的影响是耐辐射绝缘材料设计的关键。

（八）环境友好型绝缘材料

环境友好型绝缘材料主要面临以下几个技术挑战。

（1）新型环保绝缘气体的分子设计理论与方法缺乏，气体分子核心绝缘结构及外围配体结构的计算精度与计算效率难以兼顾，需要高效批量计算、筛选环保型绝缘气体分子。

（2）气体分子结构及微观参数与绝缘强度、液化温度、灭弧能力的映射关系尚不明确，需要建立准确度高、适用范围广的构效关系模型。

（3）建立具有宽适应范围的环保型绝缘多元复合气体体系，需深入探索气体多性能协同机制。

（4）新型气体分子的实验室合成与工业化生产制备技术难度大，需解决工程放大过程中的工艺连续性和稳定性问题，提高合成产率和产品纯度。

（5）采用环保型绝缘气体及其混合气体输变电装备的内部故障高灵敏度监测、状态预警及运维检修技术时，环保型气体的分离提纯及回收技术需要与新气体研发同步进行。

第四节　绝缘材料的重点发展方向

一、高击穿场强绝缘材料

随着化学合成手段的日趋成熟，新型高击穿场强绝缘材料的研究和开发成为绝缘材料发展的必由之路。近年来，纳米复合电介质的研究和发展为高击穿场强绝缘材料的发展指明了方向。采用具有绝缘、导电或导热特性的纳米尺度粒子改性聚合物基体，制备纳米复合电介质材料，可以改变介质的微观形态结构，调控介质材料的介电响应特性，实现击穿场强的提高。纳米复合电介质的优异性能来源于纳米颗粒与聚合物基体间的界面区，而通过纳米颗粒的表面化学修饰可以调控界面区的物理化学特性，改变聚合物的微观电荷输运过程，改善聚合物的击穿特性。第二代纳米复合电介质的研究已经证实了界面调控技术对纳米复合电介质介电特性的改善，并且还可以实现聚合物绝缘材料的多种性能同时提升，具有非常广阔的应用前景。

根据当前的研究现状，未来分子结构设计/调控、纳米复合电介质是发展的重点，其主要的发展计划如下：①研究纳米复合电介质材料的制备技术，实现纳米颗粒在聚合物基体中的均匀分散，包括原位聚合法、溶液共混法、溶胶-凝胶法、熔融共混法等方法；②研究纳米颗粒表面处理技术，实现对聚合物基体与纳米颗粒间界面区的调控；③研究新的表征技术，准确表征纳米复合电介质材料的界面结构，提取纳米复合电介质材料的微观介电参数；④探索纳米复合电介质材料的新现象和新效应，研究其界面调控机制，逐步建立起纳米复合电介质材料微观结构-介观结构-宏观性能之间的相互联系；⑤研究纳米复合电介质材料的应用技术，重点研究开发绝缘性能优异、稳定性好、易加工的纳米复合电介质材料。

高击穿场强绝缘材料理论、开发和应用等方面都在不断地发展，现在已有很多研究集中在新材料开发、表征和分析上，未来新型高击穿场强绝缘材料的发展主要有以下几个方面：①在现有的聚合物绝缘材料基础上，通过处理（热、等离子体、辐射、臭氧等）和绝缘结构优化，减小电场集中和电荷分布，提高聚合物介质材料的击穿和老化性能。②深入研究聚合物绝缘介质的击穿理论，在已有研究成果的基础上考虑新的环境和极端效应，丰富和发展电介质的击穿理论。③研究聚合物介质材料击穿等性能的新方法和理论，如仿真计算（分子模拟等）和微观结构表征（原子力显微镜、太赫兹光谱、拉曼光谱等），研究微观机制与宏观击穿性能的关联，尤其是复合材料的表征和性能研究。④研究绝缘材料在未来电网中的应用理论和技术，实现高性能电力设备开发的关键高强度绝缘材料的应用。特别是特殊环境下的应用研究，如高辐射、高低温、真空、高盐雾、强电磁环境等。⑤开发高击穿场强新型绝缘材料，设计分子构成和调控绝缘材料的结构、化学组成、微观参数、形貌等，实现新材料的开发和性能表征。

二、智能绝缘材料

目前，我国在基于自适应材料表面绝缘结构的应用研究中已处于世界领先地位，而对于自适应材料在内绝缘结构中的应用尚停留于仿真设计阶段。早在2012年，国际上即有研究报道成功试制了基于ZnO复合物的145kV自立式交流电缆终端，但我国基于自适应材料的电缆附件还处于空白阶段。近年来，我国中低压电缆附件故障频发；高压500kV直流电缆附件的制造，特别是附件与经过纳米改性的电缆本体绝缘的配合，也面临诸多挑战。因此，发展基于自适应材料的电缆附件是我国本领域研究的重点追赶课题。

自修复绝缘材料研究的目标在于实现固体绝缘材料的主动自修复，同时在基础电学性能和耐候性等方面能够完全替代传统绝缘材料，进而大幅提高材料的长期老化性能，减少固体绝缘的老化事故，延长固体绝缘的使用寿命，提高电力设备乃至电力系统的运行可靠性。此外，降低材料成本和简化工艺也是自修复绝缘材料的研究目标之一。为此需要充分了解绝缘介质的工况条件和绝缘老化过程的物理化学作用，优化材料和结构设计，最大限度降低自修复功能成分的用量，以低掺杂、微改性的方法获得与传统绝缘介质加工工艺兼容的自修复材料设计。

三、耐电晕和耐电痕绝缘材料

我国耐电晕和耐电痕绝缘材料的发展应着重关注以下几个方面。①研究和开发适用于不同环境工况特别是极端和特殊环境条件（湿度、风沙、污秽、盐雾、海拔、真空、辐射、高低温、冷热冲击、机械振动、交直流电场、电磁环境等）要求的耐电晕和耐电痕绝缘材料。②发展研究聚合物绝缘电介质电晕老化和电痕老化的新方法、新理论，采用新的表征手段对不同种类和特征的聚合物及其纳米复合电介质的电晕老化与电痕老化过程中的电、热、声、光等信号及物理化学结构进行深入研究；基于放电老化的物理理论和聚合物材料物理化学理论，采用数值计算和分子模拟方法对电晕老化与电痕老化过程中的电荷输运、电场分布、热场分布、能量转换与耗散、物理化学反应等进行理论研究；通过实验和理论研究，揭示聚合物绝缘电介质的电晕和电痕老化规律及其机制，建立聚合物电介质微观-介观结构与宏观耐电晕和电痕老化性能的关联关系，为耐电晕和耐电痕绝缘材料的研究和开发提供理论基础。③在耐电晕和耐电痕机制理论与结构-性能关联关系的指导下，通过分子化学设计、微观-介观结构（包括多相材料界面结构）设计和调控、合成和制备工艺设计与优化等途径定向制备满足不同需求的新型耐电晕和耐电痕绝缘材料，特别是要加强可控结构的纳米复合耐电晕和耐电痕绝缘材料的研究和开发。

四、高导热绝缘材料

我国高导热绝缘材料的发展应重点在以下几个方面取得突破：①积极开展高导热绝缘材料在各种电、磁场环境下的导热机制理论的完善和多场耦合的导热模型的构建，并积极发展计算机模拟技术；②充分利用现代先进的制备技术，发展低成本、低填充、高热导率、可工业化生产的复合导热绝缘材料，积极开展环境友好的、可循环利用的高压高场用绝缘材料的微纳米复合导热性能研究；③开展无卤阻燃导热绝缘护套材料研究；④积极开展本征导热绝缘材料的研究，从分子层面上设计制备本征高导热高分子绝缘材料；⑤积极利用化学界面修饰手段，解决填充物与基体的模量失配问题，解决复合材料中界面声子散射及热阻增加问题，有效构筑导热通路，能够平衡电场和热场，从机制上解决复杂绝缘体系的长期稳定性和运行可靠性；⑥积极开展导热绝缘材料制备工艺设备、测试设备的研发及标准的制定。

五、高储能密度绝缘材料

在设计和制备高储能密度绝缘材料的过程中，应该从以下几个方面考虑。

（1）从材料本身性能方面考虑，选用高介电强度的材料制备电介质材料，通过改善制备工艺或对材料本身进行改性，改变材料的内部结构，以期获得更好的介电性能和更高的储能密度。

（2）制备高介电常数复合材料，通过在基体中加入可以改善材料性能的填料，综合提升材料本身的介电性能，从而达到提高储能密度的目的。

（3）电解质和电极都可以在很大程度上影响超级电容器本身的性质，因此研发高比表面积电极和能耐受更高电压的电解质，都可以有效提高材料的储能密度。

六、耐高低温绝缘材料

我国在耐高低温绝缘材料的研究中，应主要集中在如下几个方面。

（1）空间领域用高性能耐高低温绝缘材料基础与应用研究，以满足我国空间事业中电绝缘系统的应用需求。

（2）航空领域用耐高低温绝缘材料基础与应用研究，以满足我国民用客机和军机等电绝缘系统的应用需求。

（3）可满足海洋环境应用需求的耐高低温绝缘材料基础与应用研究，以满足我国海洋风能及军民用潜水器电绝缘系统的应用需求。

（4）核能、超导和深空探测领域用耐高低温绝缘材料基础与应用研究，以满足我国新能源等电力系统的应用需求。

（5）纳米技术在耐高低温绝缘材料中的应用研究，以满足我国未来新型绝缘系统的应用需求。

七、耐辐射和耐候绝缘材料

本领域研究的重点为：①发展耐高压、耐热、耐冲击、耐腐蚀、耐潮湿、耐深冷、耐辐射及阻燃材料、环保节能材料；②积极加速传统电工设备用绝缘材料的更新换代，通过外加保护膜、保护涂层，掺杂纳米颗粒等方法完成高强度、强电气性能的绝缘材料的研发，以满足恶劣运行环境的要求；③优化结构，结合不同使用工况研发设计绝缘介质的外在形式与内在结构；④发展低覆冰黏结强度防冰涂料，研究其制备原理、工艺、长效性和实际防冰效果；⑤发展自清洁防潮、防污的新型绝缘材料，研究其在不同湿度、沙尘、污秽等条件下的性能；⑥发展新型耐辐射绝缘材料，开发新型核电用电缆材料，研究其在不同辐射条件下的绝缘性能。

八、环境友好型绝缘材料

（一）环保型气体绝缘的发展思路

（1）研究环保型绝缘气体分子结构的设计、优化与筛选技术、实验室合成方法、工业化制备技术、特性和质量检测技术。

（2）研究环保型绝缘气体的微观参数及其与宏观性能的相关函数，快速筛选综合性能优异的绝缘气体。研究多元气体组分之间绝缘、液化、灭弧等性能的协同机制，探究混合气体在特殊工况下尤其是气液两相动态过程中的绝缘耐受及失效机制。

（3）研究环保型绝缘气体与固体绝缘材料的相容性及其调控方法，研究气固绝缘介质的电、热分解特性及检测方法，研究环保型气固绝缘体系沿面放电机制。

（4）研究环保型绝缘气体在大电流开断下的灭弧条件、分解机制及环境影响，针对不同气体组分及混合比例的气体，确定非平衡态临界击穿场强及弧后绝缘恢复标准，评估气体灭弧特性。

（二）环保型油纸绝缘的发展思路

（1）发展高介电能力、高力学性能的绝缘纸，进一步加强兼具良好力学性能和电学性能的新型绝缘纸的开发与产业化工作。

（2）加强现有 F 级、H 级绝缘材料的推广应用，并在此基础上发展价格适中的新型 F 级、H 级新型耐热纤维素绝缘纸。

（3）发展高环保性能及节能型绝缘纸，关注绝缘纸制造过程中的环境污染与水资源浪费、绝缘纸添加剂的无（少）毒问题和绝缘材料的生物降解性问题等。

（4）加强对绝缘油微观分子结构及基团对绝缘油性能影响的基础研究，揭示不同分子及基团对绝缘油氧化安定性、黏度等性能的影响机制，探索物理添加调控、微观化学设计等优化途径对提升绝缘油氧化安定性、介质损耗、运动黏度等性能的作用，并进一步研究植物绝缘油的精炼工艺。

（5）设计开发基于环保型绝缘油的变压器、电抗器等电力设备，通过环保型电力设备的运行和监测，积累工程运营经验，指导环保型绝缘油在电力设备中应用时的设计优化。

本章参考文献

[1] Ma R, Baldwin A F, Wang C, Offenbach I, Cakmak M, Ramprasad R, Sotzing G A. Rationally designed polyimides for high-energy density capacitor applications. ACS Appl Mater Interfaces, 2014, 6: 10445-10451.

[2] Bauer F, Fousson E, Zhang Q M, Lee L M . Ferroelectric copolymers and terpolymers for electrostrictors: synthesis and properties. 11th International Symposium on Electrets, 2002: 355-358.

[3] Wang S H, Chen P X, Li H, Li J Y. Improved DC performance of crosslinked polyethylene insulation depending on a higher purity. IEEE T Dielect El In, 2017, 24(3): 1809-1817.

[4] 王诗航 . 交联聚乙烯直流绝缘特性与陷阱和结构关联的研究 . 西安：西安交通大学，2018.

[5] Li S T, Wang W W, Yu S H, Sun H G. Influence of hydrostatic pressure on dielectric properties of polyethylene/aluminum oxide nanocomposites. IEEE T Dielect El In, 2014, 21(2): 519-528.

[6] 王威望 . LDPE/Al$_2$O$_3$ 纳米复合电介质界面区特性与击穿关联的研究 . 西安：西安交通大学，2015.

[7] 王思蛟，查俊伟，王俊甫，党智敏 . 纳米 Al$_2$O$_3$ 对低密度聚乙烯高压直流电缆绝缘材料性能影响研究 . 中国电机工程学报，2016, 36(24): 6613-6618.

[8] Christen T, Donzel L, Greuter F. Nonlinear resistive electric field grading part 1: theory and simulation. IEEE Electr Insul M, 2010, 6(26): 47-59.

[9] Strumpler R, Rhyner J, Greuter F, Kluge-Weiss P. Nonlinear dielectric composites. Smart Mater Struct, 1995, 4(3): 215.

[10] Clarke D R. Varistor ceramics. J Am Ceram Soc, 1999, 82(3): 485-502.

[11] Yang X, Hu J, He J L. Adjusting nonlinear characteristics of ZnO-silicone rubber composites by controlling filler's shape and size. 2016IEEE International Conference on Dielectrics (ICD), 2016, 1: 313-317.

[12] Yang X. , He J, Hu J. Tailoring the nonlinear conducting behavior of silicone composites by ZnO microvaristor fillers. J Appl Polym Sci, 2015, 132(40): 42645.

[13] Yang X, Meng P F, Zhao X L, Li Q. How nonlinear V-I characteristics of single ZnO microvaristor influences the performance of its silicone rubber composite. IEEE T Dielect El In, 2018, 25(2): 623.

[14] Yang X, Zhao X L, Hu J, He J L. Grading electrical field in high voltage insulations by composite materials. IEEE Electr Insul M, 2018, 34(1): 15.

[15] Wang X, Nelson J K, Schadler L S, HillborgH . Mechanisms leading to nonlinear electrical response of a nano p-SiC/silicone rubber composite. IEEE T Dielect El In, 2010, 17(6): 1687-1696.

[16] 郑欢, 李忠华, 郭文敏, 翟浩琪. 非线性绝缘的长周期梯形波响应特性测试系统. 高电压技术, 2008, 34(2): 256-259, 274.

[17] 郑欢, 李忠华, 黄志鹏, 郭文敏, 韩永森. 非线性绝缘电介质AC介电特性参数及其测量. 中国电机工程学报, 2013, 33(4): 201-208.

[18] Debus J, Hinrichsen V, Seifert J M, Hagemeister M . Investigation of composite insulators with microvaristor filled silicone rubber components. 10th IEEE International Conference on Solid Dielectrics (ICSD), 2010: 1-4.

[19] Gao L, Yang X, Hu J, He J L. ZnO microvaristors doped polymer composites with electrical field dependent nonlinear conductive and dielectric characteristics. Mater Lett, 2016, 171(15): 1-4.

[20] Zhao X L, Yang X, Hu J, Wang H. Grading of electric field distribution of AC polymeric outdoor insulators using field grading material. IEEE T Dielect El In, 2019, 26(4): 1253.

[21] Li C Y, Lin C J, Hu J, Liu W D, Li Q, Zhang B, He S, Yang Y, Liu F, He J L. Novel HVDC spacers by adaptively controlling surface charges–Part I: charge transport and control strategy. IEEE T Dielect El In, 2018, 25(4): 1238-1247.

[22] Yang Y , He J L, Li Q, Gao L, Hu J, Zeng R, Qin J, Wang S X, Wang Q. Self-healing of electrical damage in polymers using superparamagnetic nanoparticles. Nat nanotechnol, 2019, 14(2): 151.

[23] Johnston D R, Markovitz M. Corona-resistant insulation, electrical conductors covered therewith and dynamoelectric machines and transformers incorporating components of such insulated conductors. US4760296.

[24] Meloni P A. High temperature polymeric materials containing corona resistant composite filler, and methods relating thereto. US20040249041A1.

[25] Katz M, Theis R J. New high temperature polyimide insulation for partial discharge resistance in harsh environments. IEEE Electr Insul M, 1997, 13(4): 24-30.

[26] Bolon D A, Irwin P C. Electrically conductive articles comprising insulation resistant to corona discharge-induced degradation. US5552222A.

[27] Draper R E, Jones P G, Rehder R H, Stutt M . Sandwich insulation for increased corona resistance. US5989702A.

[28] Yin W, Barta D J. Pulsed voltage surge resistant magnet wire. US6060162A.

[29] Kumagai S, Yoshimura N. Influence of single and multiple environmental stresses on tracking and erosion of RTV silicone rubber. IEEE T Dielect El In, 1999, 6(2): 211-225.

[30] Kumagai S, Yoshimura N. Tracking and erosion of HTV silicone rubber and suppression mechanism of ATH. IEEE T Dielect El In, 2001, 8(2): 203-211.

[31] 蓝磊, 文习山, 蔡登科, 刘辉. RTV/纳米层状硅酸盐复合绝缘的抗电痕性. 高电压技术, 2005, 31(4): 19-20.

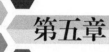

第五章
先进半导体材料发展战略研究

本章将详细介绍半导体材料在电气工程学科发展和电力装备制造中的重要作用。在回顾半导体材料发展历程的基础上，重点介绍硅半导体材料及器件、碳化硅半导体材料、氮化镓半导体材料及其他半导体材料（金刚石、氮化铝、氧化镓）和功率模块封装材料，详细分析这些材料国内外研究现状和发展趋势。在分析对比的基础上，阐明我国在先进半导体材料方向上与发达国家的差距，归纳出我国需要解决的关键科学问题和技术挑战，并结合我国的实际情况指出应该重点发展的方向。

第一节　半导体材料的战略需求

20世纪是能源革命的世纪，智能电网和新能源开发两大领域的兴起，标志着新能源革命的到来。在这场以能源为主导的跨越式跨产业的新技术革命和新产业革命中，如何更高效、更便利地利用电能是能源革命的关键所在。电力电子技术涉及电磁能量的变换、控制、输送和存储，通过半导体功率器件对电能进行高效率变换，可以获得高品质电能。将电力电子技术应用于发电、输电、变电、配电、用电、储能，可以将电网中的工频电能最终转换成不同性质、不同用途的高质量电能，以适应各种用电装置的不同需要，并起到改善供电质量、提高用电效率、控制电能消耗、促进节能环保的作用。因此，电力电子技术是实现智能电网和新能源开发的关键基础技术，其核心是采用半导体材料制造的电力电子器件。当前，电力系统正进入电力电子化的时代，采用电力电子器件代替传统的铜、铁等机械开关，可以大幅提高开关频率、降低机械疲劳、提高开关可控性、提升可靠性。将电力电子技术与信息技术融合，可以提高电力系统的信息化水平，是实现电力系统升级换代的核心技术。

半导体材料主要用于制造各种电力电子器件，如二极管、晶体管、晶闸管等，其物理化学及电、磁等特性直接影响着各类以电力电子器件为基础的电力电子系统的性能和水平。半个多世纪电力电子技术的发展证明：没有领先的电力电子器件，就没有领先的电力电子装备，电力电子器件对电力电子技术领域的发展起着决定性的作用。就像中央处理器（central processing unit，CPU）是一台计算机的心脏一样，电力电子器件是现代电力电子装置的心脏。电力电子器件的价值通常不会超过整台装置总价值的 10%～30%，但它对装置的总价值、尺寸、重量和技术性能起着十分重要的作用。从历史的角度看，电力电子器件像一颗燃起电力电子技术革命的火种，一代新型电力电子器件的产生，必然带来一场电力电子技术的革命。1957 年，美国通用电气公司研制出世界上第一只工业用普通晶闸管，标志着电力电子器件的诞生。电力电子器件的发展经历了以晶闸管为核心的第一阶段、以 MOSFET 和 IGBT 为代表的第二阶段，现在正在进入以宽禁带器件为代表的新发展阶段。

我国的半导体材料与器件学科与发达国家几乎同时起步，但是由于各种原因，现阶段我国电力电子器件的水平远远落后于发达国家。近年来，由于国家产业政策的扶持和推动、经济发展的持续增长、节能减排需求的驱动、安全战略的纵深谋虑、信息化社会对电能品质要求的不断提高，我国电力电子学科及其技术得到快速的发展。国家自然科学基金，科学技术部 863 计划和科技支撑计划，工业和信息化部、发展和改革委员会的各类重大项目，对电力电子学科都给予了极大的支持，使其在基础研究、技术水平、产业规模、产业链条完善和标准体系建立等方面都取得了较大进展。但是，与发达国家相比，我国的电力电子技术还有不小的差距。当前，硅材料和器件技术取得了不断的突破，但是距离国际先进水平仍有一定差距，特别是从高性能功率 MOSFET 及 IGBT 器件的发展水平方面来看，我国与国外优秀公司还有不小的差距。在碳化硅材料及器件方面，我国具备了成熟的 4 英寸碳化硅单晶技术和产业，但是与国际先进的 6 英寸碳化硅单晶技术相比差距明显，特别是在产业化能力方面具有被拉大差距的风险。我国的碳化硅 MOSFET 器件也刚刚处于实验室试制、中试阶段，而国外碳化硅 MOSFET 器件已经更新到第三代产品。碳化硅的厚外延生长质量有待提高，直接导致我国在超高耐压（>10 000V）的碳化硅电力电子器件的研发方面进展缓慢；在硅基氮化镓材料及器件上，我国的产业化技术相对迟缓，而且在氮化镓本征衬底及外延方面也落后于日本及欧美地区的国家。在前沿的金刚石、氮化铝和氧化镓材料及器件的研究方面，我国也处于刚起步的阶段。最近几年，我国功率器件的封装水平有了比较大的发展，但是在高温封装及宽禁带电力电子器件的封装上还有明显不足。发展先进半导体材料、努力提升我国电力电子器件及相关装置和设备的水平，对国民经济的发展具有重要意义。

第二节　半导体材料的研究现状与发展趋势

一、硅材料及器件

（一）硅材料

从 20 世纪 50 年代开始发展至今，硅材料的理论研究和工艺水平都是所有半导体材料中最成熟的。硅材料也是产量最大、应用最广的半导体材料，它的产量和用量标志着一个国家的电子工业水平。电子工业上使用的硅材料应具有高纯度及优良的电学和机械等性能，当前先进电力半导体硅材料主要被日本和德国的企业垄断，美国、韩国和中国台湾的企业也占有一定的市场份额。从技术水平和规模看，国外半导体材料行业排名前几位的公司有日本信越化学工业株式会社、日本 SUMAC、德国瓦克等。目前，这三家企业的产品占据了全球 70% 以上的市场份额。

当前，国外通过直拉法（vertical pulling method，CZ 法）获得的大直径硅单晶抛光片和在其上制备的外延片及绝缘体上的硅（silico-on-insulootor，SOI）材料的主流产品是 8 英寸和 12 英寸，6 英寸的占比较小。区熔法（zone melting method，FZ 法）由于生长工艺的限制，大直径化非常困难，8 英寸区熔硅单晶产业化也只是近几年的事情。目前，国外区熔硅单晶的主流产品仍以 6～8 英寸为主。除了向更大的尺寸发展，如何进一步提高硅单晶片的平整度、掺杂均匀性并减小晶体缺陷和杂质数量也是硅单晶硅材料发展的方向。直拉法与区熔法生长的单晶硅的特性如表 5-1 所示。

表 5-1　直拉法和区熔法生长硅单晶的特点比较

	直拉法	区熔法
加热方式	坩埚或石墨加热	无接触，高频感应加热
最大直径	450mm	200mm
杂质含量	相对较高	很低，尤其是氧
电阻率	一般可达 $100\,\Omega\cdot cm$	可达 $10\,000\,\Omega\cdot cm$
晶体缺陷	缺陷相对较多	无位错，有少量空位缺陷
少子寿命	一般可达 $200\mu s$	本征寿命可达 $1\,000\mu s$
应用领域	分立器件、集成电路、太阳能电池等	高压大功率器件、探测器等

我国硅材料的研发起步处于国际前列，20 世纪 50 年代就组建了一批半导体材料厂并获得了首批研究成果。之后，由于各种原因，我国的半导体材料行业停滞了数十年，直到 80 年代初才开始复苏。尤其是直拉硅单晶，我国已落后国际先进水平 20～30 年。目前国际主流的直拉硅单晶产品为 12 英寸，而国内 8 英寸直拉硅单晶的关键技术尚未突破，仍以 6 英寸以下产品为主。我国区熔硅单晶目前与国际先进水平持平。天津环欧半导体材料技术有限公司（以下简称环欧公司）拥有各类与国际先进水平持平的 8 英寸区熔硅单晶，包括本征区熔硅单晶、中子辐照区熔硅单晶、气相掺杂区熔硅单晶等。自 2000 年以来，区熔硅单晶的发展一直有力支撑着我国电力电子产业的发展。2002 年，环欧公司拉制出我国第一颗 6 英寸区熔硅单晶，2011 年又成功拉制出我国第一颗 8 英寸区熔硅单晶，环欧公司多年的努力使我国在区熔硅单晶技术水平方面与国际先进水平相当。

（二）硅器件及应用

由于硅材料的发展时间长，技术成熟稳定，因此各种硅器件的性能也已经基本达到或接近硅材料本身的极限性能。硅功率半导体器件的先进技术主要掌握在美国、欧洲和日本等少数发达国家和地区的企业中，如美国的仙童半导体（Fairchild）、安森美半导体（ON Semicondutor）公司，德国的英飞凌公司，瑞典的 ABB 公司，日本的三菱电机、瑞萨科技、富士电机、美国 IXYS 公司等。当前商业化的硅功率二极管主要是 PIN 二极管和肖特基势垒功率二极管。同时，将 PN 结二极管低导通损耗、优良的阻断特性和肖特基势垒二极管高频特性结合于一体的结型势垒肖特基二极管（JBS）、混合式 PIN-肖特基二极管（MPS）、沟槽金属-氧化物-半导体（metal-oxide-semiconductor，MOS）型肖特基势垒二极管（TMBS）等新器件也逐渐商业化。此外，MOS 控制二极管（MCD）或超势垒二极管（SBR）由于具有低的正向导通压降和良好的反向恢复特性，在低电压领域也逐渐得到应用。在高电压领域，当前仍主要采用 PIN 结构。商业化的 PIN 二极管产品电压等级已达 6500V。在功率开关器件方面，中低压领域以功率 MOSFET 和 IGBT 为代表的 MOS 型功率开关器件得到广泛的应用。而在高压大电流领域，传统的功率开关器件 [如可控硅整流器（SCR）、GTO 和 IGCT 等] 仍具有较大的市场。由于基于 SCR 的功率开关器件驱动复杂、开关速度慢，随着 IGBT 向更高的电压等级和更大功率容量发展，在电压高达 6500V 的领域内，IGBT 有逐渐取代 SCR、GTO 和 IGCT 等的趋势。同时，功率开关器件和反并联二极管集成的各种器件（如 RC-IGBT 等）也得到迅速发展。此外，在片内集成过压、过温、过流等保护的智能型功率开关器件也是业界研究的重点。

在功率集成电路方面，迄今已有系列产品问世，包括两相步进电机驱动器、三相无刷电机驱动器、直流电机单相斩波器、PWM 专用集成电路（integrated circuit，IC）、线性集成稳压器、开关集成稳压器、电源管理电路、半桥或全桥逆变器等。在功率集成技术领域处于领先地位的著名国际公司有德州仪器（TI）、仙童半导体、美国国家半导体（NSC）、Power Integration（PI）、国际整流器（IR）、飞思卡尔（Freescale）、意法半导体集团（STMicroelectronics）、IXYS 公司、Harris 公司、Intersil 公司、SGS 公司、安森美公司、三菱电机、日本东芝公司、日立金属公司等，它们已将功率集成电路产品系列化、标准化。

我国硅器件的研发起步比较早，20 世纪 60 年代就开始了晶闸管的研究工作，70 年代已能研制出大功率的晶闸管，但在国内半导体产业发展的过程中，功率器件的作用长期以来没有得到足够的重视，发展速度远远滞后于集成电路。虽然当前国内普通二极管、三极管的自给率已经很高，但是高档的功率二极管 [如快恢复二极管（FRD）] 大部分还是依赖进口，而且国内产品的性能与国外先进水平还有不小的差距。当前，国内晶闸管类器件产业相对成熟，种类齐全，普通晶闸管、快速晶闸管、超大功率晶闸管、光控晶闸管、双向晶闸管、逆导晶闸管、高频晶闸管等都能生产。中车集团现在可以生产 6 英寸 4000A/8500V 超大功率晶闸管，居世界领先水平，已经在国内的机车上大量使用。国内在功率 MOS 领域，已能生产包括超结（super junction，SJ）结构在内的平面和沟槽栅 VDMOS 器件。但在器件性能和可靠性方面与国外先进水平仍有不小的差距。近几年，在国家政策及重大项目的推动及市场牵引下，我国的 IGBT 研究得到迅速发展，呈现出 IGBT 芯片和模块封装技术全面蓬勃发展的大好局面。目前，基于 6 英寸和 8 英寸的平面型和沟槽型

600V、1200V、1700V、2500V、3300V、4500V、6500V IGBT 芯片已研制成功，部分进入量产。同时，IGBT 功率模块和基于全部自身芯片（FRD、高压驱动 IC）的 IPM 模块已研发成功，封装技术和产业取得了重大进展。

二、碳化硅

（一）碳化硅单晶

从碳化硅晶体生长技术发展至今，物理气相传输（physical vapor transport，PVT）法已成为当前生长大尺寸、高质量碳化硅单晶最成熟、最有效、最成功的生长方法，被普遍用于生长碳化硅晶体。目前，国际上只有少数几个机构掌握了物理气相传输法生长碳化硅单晶的关键技术，其原因在于物理气相传输法生长过程难以控制，有许多工艺参数都会影响最终的晶体质量（包括微管和其他晶体缺陷）。

美国在碳化硅晶体生长方面处于领先地位。美国 Wolfspeed 公司是全球最重要的碳化硅和碳化镓等半导体材料及其器件的制造商，碳化硅晶体主要的产品有 2～6 英寸的 4H 导电类型和半绝缘类型衬底片。2015 年 10 月，Wolfspeed 公司开发了 n 型 200mm 碳化硅单晶衬底材料技术。美国 Ⅱ-Ⅵ 公司的宽禁带半导体材料事业部拥有完整的碳化硅晶体生产技术，是全球另一家重要的碳化硅晶体材料供应商。该公司的主要产品为导电和钒掺杂 4～6 英寸的 4H-碳化硅衬底片。2015 年底 Ⅱ-Ⅵ 公司也报道了 8 英寸碳化硅单晶衬底技术。德国 SiCrystal 公司已投产几乎不存在微管缺陷的 3 英寸衬底。微管的密度大多小于 $3cm^{-2}$，位错密度约为 2 万 cm^{-2}。德国 SiCrystal 公司已加大衬底直径的研究，现在可提供 4 英寸衬底，碳化硅导电类型衬底的生产能力达 500 片/月。新日本制铁公司早已开展新一代功率半导体衬底材料的碳化硅晶片业务，2009 年 4 月 1 日起开始销售直径为 2～4 英寸（50～100mm）的碳化硅晶片。所有产品的中空贯通缺陷（微管）的密度均降到 $1cm^{-2}$ 以下，位错密度为数千至数万 cm^{-2}。

当前，国际上碳化硅单晶的重点研究内容主要是以下几个方面。①大直径单晶生长。碳化硅衬底的价格高昂，如何扩大衬底直径一直是碳化硅单晶生长的重点研究方向，碳化硅单晶尺寸及微管密度的变化及趋势如图 5-1 所示。②新型生长方法。溶液生长是近平衡态生长模式，具有结晶质量高、缺陷密度低的优点。目前，通过加入过渡金属，将溶液中碳的溶解度提高了 20 多倍，可实现体块单晶的生长。如何发挥溶液生长的优势，获得大直径高质量碳化硅单晶材料，是现阶段溶液生长的重点研究方向。③应力与缺陷密度控制。随着碳化硅单晶直径的增加，单晶中的应力消除、位错缺陷的降低和转化等问题会影响器件的产率和可靠性。

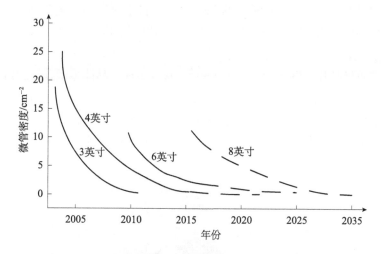

图 5-1　碳化硅单晶尺寸及微管密度的变化及趋势

　　我国在碳化硅单晶方面的研究起步较晚，在国家政策及政府专项资金的支持下，国内碳化硅单晶发展迅速，从无到有，单晶直径和质量逐步提高。国内开展碳化硅晶体生长研究的单位有中国科学院物理研究所、中国科学院上海硅酸盐研究所、山东大学、中国电子科技集团公司第四十六研究所、西安理工大学等。产业化公司主要有北京天科合达半导体股份有限公司、山东天岳晶体材料有限公司、河北同光晶体有限公司等。目前，国内碳化硅单晶直径已达 6 英寸，微管密度与国际产品相当，可提供 n 型、半绝缘等不同类型的衬底材料。特别是用于电力电子器件的 n 型碳化硅衬底材料已经实现了电阻率 <0.02 Ω·cm、可用面积超过 90% 的目标，满足国内制备电力电子器件的需求。需要指出的是，和国际先进水平相比，国内的碳化硅单晶衬底质量还有较大的差距，特别是在用于电力电子装备的高压大容量碳化硅器件方面，这些应用对衬底的要求更加苛刻，如要求尺寸更大、微管密度和位错密度更低等，因此仍需要针对基本科学问题进行深入研究。

　　北京天科合达蓝光半导体有限公司在国内首次建成了一条完整的从生长、切割、研磨到化学机械抛光的碳化硅晶片中试线，建成了百级超净室，开发出碳化硅晶片表面处理、清洗封装工艺技术。目前公司主流产品是 2～6 英寸的碳化硅晶片，其中 6 英寸碳化硅晶片产品于 2014 年研发成功，2018 年实现批量化生产，其碳化硅晶体生长研发和产业化能力整体水平处于国内领先地位。山东天岳晶体材料有限公司是以研制、生产半导体晶体及衬底材料为主的高科技企业，主要生产 2 英寸、3 英寸、4 英寸、6 英寸导电及半绝缘碳化硅单晶衬底。中国科学院物理研究所采用自主研发的碳化硅晶体生长炉，2006 年成功研发出 2 英寸导电型和半绝缘型碳化硅晶体，并实现了商业化供应，2012 年，生长出高质量的 2 英寸、3 英寸、4 英寸的 4H-碳化硅、6H-碳化硅晶体，最佳质量晶片微管密度可小于 $1cm^{-2}$，基本实现了晶体零微管。2014 年底，国内某公司在国内率先研发出 6 英寸导电型 4H-碳化硅晶体，经过工艺优化，提升了晶体生长质量，同时解决了晶体在生长过程及后续加工过程的开裂等一系列科学和技术问题，并成功地实现了产业化成果转化（图 5-2）。

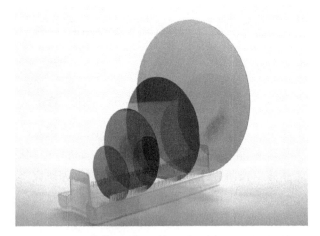

图 5-2　国内某公司研发的 2～6 英寸碳化硅晶片 [1]

（二）碳化硅外延

增大碳化硅外延晶片尺寸是降低碳化硅功率器件成本的关键途径。随着碳化硅衬底制造技术的不断提高，碳化硅外延晶片已从过去的 2 英寸、3 英寸，逐渐发展到当前主流的 4 英寸、6 英寸。另外，随着碳化硅功率器件耐压等级要求的不断提高，碳化硅外延晶片的厚度也从过去的几微米、十几微米发展到当前的几十微米、上百微米，最高达到 250μm 以上。另外，降低碳化硅外延层表面缺陷，是提高碳化硅功率器件成品率、降低制造成本的关键途径。因此，降低外延层表面缺陷是外延工作的重点，表面缺陷密度逐年降低，已从过去的每平方厘米几个缺陷，降低到小于每平方厘米只有一个缺陷的水平，最低缺陷密度达到小于 0.2cm^{-2}。

随着碳化硅外延生长技术的不断进步，主要发达国家竞相发展碳化硅功率器件制造技术。近两年来，多家国际大公司快速向以使用 6 英寸外延晶片为主导的 6 英寸碳化硅功率器件制造工艺转移，碳化硅器件产品也在向高压端扩展。目前已实现 10kV 级的碳化硅器件有肖特基二极管、PIN 二极管、MOSFET、IGBT、GTO、晶体管等，单管器件的最高电压达到 27kV 以上，而其中碳化硅 IGBT 晶体管是 10kV 以上级电力电子器件研发的重点。

目前我国碳化硅外延材料以 3 英寸、4 英寸为主，已研制出 6 英寸碳化硅外延晶片，且基本实现了商业化。专业从事碳化硅外延晶片设计、生产、销售的公司有两家，分别是东莞市天域半导体科技有限公司（与中国科学院半导体研究所合作）和瀚天天成电子科技（厦门）有限公司。这两家公司实现了碳化硅外延层材料的 n 型和 p 型两种掺杂技术，可为国内外客户提供包括单极型和双极型碳化硅功率器件在内的各种器件结构材料。另外，还提供 100μm 级、200μm 级厚碳化硅外延晶片产品，可满足 10kV 和 20kV 级碳化硅功率器件的研制与生产需求。当前，尽管国内已掌握不少碳化硅衬底及外延的关键生长技术，商业化的 4 英寸碳化硅衬底、外延片的缺陷密度仍然相对较高，许多国内的外延厂商依旧不能完全采用国内的衬底片。同时衬底、外延生长的关键设备技术还主要在国外。其次，国内当前虽已开展碳化硅晶圆的缺陷表征研究及标准统一，也取得了阶段性成果，但尚未得到最终定性的可执行的标准方案。同时，碳化硅衬底及外延缺陷的表征技术主要依赖于国外自动化检测设备，部分设备型号及更新速度严重受限于其他国家的政策，同时关键检测技术方面自主深入的空间受到一定限制。

（三）碳化硅器件与应用

随着国际上碳化硅功率器件技术的进步，制造工艺从 4 英寸升级到 6 英寸，器件产业化水平不断提高，碳化硅功率器件的成本迅速下降。全球碳化硅功率器件市场的发展趋势如图 5-3 所示。2017 年全球碳化硅功率器件（主要是碳化硅 JBS 和碳化硅 MOSFET）的市场规模接近 17 亿元。Yole 公司预测，2017～2020 年，碳化硅器件的复合年均增长率超过 28%；到 2020 年，市场规模达到 35 亿元，并以超过 40% 的复合年均增长率继续快速增长。预计到 2025 年，全球碳化硅功率器件市场规模将超过 150 亿元，到 2030 年，全球碳化硅功率器件市场规模将超过 500 亿元。国内碳化硅器件的市场将占据国际市场的 40%～50%。

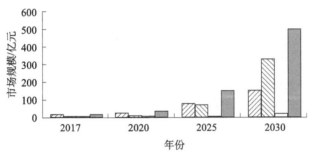

图 5-3 全球碳化硅功率器件市场预测 [2]

当前国际上主要的碳化硅功率器件产业化公司有美国 Wolfspeed 公司、德国 Infineon 公司、日本 Rohm 公司、欧洲的意法半导体集团、日本三菱电机，占据了国际市场的近 90%。另外，美国通用电气公司、日本丰田集团、日本富士电机、日本东芝（Toshiba）公司、MicroSemi 公司、USCi 公司、GeneSiC 公司等公司也开发了碳化硅功率器件产品。在碳化硅二极管产品方面，美国 Wolfspeed 公司、德国 Infineon 公司已经推出了五代碳化硅 JBS 产品；其中美国 Wolfspeed 公司的第四代及以前的产品为平面型，第五代为沟槽型，并且在第五代 650V 器件中采用了晶圆减薄工艺，将碳化硅晶圆由 370μm 减薄至 180μm，进一步提高了器件的性能。日本 Rohm 公司开发了三代碳化硅二极管，最新产品也采用了沟槽型结构。德国 Infineon 公司的前四代碳化硅二极管以 600V、650V 产品为主，从第五代开始推出 1200V 产品，即将推出第六代低开启电压的碳化硅 JBS 产品。在 MOSFET 器件方面，美国 Wolfspeed 公司推出 600V、1200V 和 1700V 共三个电压等级、几十款平面栅 MOSFET 器件产品，电流从 1A 到 50A 不等。2017 年 3 月，美国 Wolfspeed 公司发布了 900V/150A 的碳化硅 MOSFET 芯片，是当前单芯片电流容量最大的碳化硅 MOSFET 产品；日本 Rohm 公司的碳化硅 MOSFET 产品有平面栅和沟槽栅两类，电压等级有 650V 和 1200V；意法半导体集团开发了 650V 和 1200V 两个电压等级的碳化硅 MOSFET 产品，德国 Infineon 公司也推出了沟槽栅的 1200V 碳化硅 MOSFET 产品。另外，GeneSiC 公司开发了 1200V 和 1700V 的碳化硅 BJT 产品，德国 Infineon 公司和 USCi 公司开发了 1200V 的碳化硅结型场效应晶体管（junction field-effect transistor，JFET）产品。在研发领域，国际上已经开发出 10kV 以上的 JBS、MOSFET、结型场效应晶体管、GTO 等器件样品，以及 20kV 以上的 PIN、GTO 和 IGBT 器件样品。由于受到碳化硅材料缺陷水平、器件设计技术、芯片制造工艺、器件封装驱动技术及市场需求的制约，以上高压器件短期内无法实现产业化。在碳化硅器件结构设计方面，国际上对于碳化硅二极管、MOSFET 等有多代较成熟的产品，在 GTO、IGBT 等器件上也有较多研究，但并未大规模商业化。

在碳化硅器件关键工艺方面，国际上也在开展碳化硅材料的深槽刻蚀、多次外延、外延回填、高温高能离子注入、高温退火、栅氧生长及钝化等研究。这些研究主要用于碳化硅超级结及浮空结器件的研制、碳化硅双极性器件的寿命增强及碳化硅 MOSFET 器件的沟道性能与栅极可靠性增强。在碳化硅器件封装方面，国际上主要开展适用于高温工作的新型封装技术以发挥碳化硅器件的高温优势，开展耐辐射的新型封装工艺来配合碳化硅器件的辐射耐量，开展低寄生参数的互连方式来抑制碳化硅器件在高开关速度下的电流、电压过冲。在碳化硅功率集成方面，国际上已在开展高工作温度、抗辐射的碳化硅集成驱动，以及元胞级集成的碳化硅新型电路。在碳化硅器件的应用方面，国际上主要在考察碳化硅 MOSFET 在具体工况下的短路、雪崩能力，以及碳化硅二极管器件的浪涌能量。同时，国际上也在开展碳化硅商用器件在实际应用工况和高温、高偏置、高开关速度、高湿、高辐射等极端工况下的长期可靠性及高温高频下的动态工作特性及其安全工作区的研究。

国内关于碳化硅器件的研制起步较晚，由于受碳化硅材料发展水平的限制。初始阶段还主要集中于仿真计算，成功制作器件的阻断电压普遍较低，性能也差强人意。"十三五"期间，我国掀起了宽禁带功率半导体材料和器件产业化的浪潮，碳化硅功率器件产品以二极管产品为主，尚未实现产业化。在研发领域，我国距离国际先进水平有较大的差距，最高电压等级的碳化硅器件是 17kV 的碳化硅 PIN 二极管，最大容量的碳化硅器件是 3300V/50A 碳化硅 JBS 二极管。我国具备了 1200～3300V 碳化硅 MOSFET、1200～4500V 碳化硅 JFET 等芯片的研发能力，最大单芯片电流容量为 25A。目前国内有多家企业建成或正在建设近 10 条 4～6 英寸碳化硅芯片工艺线。这些工艺线的投产，将会大大提升国内碳化硅功率器件的产业化水平。中国电子科技集团公司第五十五研究所于 2011 年与 2013 年成功研制出 2700V、4500V 结型势垒肖特基二极管。2014 年，浙江大学研制出 6000V 的 JBS 芯片。同年，泰科天润半导体科技（北京）有限公司研发出 3300V/10A 碳化硅肖特基二极管，比导通电阻为 $7.77\text{m}\Omega\cdot\text{cm}^2$。2015 年，中国电子科技集团公司第五十五研究所成功研制出 10kV 的 JBS。由浙江大学牵头，联合中国电子科技集团公司第五十五研究所和山东大学等单位，成功研制出 4500V/50A 的 JFET 功率模块，在碳化硅功率器件领域缩小了我国与国际领先水平的差距。在碳化硅 MOSFET 的研制上，中国电子科技集团公司第五十五研究所、西安电子科技大学和中国科学院微电子研究所也相继研制出 900V、1200V 和 1700V 的 MOSFET 样品。

在碳化硅器件结构设计方面，国内已有多家厂商研究碳化硅二极管、MOSFET 的设计制备流程，并取得了较满意的成果，但主要设计思路创新性不足，容易触碰专利壁垒。同时，国内还欠缺基于市场应用的可靠性研究，尚无法大规模市场化。在碳化硅器件关键工艺方面，国内有部分学术机构在开展利用深槽刻蚀及侧壁注入工艺来实现碳化硅超级结的研究，而受限于晶体生长技术的不足，对于多次外延、外延回填方面研究较少。同时，国内用于碳化硅的高温高能离子注入设备与高温退火设备仍主要在部署和实验阶段，对于少子寿命调控及注入损伤修复还有待进一步研究。在碳化硅器件封装方面，国内也有开展用于碳化硅的高温封装技术研究，但是初期成本较高，数量相对较少。在碳化硅器件的应用方面，国内也在研究碳化硅 MOSFET 在具体工况下的短路、雪崩能力，以及碳化硅二极管器件的浪涌能量。

三、氮化镓

（一）异质外延氮化镓材料

硅衬底氮化镓材料的成本优势显著，易获得尺寸大、导热性好的材料，而且器件制备可以有效兼容传统硅集成电路 CMOS 工艺，是当前工业界普遍采用的技术路线。国际上，硅上氮化镓异质外延技术的研究始于 20 世纪 90 年代末。随着工艺条件的改进和相关技术的突破，近些年硅上氮化镓异质外延技术取得了较大进展，外延晶体质量不断提高，晶片尺寸不断增大。目前 4 英寸和 6 英寸 GaN-on-Si 晶圆已经实现商用化，6 英寸硅衬底上氮化镓外延是产业界广泛使用的规格，市场中 90% 的氮化镓功率材料与器件生产线都是 6 英寸的；一些科研机构和公司相继报道了 8 英寸 GaN-on-Si 晶圆的研究成果。2012 年，新加坡材料与工程研究院（IMRE）报道了 200mm AlGaN/GaN-on-Si(111) 晶圆。同年，新加坡微电子研究院（The Institute of Microelectronics）和荷兰 NXP 宣布合作开发了 200mm GaN-on-Si 晶圆及功率器件技术。比利时 IMEC 公司、美国 IR 公司、美国 IQE 公司、日本 Dowa 公司和德国 Azzurro 公司等公司也正在开发 200mm GaN-on-Si 外延技术。

国内关于氮化镓材料的研发工作起步于 20 世纪 90 年代。中国电子科技集团公司第十三研究所、中国电子科技集团公司第五十五研究所、中国科学院微电子研究所、西安电子科技大学等单位于 2002 年前开始了关于氮化镓基微波放大器件的研究工作，为氮化镓材料及功率器件的研究提供了相当好的经验和指导，已经形成了良好的氮化镓材料研究平台基础。2004 年之后，南昌大学、中国电子科技集团公司第十三研究所、中国电子科技集团公司第五十五研究所、中国科学院半导体研究所和中山大学陆续开展了硅衬底氮化镓异质外延材料与器件的研发工作，重点方向包括发光二极管（light-emitting diode，LED）领域、功率开关器件领域应用等。同时在企业方面，国内厦门三安光电股份有限公司、苏州晶湛半导体有限公司、东莞中镓半导体科技有限公司等在氮化镓材料和器件方面也开展了相关的研究工作，推动了异质外延氮化镓材料产业化应用的发展。2014 年之后逐渐出现了商用 6 英寸硅衬底氮化镓晶片，但规模较小。

（二）异质外延氮化镓器件及应用

异质外延氮化镓电力电子功率器件的研发主要以美国的 Transphorm 公司、宜普电源转换公司（EPC）及加拿大的 GaNSystems 公司为代表。美国 Transphorm 公司的氮化镓产品以 600V 为主，其氮化镓高电子迁移率晶体管（high-electron-mobility transistor，HEMT）为常开型器件，一般需要通过级联硅-MOSFET 实现常关工作。2013 年 3 月 14 日，美国 Transphorm 公司发布了第一批符合联合电子设备工程委员会（Joint Electron Device Engineering Council，JEDEC）工业标准的 600V 硅基氮化镓功率器件，主要应用于服务器电源（PFC）、发动机驱动、DC-DC 转换器等。2014 年 9 月，美国安森美半导体公司与美国 Transphorm 公司合作提供了基于氮化镓的电源系统。2014 年，EPC 公司相继推出 40～200V 低压增强型氮化镓产品，主要应用于高频 DC-DC（直流-直流）转换器、医疗设备、光伏逆变器件及 LED 照明等方面。氮化镓 Systems 公司开发了新型了增强型器件设计技术和封装技术，实现了 650V 的氮化镓器件产品，适用于高频率、高频率功率转换应用，如内置充电器、400V DC-DC 转换器、逆变器、不间断电源、电动机驱动、AC-DC（交流-直流）电源（PFC 和初级）及超高频（VHF）小型电源适配器。

国内开展氮化镓电力半导体器件研制的起步较晚。由于外延材料发展及工艺制造技术水平的限制，尚处于初始阶段，主要是通过理论计算和物理仿真的手段，了解氮化镓电力半导体器件的基本特性。2010 年以来，国内西安捷威半导体公司已经尝试在蓝宝石衬底氮化镓异质外延材料上开发电力电子器件，并成功实现了世界第一款 2000V/1A 的单管保护开关器件。2012～2015 年，苏州捷芯威半导体有限公司（并购西安捷威半导体公司）经过不断深入研究器件结构及特性机制，开发了多项工艺制造流程，不断在硅基衬底氮化镓异质外延材料上实现了耐压 200～600V，电流等级从 1～25A 不同规格的氮化镓电力电子三极管和二极管器件，部分特性已达到业界先进水平。苏州能讯高能半导体有限公司于 2012 年成功建设了国内第一条 IDM（Internet Download Manager）模式氮化镓电子器件生产线，已经达到年产量 6000 片的产能。另外，中国科学院半导体研究所、北京大学、中国科学院微电子研究所等科研机构也开始对氮化镓电子器件进行研究。同时，我国政府也启动了 863 项目，大力度支持国内相关企业对氮化镓电子半导体的研究，逐渐缩小了与国外先进水平的差距。

（三）氮化镓本征衬底、外延及应用

近几年来，氮化镓单晶衬底的制备技术取得了突破性进展。基于生长速度可到 100μm/h 以上的氢化物气相外延（hydride vapor phase epitaxy，HVPE）生长技术，以日本、美国为首的研究团队在氮化镓单晶衬底的研发上取得了突破性进展，已经初步实现了 2 英寸氮化镓衬底的产业化。在此基础上，针对氮化镓同质衬底上的电力电子器件开展了重点攻关，取得了一系列显著的成果。

日本住友电工公司于 2010 年利用氮化镓衬底，研制出耐压 1100V、导通电阻仅为 0.7mΩ 的肖特基二极管（Schottky diode），器件的功率优值达到创纪录的 $1.7GW/cm^2$，超出了碳化硅器件的理论极限。同时，也进一步验证了氮化镓肖特基二极管器件的反向恢复参数明显优于碳化硅及硅器件。日本丰田公司瞄准电动汽车的应用市场，一直致力于氮化镓同质衬底上的电力电子器件的开发。近两年以来，他们取得了突破性的进展，实现了大尺寸氮化镓肖特基二极管器件的开发，击穿电压达到 790V，正向导通电流达到 50A。同时，基于氮化镓衬底开发了氮化镓 MOSFET 增强性器件，阈值电压为 7V，击穿电压达到 1600V。美国 Avogy 公司将氮化镓自支撑衬底上肖特基二极管器件的击穿电压提高到 3700V，同时实现了大尺寸（$16mm^2$）氮化镓肖特基二极管器件的开发，击穿电压达到 700V，正向导通电流达到 400A。从 Avogy 公司的研究进展来看，氮化镓同质衬底上电力电子器件的极性性能要优于碳化硅材料。在低压阶段，目前已经完成了产品开发。

我国氮化镓晶片的研制从"九五"时期开始，持续得到国家 863 计划、国家自然科学基金等的支持，中国科学院苏州纳米技术与纳米仿生研究所、南京

大学、中国科学院半导体研究所、北京大学等在氮化镓氢化物气相外延生长的研究方面取得很大进展。近几年以来，在国家、地方政府产业化项目的支持下，以苏州纳维科技有限公司为首的国内相关研究机构和产业化企业，在氮化镓晶片的产业化开发上取得了重要的突破。目前已经实现了 2 英寸氮化镓衬底晶片的稳定生产，其晶体质量达到国际先进水平，基本满足了国内电力电子器件对衬底材料的要求，但是在产业规模、晶体尺寸等方面仍需进一步发展。

由于我国在氮化镓本征衬底的产业化刚刚取得突破，氮化镓单晶衬底同质外延技术及相关电力电子器件的研发尚处于起步阶段，仅有中国科学院上海微系统与信息技术研究所、中国科学院苏州纳米技术与纳米仿生研究所、深圳大学、浙江大学等少数几个研究单位针对肖特基二极管器件开展了初步的研究，因此急需在同质外延、器件结构设计、工艺加工等关键技术上重点布局。

四、其他半导体材料

氧化镓、金刚石和氮化铝材料作为禁带宽度更宽的半导体材料，可能用来制造具有更低电阻、更高工作功率、更高工作温度的功率器件，其器件性能有望超越碳化硅和氮化镓。未来，基于金刚石、氮化铝和氧化镓材料的功率器件在对性能要求非常苛刻的应用领域可能具有广泛的应用前景。

（一）金刚石

在 21 世纪初，美国的卡耐基研究所利用微波等离子体化学气相沉积在同质外延生长高质量大面积单晶金刚石方面实现了首次突破，生长速率达到 150μm/h 以上 [3]。在此基础上，日本成立产学研联合攻关团队，从 2005 年到 2011 年耗资 40 亿日元，研制并产业化了 1 英寸单晶金刚石衬底，于 2013 年实现了 1.5 英寸衬底的产业化，且于 2014 年研制出 40mm×60mm 的单晶金刚石衬底，之后开始了 2 英寸金刚石衬底的研制 [4]。德国奥格斯堡大学的 Schreck 等于 2017 年研发出尺寸接近 4 英寸的异质外延单晶金刚石 [5]。2019 年，日本的 Sawabe 团队利用图形法显著降低了 MgO/Ir 为衬底的异质外延单晶金刚石的内应力和缺陷，将位错密度降低到 $10^6 cm^{-2}$，获得了当前异质外延单晶金刚石的最高结晶质量 [6]。

在掺杂方面，p 型金刚石是通过硼元素掺杂实现的，其电离能为 0.36~0.37eV。对于硼掺杂金刚石，当载流子浓度为 10^{17}~$10^{19} cm^{-3}$ 时，金刚石呈现半导体特性；当载流子浓度超过 $10^{20} cm^{-3}$ 以后，金刚石在室温下呈现出金属特性，甚至在低温下表现出超导特性，这是硼掺杂诱导的强电子-声子耦合效应的结果；n 型金刚石是通过氮或者磷元素掺杂实现的，氮元素在金刚石中的激活能约为 1.4eV，且氮元素的掺入会引起金刚石晶格畸变，因此尚未实现金刚石的 n 型掺杂。磷在金刚石中是一个相对深的施主，施主能级 E_a=0.57eV。1996 年，Koizumi 等在〈111〉晶向的衬底上通过外延技术生长磷掺杂金刚石。2016 年，Koizumi 团队将室温下 n 型磷掺杂的迁移率提升至 10^{60} cm^2/(V·s) @ 2×10^{15} cm^{-3}，是目前报道的最高水平[7]。

在金刚石晶体管领域，发展最快的是基于氢终端沟道的金刚石场效应晶体管。在金刚石表面为氢终端的情况下，能够产生一层厚度大约为 10nm 的二维空穴气[8]，其面内空穴浓度能够达到 10^{14} cm^{-2}，空穴迁移率为 50～200cm^2/(V·s)。1994 年，Kawarada 等首先利用氢终端金刚石表面沟道制备了增强型金属-半导体场效应晶体管（MESFET）[9]。日本科学家 Kasu 等在 2008 年研制的多晶氢终端导电沟道 MESFET 获得了 120GHz 的最高频率，并一直保持至今[10]。2012 年，Hirama 将其最大源漏电流密度提高至 1.35A/mm，为金刚石 FET 目前的最高值[11]。意大利、英国、以色列、新加坡等国的科学家在氢终端金刚石表面转移掺杂方面进行了大量的研究，利用 F4-TCNQ、C_{60}、$C_{60}F_{48}$、MoO_3、V_2O_5、ReO_3、Nb_2O_5 等材料提高氢终端沟道载流子浓度，降低方块电阻[12-14]。日本国立材料研究所在 MIS 和 MOS 结构晶体管方面开展了大量的研究工作[15,16]，2017 年利用臭氧将氢终端沟道部分处理成氧终端，实现了常关型金刚石 FET，并将其击穿电压提高至 >2000V；2018 年，又将金刚石晶体管在 1GHz 频率下的输出功率密度提高至 3.8W/mm[17]。同年，中国电子科技集团公司第五十五研究所将金刚石晶体管介质频率提高至 70GHz[18]。

金刚石肖特基二极管的研发于 1990 年前后展开。日本产业综合技术研究所已经开发出正向电流密度大于 3000A/cm^2，击穿场强大于 6MV/cm，并且能够在 400～1080℃ 下稳定工作 1500h 的功率肖特基二极管。法国科学家在 2010 年实现了击穿电压接近 10kV 的金刚石肖特基二极管。日本产业综合研究所、日本国立质材料研究所等研究机构和有关大学在大面积单晶金刚石薄膜的生长方向也开展了许多研究，利用微波等离子体化学气相沉积，在低甲烷浓度的情况下外延生长金刚石薄膜。美国正在利用金刚石 N-V 自旋量子特性大力开发量子计算机，它的成功研制将使武器系统智能化水平大大提升。同时，他们利用金刚石与生物细胞的亲和性，开发出脱氧核糖核酸（deoxyribonucleic acid，DNA）传感器，被美国军方用于生物武器的研制。2013 年，美国国防部高级研究计划局（Defense Advanced Research Projects Agency，DARPA）制备了基于金刚石的氮化镓高电子迁移率晶体管，大幅降低了器件结温，改善了晶体管热性能，提高了射频系统性能。

当前国际市场高品级人造金刚石基本由 Element Six 和 Diamond Innovations 等公司垄断，产品已形成系列化、多样化、专用化。相比起来，我国金刚石研究至少落后数年的时间。虽然国内从事 CVD 金刚石研究和生产的公司很多，但绝大部分都是开发刀具用 CVD 金刚石。西安交通大学率先在国内开展英寸级单晶金刚石衬底及其电子器件的研发，已研制出 40mm × 40mm 同质外延单晶金刚石衬底，以及 25mm × 25mm 异质外延单晶金刚石衬底；初步实现了金刚石 n 型掺杂，p 型掺杂载流子迁移率最高达到 374cm^2/(V·s)，载流子浓度最高可达 10^{19}cm^{-3}，氢终端沟道二维空穴气迁移率达到 196cm^2/(V·s)，Pd 与氢终端金刚石比接触电阻率低 4.97×10^{-7}cm^2；利用热氧化方法实现了常关型的金刚石场效应晶体管，开关比达到 10^9，研制的肖特基二极管正向导通电流密度到达 7570A/cm^2，击穿场强为 4.2MV/cm[19]。中国电子科技集团公司第十三研究所研制的金刚石微波功率场效应晶体管在 2GHz 频率下输出功率密度为 0.745W/mm[20]，中国电子科技集团公司第五十五研究所研制的金刚石射频场效应晶体管截止频率高达 70GHz，最大频率为 80GHz[21]。北京科技大学成功获得了 4 英寸多晶金刚石衬底，可作为窗口和导热材料使用。西安电子科技大学、哈尔滨工业大学在金刚石单晶衬底异质外延技术、场效应晶体管方面开展了研发工作。

尽管我国在金刚石研究方面也进行了大量的工作，但是与发达国家还有明显差距。主要表现在：关键工艺设备依赖进口，没有自主知识产权，容易遭到国外封锁；单晶金刚石衬底无法在国内稳定获取；英寸级单晶金刚石晶圆质量有待提高，尚未实现产业化；没有掌握先进的大面积单晶金刚石薄膜的生长工艺；p 型和 n 型掺杂技术尚未成熟，载流子浓度和激活效率有待提高。这些重大缺陷导致我国金刚石电子器件的研究严重滞后。在科学技术方面，无论是从材料生长中涉及的新原理、新工艺、器件性能的提升、新结构新功能器件的研发与应用，还是器件模型和模拟平台的建设，都有大量技术问题与核心科学问题需要攻克。

（二）氮化铝

目前国际上关于氮化铝单晶晶体的生长方法主要采用氨热法、液相外延法、物理气相传输法和氢化物气相外延法等，其中被实验证明最有效和广泛应用的方法是物理气相传输法。高温氢化物气相外延法是一种制备氮化铝籽晶的优选方法，所制备的氮化铝单晶材料在光学透射率方面性能优异。经过几十年的探索研究，美国的 CrystalIS 公司、HexaTech 公司、Nitride Crystals 公司及德国的 CrystAl-N 公司均宣称已经获得 2 英寸的氮化铝晶片。但这些晶片只有近 75%~85% 的面积是单晶，还无法满足商业化应用的需求。最早突破氮化铝单晶生长技术的 CrystalIS 公司已经成功地将制备的高质量氮化铝衬底应用于紫外 LED、深紫外量子阱 LED 及毫瓦级深紫外 LED 等器件的制造。2019 年 5 月 7 日，美国的 HexaTech 公司宣称研制出目前为止晶体质量最好、无宏观缺陷的 2 英寸氮化铝单晶晶片。这一突破表明高质量 2 英寸氮化铝晶片产品的批量化生产很快就会实现，给 AlN /AlGaN 基高性能电力电子器件的规模化研制带来了希望。2012 年，美国能源部高级研究计划局资助美国 HexaTech 公司 220 万美元，用于研制和发展生长大尺寸、高质量氮化铝晶体技术和开发新的掺杂方案，以及研究高铝组分 AlGaN/AlN 的金属接触电极，为实现工作电压达到 20kV 的 AlN/AlGaN 肖特基二极管和晶体管（JFET、MOSFET）做好高质量材料的准备。

我国在氮化铝晶体生长方面的研究进展较缓慢，一直落后于国际先进水平，仍然面临很多困难需要克服。挑战一：缺乏大尺寸的籽晶，而且籽晶接长的继承性较差。挑战二：除了氮化铝晶体生长技术工艺面临巨大挑战外，氮化铝晶体生长设备尚需优化。目前氮化铝的生长环境中难以避免碳、氧等杂质的污染，将会严重影响氮化铝晶体在深紫外波段的性能，也会干扰氮化铝晶体的掺杂效率，退化器件的性能，限制其在高温、高频、大功率等领域的应用。目前，国内只有中国科学院物理研究所、中国科学院半导体研究所、中国电子科技集团公司第四十六研究所、上海大学、北京大学、山东大学和深圳大学等几家单位开展了物理气相传输法生长氮化铝晶体的初步研究，但均未取得重大突破。最近，国内第一家从事氮化铝晶体生长的公司苏州奥趋光电技术有限公司称已研制出国际上第一块直径达到 60mm 的氮化铝晶片[22]，如图 5-4 所示。该晶片在 260~280nm 范围内的紫外吸收系数为 14~21cm^{-1}，接近国际先进水平，但不对外销售氮化铝晶片产品。因此，国内要实现氮化铝晶体产品的规模生产和应用还要加大对相关研究的支持，促进氮化铝晶体材料质量的提升和稳定产业化生产技术的形成。

图 5-4 苏州奥趋光电技术有限公司研制的 60 mm 的氮化铝晶体照片[22]

（三）氧化镓

为全面推进氧化镓功率半导体材料与器件的研究，日本、德国、美国等近年来通过了一系列氧化镓材料和器件的战略研究计划。2000 年左右，日本早稻田大学获得了 1 英寸单晶，β-氧化镓单晶生长取得突破[23]。自 2000 年起，日本的东北大学、国立材料研究所等多个研究机构对其进行了详细的研究[24-26]，采用浮区法在 O_2/N_2 气氛下进行 β-氧化镓晶体的生长，最大直径为 1 英寸，长度约为 50mm[27]。2008 年，日本并木精密宝石株式会社成功生长出 2 英寸的 β-氧化镓单晶，并系统分析了导模法生长晶体初始时刻的晶体生长参数，明确了影响晶体生长的关键因素[28]。2016 年，日本田村公司已经可以获得 4 英寸的晶体[29]。目前，日本田村公司已经准备量产 4 英寸单晶衬底，并且已经制备出了 6 寸的晶圆。德国的晶体生长研究所也对该晶体的生长进行了系统的研究，通过提拉法在高压条件下已生长出 2 英寸 β-氧化镓单晶[27-29]。此外，国际上也报道了对于 n 型 β-氧化镓晶体的制备研究，可通过锡和硅等施主元素的掺杂实现电子浓度 $10^{16} \sim 10^{19} cm^{-3}$ 大范围调控。

得益于单晶衬底生长技术的发展，主流的氧化镓材料生长研究主要围绕 β-氧化镓同质外延进行。利用氢化物气相外延、MOVPE 和分子束外延（molecular beam epitaxy，MBE）三种材料外延方法生长的 n 型掺杂的氧化镓外延薄膜都已经实现了高性能器件的制备[30-38]，掺杂元素包括硅、锡和锗[39-42]。其中，分子束外延薄膜的质量较高，载流子迁移率与体块单晶相当[41]，但外延膜厚度较小，主要应用于平面型 MOSFET 的沟道层，掺杂浓度可以实现 $10^{16} \sim 10^{19} cm^{-3}$ 的精确控制。日本国家信息与通信技术研究所在 2012 年制备出以 Sn 掺杂氧化镓为沟道层的 MESFET 器件[43]。2018 年，俄亥俄州立大学利用分子束外延法调制掺杂，在 $Ga_2O_3/(Al_xGa_{1-x})_2O_3$ 界面实现了二维电子气，低温下迁移率达到 $2790 cm^2/(V·s)$，并制备出 MODFET[36]。2019 年，通过调制掺杂实现的 MODFET 的截止频率已经达到 27GHz，同时最大源漏电流密度达到 $260 mA/mm$[44]。此外，利用分子束外延法引入氮元素，实现了常关的水平 MOSFET 器件，开启电压高于 8V，表明 N 的引入形成了反型沟道[45]，为常关型 Ga_2O_3 基 MOSFET 器件提供了新的研究方向。MOVPE 是一种最具产业化前景的薄膜外延方法。2019 年，利用 MOVPE 方法，在（010）衬底上已经可以实现高质量、高电子迁移率、低背景载流子浓度的外延，电子迁移率在室温下达到 $176 cm^2/(V·s)$，背景载流子浓度达到 $7.4 \times 10^{15} cm^{-3}$[46]。同时，也可以在（010）衬底上实现 $10^{17} \sim 10^{19} cm^{-3}$ 的精确控制[39]。氢化物气相外延法生长 β-氧化镓薄膜的突出优点是生长速度较快，可以达到几 $\mu m/h$ [47]，所以主要用来制备厚度较大的漂移层，掺杂元素一般为硅，掺杂浓度可低于 $10^{15}cm^{-3}$ [40]，并且具有较小的杂质浓度，因此常用于肖特基二极管漂移层的制作。截至 2018 年，由 Novel Crystal Technology 公司生长的氢化物气相外延薄膜，在载流子浓度为 $3.18 \times 10^{15}cm^{-3}$ 时，室温迁移率达到 $149cm^2/(V \cdot s)$，在低温（约 77K）时，迁移率接近 $5000cm^2/(V \cdot s)$，是报道的迁移率最高的样品 [40]。美国的康奈尔大学开发的肖特基二极管和 MOSFET 的耐压分别达到 2.44kV 和 1.6kV [38,48]。

综上所示，在材料制备方面，β-氧化镓基单晶材料的制备已取得较大进展，位错密度比氮化镓材料体系低，尺寸较大，而且借鉴蓝宝石成熟的导模法可实现低成本、大尺寸且 n 型掺杂可控的单晶材料。然而，无论是提拉法还是导模法生长的 β-氧化镓晶体，单晶重复性和一致性都较差，导致晶体利用率低。同时，由于 β-氧化镓具有单斜结构，而且在（100）方向容易解理，因此大尺寸单晶衬底的切割和抛光工艺尚不成熟。得益于单晶衬底的发展，外延技术也取得较大突破，如采用氢化物气相外延法实现低位错密度和低掺杂漂移层外延材料，采用分子束外延法实现高迁移率二维电子气等。尽管 β-氧化镓原位 n 型掺杂已得到解决，但 p 型掺杂仍然是没有解决的难题，因此无法实现双极性功率电子器件。功率器件领域已经取得了一些器件验证上的进展，从导通电阻和击穿电压之间的关系来看，已经超过了硅的极限，并且正在向靠近碳化硅和氮化镓性能的方向进展。而实验中得到的 β-氧化镓器件的击穿场强可以很容易达到并超过氮化镓的理论击穿场强（3.5MV/cm）。比较可靠的巅峰击穿场强已经达到 5.9MV/cm [24]。不考虑基于氧化镓单晶纳米片器件，水平型 MOSFET 器件的击穿电压达到 2.32kV [49]，垂直型 MOSFET 达到 1.6kV，垂直型肖特基二极管的击穿电压达到 2.44kV。

在国内体块单晶方面，山东大学、中国科学院上海光学精密机械研究所、同济大学、中国电子科技集团公司第四十六研究所等单位先后开展了 1~2 英寸 β-氧化镓单晶的生长研究，但晶体尺寸普遍较小，大尺寸切片加工工艺不成熟，无法完全满足大尺寸器件研制的需要 [50-52]。南京大学、北京大学、西安电子科技大学等在氧化镓单晶外延方面也取得重要突破。南京大学团队采用氢化物气相外延法在 2 英寸蓝宝石衬底上实现了高质量氧化镓薄膜外延，同时采用雾化输运辅助化学气相沉积（MIST-CVD）方法在蓝宝石衬底上获得了摇摆曲线半宽仅为 54 弧秒、螺旋位错密度小于 10^8cm^{-2}、表面粗糙度小于 2nm 的 α-氧化镓单晶厚膜（8μm）[53]。通过厚膜外延可制备自支撑氧化镓衬底，解决体单晶制备遇到的瓶颈问题，而且可在低成本情况下实现亚稳相高质量氧化镓的外延。国内在功率器件方面也逐渐取得突破进展。西安电子科技大学最近通过转移氧化镓薄膜在蓝宝石衬底的方法制作了水平型肖特基结构，使击穿电压超过 3000V，直流功率密度达到 500MW/cm^2[54]。中国科学院微电子研究所制备了开启电压为 7V 的增强型 MOSFET。南京大学、中国电子科技集团公司第十三研究所和中国电子科技集团公司第五十五研究所、电子科技大学等单位在 β-氧化镓和 β-(AlGa)$_2$O$_3$ 高耐压肖特基二极管和 MOSFET 器件方面也取得研究进展 [55]。

五、功率模块封装材料

功率模块封装材料主要包括直接敷铜（direct bonded copper，DBC）陶瓷基板、基板材料及焊锡互连金属材料等。陶瓷基板材料中常用的陶瓷材料有氧化铝、氧化铍（BeO）和氮化铝三种。这三种材料中，氧化铍粉末对人体有害，在制造加工过程中必须有极好的通风及粉末吸收等相关设备来解决这个问题，因此氧化铍基板的价格居高不下。氮化铝基板没有氧化铍的毒性问题，且热膨胀系数和硅最接近，就性能而言，氮化铝比氧化铍好得多，但氮化铝基板的使用普遍性远低于氧化铝基板，原因是成本太高。除了以散热为优先考虑的情况以外，氮化铝基板与氧化铝基板竞争的优势不明显。氧化铝如此普及，是因为氧化铝工业化量产技术早已开发出来，并且制造成本低廉，而氮化铝基板之所以无法被大量运用是因为尚没有很好的方法制造氮化铝。由热力学计算可知，氧化铝比氮化铝稳定许多，在烧制氮化铝时，必须掌握好所需的条件，烧制环境不好控制，在氧含量稍高时，部分氮化铝会氧化成氧化铝。对于已烧结好的氮化铝基板，后续处理过程也可能在氮化铝表面生成薄薄的一层氧化铝，相当于在氮化铝外围覆盖一层绝热的氧化铝，破坏氮化铝基板的优良导热性能。纯的碳化硅并非电绝缘体，必须添加少量的氧化铍或氧化硼以增加其电阻率。碳化硅基板无法大量使用的主要原因是尚未开发出合适的共烧导体及工艺，且烧制出来的碳化硅介电常数偏高，对于要考虑传输速率、延迟时间等电器性能的基板而言不合适，因此只适合做热沉材料。直接敷铜法是基于氧化铝陶瓷基板的一种金属化技术，最早出现于20 世纪 70 年代。80 年代中期，率先由美国通用电气公司的直接敷铜研制小组将其实用化。与钼锰法封接工艺相比，该方法属于薄膜工艺，热阻较小，结合强度高，可以满足电子器件对基板的绝缘耐压高、载流能力强、热导率高等性能的要求。直接敷铜技术是利用铜的含氧共晶液直接将铜敷接在陶瓷上，在铜与陶瓷之间只存在很薄的过渡层，去除了敷铜层与陶瓷之间的低热导率焊料，降低了热阻。

传统基板材料以纯铜基板为主，纯铜基板虽然有最高的热导率，但是因为热膨胀系数（thermal expansion coefficient，CTE）与 AlN 陶瓷不匹配，通常不能用来制作高温模块。金属基复合材料可以通过调节成分比，达到和陶瓷相匹配的热膨胀系数，因此在功率模块基板中得到很好的应用。铜基复合材料拥有较高的热导率，但是它的密度更大且成本更高，因此在基板选择时，需要在材料的热导性、重量、价格之间进行权衡，以便做出最合适的选择。铝碳化硅（AlSiC）是一种颗粒增强金属基复合材料，铝合金做基体，碳化硅颗粒做增强剂，通过改变碳化硅的体积、尺寸及基本成分，可以获得不同性能的 AlSiC 材料，兼具单一金属所不具备的综合性能优势。AlSiC 的主要特点是热导率高、强度高、密度低、刚性高、硬度理想，且可通过修改金属铝和碳化硅颗粒的比例来匹配 AlN 的热膨胀系数，从而防止空洞或剥离失效。

传统锡铅焊料 $Sn_{63}Pb_{37}$ 为锡铅低共熔点合金，其共晶温度为 18℃，具有良好的可焊性、导电性及较低的价格等优点而得到广泛应用。然而，含铅焊料的大量使用给生态环境带来严重危害。世界上许多国家已经停止或限制使用锡铅焊料，推出具有良好性能的无铅焊料。与传统锡铅焊料相比，目前无铅焊料的润湿性普遍较差，提高无铅焊料的可焊性主要集中在改进焊接工艺、微合金化改善焊料合金组分、改善基板镀层和助焊剂成分等方面。其中，焊接界面性能是影响焊接可焊性的最重要因素之一。与焊料相连接的两个导体界面元器件引出端及焊盘材料必须具有可焊性。

自 20 世纪 90 年代以来，化学镀镍浸金（electroless nickel immersion gold，ENIG）成为印制电路板（printed-circuit board，PCB）表面镀层的主要材料之一，广泛应用于电子线路板生产工艺中。特别是近年来随着无铅化电子制造工艺的推广，无铅 ENIG 镀层的应用越来越普遍。该镀层主要是为了防止铜引线和焊盘的氧化，同时保证焊盘的可焊性。焊料可焊性较低时，在组装中常出现各种互连缺陷、焊点缺陷等。焊锡珠现象是表面贴装生产中的主要缺陷之一，锡珠主要集中出现在片状阻容元件的某个侧面，直径为 0.2～0.4mm。锡珠不仅影响焊接板的外观，而且组件密集处焊锡球的产生会引起电路短路并影响焊接质量，导致电路板作废。锡珠的产生是由很多因素造成的，如焊膏成分、再流焊中温度的设置、焊膏的印刷厚度、模板的制作、贴装压力等，甚至外界的环境也会导致产生锡珠。其中，焊料表面氧化物的含量会显著影响焊接质量。如果氧化物含量高，焊料表面的氧化层太厚将会降低焊料合金的熔合性，则会导致产生锡珠。焊料的颗粒尺寸分布也会影响焊锡球的产生。焊料合金粒度越小，焊膏的总体比表面积就越大，较细粉末的氧化度越高。同时，颗粒尺寸小的焊粉在焊料熔化之前容易随着焊剂的流动离开沉积处，使小颗粒焊料不能与基体金属表面熔合，在沉积四周形成小的锡球。

日本政府于 1999 年 1 月出台了"无铅焊锡标准化的研究开发"计划。日本松下电器产业株式会社和千住金属工业株式会社联合开发出了一种无铅合金，其中银的含量为 3%～5%，铜的含量为 0.5%～3%，余量为锡。该合金有良好的延展性和润湿性能，能够形成高强度、高质量的接头，但其熔点（217～227℃）偏高，增加了施焊的难度。JIEP 的无铅焊料则主要集中在对 Sn-Ag-Bi 合金系的研究上。研究发现，Bi 含量大于 7 % 的合金会变得脆性很大，焊点起皱现象是一个十分严重的问题，但是在 Sn-Ag-Cu 合金中添加适量的 Bi 则不会使合金变得更脆。Sn-Zn 和 Sn-Cu 也被认为是有应用潜力的无铅焊料合金。由 Marconi Materials Technology 主持实施的 ICEALS 计划对超过 200 种合金进行了研究，发现不到 10 种无铅焊锡是可行的。合金的开发与筛选是在 $Sn_{3.8}Ag_{0.7}Cu$ 三元共晶系的基础上适量添加 Bi、Ni、Sb 等完成的。同时，该项研究的重点包括确立各种焊接工艺的参量范围，研究在保证产品可靠性的基础上通过反复实验确立不同基板、不同元器件等条件下的焊接温度及时间参数。

我国是一个电子组装和出口大国，焊锡的无铅化问题对经济的影响重大。在近年的全球无铅化进展过程中，我国各级部门对这个问题也给予了充分的重视。国家发展和改革委员会、国家经济贸易委员会、国家环境保护局等政府机构多次联合研究院所、大中企业等召开无铅政策及技术研究会，讨论我国无铅产品应对欧盟指令的政策及技术措施。各电子组装学会、焊接学会等相关学会、协会也积极采取各种措施，在各级企业中宣讲欧盟政策、各国应对措施及无铅材料和技术的进展。但是，我国无铅焊料的研究起步较晚，对无铅电子封装材料的研究工作做得还很少，主要集中在新合金系列的开发和对国外已开发的无铅焊料的分析上。中南大学的研究团队提出通过在低熔点 Sn-Zn 无铅焊料中添加适量的稀土元素，提高 Sn-Zn-Bi 焊料的润湿性的方法。北京工业大学研究团队以 Sn-Ag-Cu 合金为研究对象，分析了银铜配比对焊料合金熔化温度、力学性能的影响。我国的无铅产品目前还主要依靠进口或合资生产。国内企业可以生产不涉及专利的二元合金，而以 Sn-Ag-Cu 三元合金为主流的无铅产品主要依靠进口，特别是国内企业在涉及专利的产品方面受到很大限制。进行无铅焊接产业化关键技术的研究和攻关，可以缩小我国在无铅合金系列及高端无铅产品方面与国外先进水平的差距，使国内钎焊生产领域全面导入无铅技术，并优先选择使用具有我国自主知识产权的产品；对我国电子组装业朝着环境协调性和可持续方向发展具有重要的意义。

第三节　关键科学问题与技术挑战

一、关键科学问题

（一）大尺寸碳化硅单晶和外延的生长及缺陷控制

这方面的关键科学问题主要有：重点研究缺陷产生、生长和湮灭的基本物理过程，提出降低碳化硅单晶微管密度和基平面位错（BPD）密度的理论与方法；碳化硅单晶和外延层缺陷控制原理及技术，扩展相关缺陷理论。

（二）碳化硅 MOSFET 栅介质界面态控制及优化

在这方面，主要研究碳化硅材料与栅介质材料各种界面缺陷的形成原因、分布及对器件迁移率和阈值电压稳定性的影响机制，建立界面缺陷与界面迁移率、阈值电压漂移的相关模型，分析不同界面缺陷对沟道迁移率和阈值电压漂移的影响机制，为界面调控工艺的优化提供理论基础。

（三）异质外延氮化镓及本征氮化镓材料生长

这方面的关键科学问题主要有：研究大尺寸硅衬底上外延生长氮化镓的晶格适配及应力调控；硅衬底氮化镓材料高电场下漏电机制；与缺陷及杂质控制相关的深能级陷阱的形成控制机制及电学行为问题；氮化镓材料缺陷及表面态导致的器件电流崩塌的消除；氮化镓本征衬底缺陷密度降低的热力学过程和动力学调控机制研究，促进氮化镓中缺陷密度的降低；氮化镓本征衬底尺寸放大过程中的应力控制、极化特性及掺杂调控规律等。

（四）金刚石材料的生长

这方面的关键科学问题主要有：研究单晶金刚石生长动力学理论，晶体生长中应力、缺陷，多核生成机制及其降低或阻断的控制理论；横向外延及宏观双晶界面的原子级自组装无缺陷互连理论；金刚石晶体各等效晶面外延生长机制；强共价键体系金刚石半导体杂质固溶度提升、能级调控及其电离激活理论；金刚石基异质结半导体界面态形成规律及调控理论；金属-金刚石半导体界面态及载流子输运相关理论；金刚石声子传热理论等。

（五）氮化铝材料生长和器件关键工艺

在氮化铝材料和器件研究方面，存在的主要问题是 p 型氮化铝高效掺杂技术尚未突破。传统的 p 型材料的掺杂元素主要有铍、镁、锌、镉、碳等，但是存在溶解度低、离化能过大及杂质与本征补偿作用较强等问题。目前国内外研究机构研究氮化铝材料共掺杂的方法，通过同时多种元素的共掺杂来实现高效的 p 型氮化铝材料。为了进一步提升氮化铝器件的性能，需要在大尺寸衬底的批量生长技术、器件工艺、外延技术和掺杂技术方面实现整体突破。

（六）氧化镓材料生长和器件关键工艺

在氧化镓材料和器件研究方面，早期的研究人员通过实验和理论两方面对氧化镓材料进行掺杂的导电性能研究。当前氧化镓材料的 p 型掺杂技术还停留在理论研究阶段，尚未有关于成功制备 p 型氧化镓的实验报道，是制约氧化镓材料和器件发展的主要因素。对于氧化镓材料的 p 型掺杂，当前研究较多的是氧化镓的硅掺杂和锡掺杂。当前研究人员主要采用密度泛函等理论来研究各种杂质材料对氧化镓导电性能的影响机制，以期实现 p 型氧化镓材料制备的突破。为了进一步提升氧化镓器件的性能，还需要在大尺寸衬底的批量生长技术、器件工艺、外延技术和掺杂技术方面实现突破。

二、技术挑战

（一）硅材料及器件

1. 硅材料

（1）热场设计技术。利用计算机模拟技术模拟晶体生长时热场的温度及其梯度的分布情况，通过控制热场达到改善晶体质量的目的。

（2）热屏技术。利用热屏减少热辐射和热量损失，减少热对流，加快蒸发气体的挥发，加快晶体的冷却。

（3）双加热器技术。利用上、下两个加热器，保证固液界面有合适的温度梯度。

（4）磁场技术。应用磁场控制熔体的对流，抑制熔体表面温度的起伏和降低硅单晶体内间隙氧的浓度。

（5）籽晶技术。由于大直径硅单晶的重量越来越重，需要开发出无缩颈籽晶技术等。

2. 硅器件及应用

（1）优化超结功率 MOSFET 器件，进一步突破"硅极限"。

（2）研究 IGBT 等双极器件如何在进一步提升正向导通压降和降低关断损耗特性之间进行性能折中。

（3）如何实现进一步提升高压大功率器件的允许工作结温由当前的 150℃到 200℃。

（4）如何进一步扩展高压大功率器件的安全工作区。

（二）碳化硅材料

1. 碳化硅单晶

在技术方面，尽管我国已具备开发 6 英寸碳化硅单晶的能力，但是在大尺寸单晶制备技术领域方面仍与国际先进水平有一定的差距，需要继续加大投入，解决其中的关键技术问题。

（1）单晶设备制造技术。物理气相传输法生长碳化硅晶体，对设备的真空度、精确控温技术、控压技术、稳定性、原材料的纯度等有很高的要求。我国半导体的整体产业基础差，重要设备配件、原材料都需要进口，无法全部实现国产化。碳化硅晶体生长专用设备研发时间短，技术储备不足，单晶设备制造技术仍需不断提高。

（2）碳化硅晶体的生长技术。在掌握关键科学问题的基础上，通过提高设备性能，改进、优化生长工艺参数，才能获得大尺寸、低位错密度的碳化硅晶体。

（3）碳化硅晶体加工技术。生长获得的大尺寸高质量碳化硅晶体，必须通过切割、研磨、抛光等一系列加工过程，才能最终用于碳化硅器件制造。由于碳化硅晶体的硬度较大，用常规的砂线或砂浆切割技术切割速度很慢，亟须开发更先进的快速切割技术；要保证加工晶片表面粗糙度满足器件制造要求，化学机械抛光技术也需要解决；对于 8 英寸碳化硅晶片，随着晶片尺寸的增大，晶片翘曲等面型控制技术也很关键。

2. 碳化硅外延

600～1700V 碳化硅功率器件用 4 英寸碳化硅外延材料已相对成熟，用于更高电压等级及更大导通电流的碳化硅器件需要 6 英寸碳化硅外延晶片，将面临如下技术挑战。

（1）大尺寸碳化硅快速外延生长技术。需要较高的生长速率解决 1000μm级厚碳化硅外延层的生长难题。

（2）表面形貌与表面缺陷的控制技术。在高速生长条件下，外延层表面容易产生缺陷，如颗粒沉积、凹坑、三角形缺陷及碳化硅多形体夹杂、堆垛层错等，这些会影响外延层质量，导致碳化硅器件性能及可靠性降低的问题。

（3）产业化共性技术。大尺寸碳化硅外延生长材料的稳定性、一致性与重复性等关键问题。

（4）大尺寸碳化硅外延晶片的厚度和掺杂浓度均匀性与工艺条件的内在联系问题。

3. 碳化硅器件及应用

（1）高质量、高可靠性、高耐压及超高耐压碳化硅器件的制造受到碳化硅厚外延技术的制约，研制高耐压或超高耐压碳化硅器件非常困难，而超高耐压器件的结构更是需要进行创新性的研究。器件向大容量方向发展还需要解决好材料的缺陷问题。

（2）碳化硅工艺技术还需要进一步提高，对不同类型的碳化硅功率器件有不同工艺技术难题需要解决。具体而言，对碳化硅 MOSFET 器件来说，需要解决的主要问题是器件在阻断状态时栅氧化层的击穿问题和沟道迁移率的问题；常通型碳化硅 JFET 器件的驱动和保护电路复杂，限制了其应用，而常关型碳化硅 JFET 器件的工艺复杂度较高；作为电流驱动型器件的碳化硅 BJT，需要发展高电流增益的工艺技术；对碳化硅 IGBT 器件来说，不仅要解决与 MOSFET同样的栅氧可靠性问题，还需要解决 p 型高掺杂的技术问题及少子寿命的增加问题。

（3）高温封装技术还有待进一步发展，高温封装技术主要包括金属管壳、高温焊料的焊接工艺、压丝工艺和高温绝缘胶工艺等，高温封装技术的发展远落后于器件发展的速度，碳化硅器件在高温领域的推广应用还必须在碳化硅器件的高温封装上取得突破。

（三）氮化镓材料

1. 异质外延氮化镓材料

1）在大尺寸硅衬底上外延生长氮化镓基晶片的翘曲与龟裂问题

在氮化镓基异质材料中，衬底与氮化镓基异质材料之间存在较大的热失配及晶格失配，导致在材料中产生大的张应力而使外延片发生弯曲，过大的应力在外延层中会产生龟裂，而且随着硅衬底尺寸的增大，外延片的翘曲度问题会变得更加突出，这将导致器件制备工艺过程无法实施，使大尺度硅衬底氮化镓材料器件化的进程难以进行。

2）硅衬底氮化镓材料耐压能力的提升问题

半导体材料晶体本身的耐压能力对器件的耐压性能影响尤为重要。目前，材料的耐压能力不足是导致器件耐压能力不足的主要原因。硅衬底的氮化镓基器件的击穿电压随栅漏之间距离的增加有限。继续增加栅漏距离，器件的击穿电压将会饱和，耐压能力难以得到较大的提高。虽然可以通过增加外延层厚度的方法提高外延材料的纵向耐压能力，但势必引入更大的张应力，使外延层中的翘曲与龟裂问题更加严重。

3）导通电阻"电流崩塌现象"的抑制问题

电流崩塌是氮化镓电子器件特有的现象，是由于外延层中存在时间常数很大的慢态深能级陷阱而产生的。关于这些陷阱的能级位置、密度、充放电时间常数及陷阱在器件材料中的位置对电流崩塌效应的影响，以及杂质型陷阱和位错型陷阱对崩塌的贡献程度，人们尚缺乏深入的了解，需要给予重点关注。

2. 异质外延氮化镓器件及应用

（1）异质外延氮化镓器件的技术还不成熟。需要不断创新开发高压大电流技术。

（2）异质外延氮化镓器件工艺技术还需要进一步提高，需要对于不同类型的氮化镓功率器件进行针对性的技术开发。例如，氮化镓器件电流崩塌效应会严重影响器件的可靠性及工作性能。业界已经报道了很多技术（如介质钝化技术等）可以有效减缓器件电流崩塌的发生，但仍然没有找到可以更有效解决这个负面效应的办法。因此还需要进一步开发器件的表面处理、表面钝化及场板设计等技术，以有效抑制器件电流崩塌现象的发生。

（3）增强型氮化镓技术还有待进一步开发。当前，业界缺乏充分发挥氮化镓材料优势的增强型器件制备技术。因此，需要从材料结构着手分析开发出创新结构，结合工艺技术实现高性能氮化镓增强型器件。

（4）在氮化镓器件在实际系统的应用中，如何设计驱动电路是技术发展的瓶颈。当前业界通常采用 Cascode 级联方式实现增强型器件。虽然对氮化镓器件使用 Cascode 级联结构更加容易，但由于 Cascode 级联结构中增加了 Si-MOSFET，这在很大程度上制约了氮化镓功率器件小型化及高频优势的发挥，同时级联电路中关键参数的匹配也是一个不太好处理的技术问题，也需要做进一步分析和研究。

3. 氮化镓本征衬底、外延及应用

（1）氮化镓衬底制备的关键装备开发。为了实现大尺寸、低缺陷密度氮化镓本征衬底的产业化开发，必须在制备氮化镓的关键装备上取得技术突破，特别是在反应腔体尺寸的进一步增加、生长均匀性的进一步提升、生长效率的进一步增强等方面。

（2）在氮化镓本征衬底的产业化开发过程中，必须针对大尺寸氮化镓衬底的研磨抛光技术进行突破，实现表面粗糙度、斜切角度、厚度均匀性及翘曲均匀性等参数的一致性，以满足后续同质外延技术的需要。

（3）针对氮化镓本征衬底的欧姆接触工艺、肖特基结接触工艺、长板结构、注入掺杂、散热设计、绝缘封装等关键工艺技术，进行系统研究并形成成套工艺包，是实现高性能垂直结构电力电子器件的必要技术基础。

（4）针对垂直结构电力电子器件的性能参数，设计合理的驱动电路，解决实际应用环境中可能出现的各种关于匹配方面的问题。

（四）其他半导体材料

1. 金刚石材料

1）英寸级单晶金刚石衬底开发需要克服的技术难点

（1）抑制单晶金刚石生长中异常形核和异常粒子的产生。

（2）利用晶体的等晶面特性开发大块体单晶金刚石。

（3）大面积单晶金刚石衬底拼凑外延技术。

（4）单晶金刚石衬底表面下非金刚石层的形成与控制。

（5）非金刚石层电化学腐蚀技术。

2）英寸器件级单晶金刚石薄膜及其异质结构研究需要克服的技术难点

（1）在保证金刚石薄膜质量的情况下，实现金刚石 p 型（硼）掺杂的有

效调控。

（2）突破金刚石 n 型掺杂。

（3）掺杂激活效率的调控。

（4）调控温度对金刚石上异质结构的生长。

（5）载流子浓度调控，界面态、散射等对载流子输运的影响。

2. 氮化铝材料

氮化铝所面临的主要技术挑战是大尺寸、高质量氮化铝单晶的生长技术。目前可获得的氮化铝单晶仅 1 英寸左右，而且杂质及缺陷含量较高，晶体呈现琥珀色，紫外波段透过率较低。为发挥其应有的优势，需要开发扩径技术，并逐步优化生长环境，减少杂质和缺陷。

3. 氧化镓材料

在这方面，需要开发出满足功率半导体器件性能要求的大尺寸氧化镓单晶衬底制备技术，降低材料的位错密度，在掺杂技术方面实现突破，掌握氧化镓器件研制的核心关键工艺，制备高质量氧化镓器件。

（五）功率模块封装材料

（1）新型的高可靠性封装材料的应用，包括直接敷铜陶瓷基板、高温无铅焊锡材料及新型的基板材料等的研发。

（2）应用于碳化硅、氮化镓、金刚石等新型高功率密度电力电子器件的封装工艺及材料的开发。

（3）金属互连线中电迁移机制的克服。

（4）高温、高可靠性、高功率密度模块封装材料和互连技术的开发及研究。

第四节　半导体材料的重点发展方向

一、硅材料及器件

（一）硅材料

大直径、低缺陷的晶体生长技术、晶体加工技术、晶体加工设备和与之匹配的关键耗材等为硅材料今后的发展方向。对于直拉法来说，在进一步加大直径的同时，需要提高硅单晶片的平整度、掺杂均匀性并减小晶体缺陷和杂质数据。对于区熔法硅单晶，在加大直径的同时，需要通过各种方法进一步优化杂质电阻率、少子寿命等特性。

（二）硅器件及应用

1. IGBT 芯片及模块封装技术

随着绿色环保和节能减排的要求，硅器件的应用范围已从传统的工业控制和 4C 产业（计算机、通信、消费类电子产品和汽车）扩展到新能源（风电、太阳能）、轨道交通、智能电网等新领域。作为电力电子系统基础和核心之一的功率器件，如何进一步减小自身的损耗并提高其应用频率和可靠性是业界始终追求的目标。对于 IGBT 器件，进一步优化载流子的输运特性及浓度分布，提升正向导通压降和关断损耗特性的折中。其中重点发展的方向为：

（1）大晶圆薄片 FS IGBT 芯片及模块封装技术。

（2）高压高可靠 IGBT 芯片及模块封装技术。

（3）RC-IGBT 芯片技术。

2. MOSFET 芯片技术

对于功率 MOSFET 来说，作为一种多子器件，需要进一步突破"硅极限"，提升阻断电压、比导通电阻和电容特性的折中。在中低压功率 MOSFET 领域，主要以屏蔽栅极沟槽（shielded gate transistor，SGT）MOSFET 技术为主要发展方向；在高压 MOSFET 领域，则重点发展超结 MOSFET 技术。

3. 其他新型功率器件技术

除了 IGBT 和功率 MOSFET，其他新型功率器件由于一些自身的特点也广泛应用于不同的场合，尤其是大功率器件在电动汽车、新能源、智能电网等新领域会越来越获得重视，同时以功率器件为核心的各种系统装备也将得到很大的发展。在提升工作结温、扩展安全工作区、提高可靠性等主要技术方向上需要进一步探索新的器件结构、生产工艺及封装技术。

其中重点发展的方向为：

（1）具有过压、过温、过流等保护的智能型功率开关技术。

（2）快恢复高压 FRD 芯片技术。

（3）载流子及少子寿命调制技术。

（4）功率器件热管理技术。

二、碳化硅

（一）碳化硅单晶

1. 大直径单晶的生长

由于碳化硅衬底的价格高昂，因此如何扩大衬底直径一直是碳化硅单晶生长的重点研究方向。2010 年 9 月，美国 Cree 公司发布消息称已经研究出 6 英寸碳化硅衬底。2015 年 10 月，美国的 Cree 公司、Ⅱ-Ⅵ 公司推出了 200mm 碳化硅单晶衬底材料。2019 年 9 月，美国 Cree 公司扩大了 200mm 碳化硅单晶衬底产能。碳化硅单晶直径研究的长足进步也极大地推进了碳化硅相关产业的发展。

2. 新型生长方法

溶（熔）液生长是近平衡态生长模式，具有结晶质量高、缺陷密度低的优点。目前，通过加入过渡金属，将溶液中碳的溶解度提高了 20 多倍，可实现体块单晶的生长。如何发挥溶液生长的优势，获得大直径、高质量碳化硅单晶材料，是现阶段溶液生长的重点研究方向。

3. 应力与缺陷密度控制

随着碳化硅单晶直径增加，在小直径单晶生长中对晶体质量影响比较小的问题变得严重起来。比较突出的问题有大尺寸碳化硅单晶中的应力消除、位错缺陷的降低和转化等问题。这些问题会影响器件的产率、可靠性，是近些年研究的热点。

（二）碳化硅外延

1. 大尺寸、低缺陷密度的碳化硅外延材料

为了制备大电流器件，需要增大器件的面积。例如，一个 100A 的二极管需要的外延片面积约为 $1cm^2$，在该区域范围内不能出现任何巨观和微观缺

陷，否则碳化硅器件将会失效。为了增加器件的成品率、降低器件的制造成本，需要将大尺寸碳化硅外延晶片的缺陷密度降低。

2. 碳化硅厚膜外延技术

由于 IGBT、MOSFET 等现代关键功率器件具有厚的 N（或 P）型漂移层，因此需要生长厚度达 100μm 以上、掺杂浓度为 $(1\sim3)\times10^{14}\mathrm{cm}^{-3}$ 的碳化硅外延层，进一步研发快速或超快速外延生长技术。

3. 低基平面位错或"零"BPD 位错的碳化硅外延材料

进一步提升外延材料生长过程中的基平面位错转化率至100%，大幅度降低厚外延材料的基平面位错密度。

4. 多层碳化硅外延材料生长技术

GTO 晶体管具有最复杂的材料结构，其基本结构为 PNPN，不但涉及平面结构型外延材料，包括 n 型和 p 型两种外延材料，而且涉及区域型外延材料。

（三）碳化硅器件及应用

对于碳化硅二极管的研制来说，一方面需要在现有厚外延技术上进一步研制高耐压、超高耐压（>10kV）碳化硅二极管；另一方面需要研发把碳化硅二极管放入硅的功率模块中，形成混合功率模块，以提升模块的性能，并应用到相关电力电子系统中。

对于碳化硅晶体管来说，要重点解决碳化硅 MOSFET 的沟道迁移率问题，进行高耐压、超高耐压 JFET、IGBT、GTO 等器件的研究，同时研发碳化硅混合功率模块和全碳化硅功率模块。主要包括以下几个方面：

（1）中高压碳化硅肖特基二极管的全面产业化。

（2）碳化硅 MOSFET 芯片及模块技术的开发及产业化。

（3）碳化硅 JFET 芯片及模块技术的开发。

（4）碳化硅和硅混合功率模块及应用技术的开发。

（5）全碳化硅功率模块及应用技术的开发。

（6）高压碳化硅 IGBT 芯片及模块技术的开发。

（7）高压碳化硅 GTO 芯片及模块技术的开发。

三、氮化镓

（一）异质外延氮化镓材料

氮化镓半导体材料在高温高频、大功率工作条件下的出色性能，将在未来取代部分硅和其他化合物半导体材料和器件的市场。硅衬底异质外延氮化镓材料的未来发展重点将集中在以下三个方面。

（1）以降低成本为目标的大尺寸硅衬底氮化镓外延生长技术。

（2）以提高耐压为目标的厚膜化硅衬底氮化镓外延材料技术。

（3）以提高质量为目标的低缺陷硅衬底氮化镓外延材料制备技术。

（二）异质外延氮化镓器件及应用

在氮化镓器件的开发方面，一方面需要在现有技术的基础上进一步开发高耐压大电流的器件；另一方面需要将研发的氮化镓产品嵌入相关电力电子系统中，以得到充分的验证和反馈，给器件的进一步开发提供导向。

异质外延氮化镓功率器件包括三极管和二极管两类。目前，业界主要将异质外延氮化镓功率器件应用于多规格的 AC-AC、DC-DC 及 AC-DC 变换器中，产品主要面向电机控制、IT 及消费电子、可再生能源、智能电网等领域。针对市场的具体需求，应逐渐开展 900V 以内的氮化镓产品的研发，并实现技术定型及产业化。

同时，为了给客户提供更好的服务，需要针对不同器件及不同电路的应用展开相应的技术平台建设。

（三）氮化镓本征衬底、外延及应用

（1）重点发展大尺寸（4～6 英寸）氮化镓本征衬底的制备及关键装备技术的研究，实现 4 英寸氮化镓衬底的产业化开发，使缺陷密度降低到 $10^5 cm^{-2}$，完成 6 英寸氮化镓衬底的研发。

（2）完成同质外延技术的开发，实现高质量、低背底载流子浓度的氮化镓同质外延材料生长。

（3）在此基础上，实现垂直结构电力电子器件的开发，特别是肖特基二极管器件和 MOSFET 器件。

（4）研究匹配的散热、封装及驱动电路，以达到电动汽车应用环境的关键技术要求。

四、其他半导体材料

（一）金刚石材料

以器件需求为牵引，首先大力开展英寸级单晶金刚石晶圆的研发，逐步提高晶圆质量，降低缺陷、位错密度，获得3～4英寸电子器件级的单晶金刚石晶圆。

发展目标为：同时解决p型可控掺杂，提升空穴载流子迁移率，突破n型掺杂补偿比高、激活效率低的技术难题，为器件设计提供更多可能性。在器件层面，以应用需求为牵引，在新机制、新结构等方面下功夫，切实提高器件的各项指标。

（二）氮化铝材料

（1）大尺寸氮化铝单晶生长，即氮化铝单晶的有效扩径技术和迭代生长的质量继承或改进技术。

（2）降低氮化铝单晶中杂质含量和缺陷密度的技术研究。氮化铝材料中的缺陷将降低其在深紫外的透过率，还会退化载流子的输运特性，影响氮化铝基电力电子器件的性能。

（3）氮化铝晶体的可控掺杂技术。氮化铝晶体的高浓度n型掺杂和实现有效的p型掺杂是研制高性能电力电子器件的基础。

（三）氧化镓材料

当前氧化镓材料发展的重点方向在体材料，应该在提高外延薄膜质量和器件设计制备方向开展研究。在材料外延和器件研制方面积极布局和加大投入，在高质量低缺陷单晶衬底和外延材料生长、高效掺杂、位错缺陷控制、器件结构设计与优化及共性器件工艺等关键技术方面取得原始创新和突破，实现大尺寸超宽禁带半导体材料生长和高功率电子器件的研制，建立一整套具有自主知识产权的新结构、新方法和新技术，在氧化镓基新型功率电子电力器件与材料领域取得创新性的突破。

五、功率模块封装材料

功率模块封装材料的开发重点包括以下几个方面。

（1）新型的高可靠性封装材料，包括直接敷铜陶瓷基板、高温无铅焊锡材料及新型的基板材料等的研发。

（2）应用于碳化硅、氮化镓、金刚石等新型高功率密度电力电子器件的封装工艺及材料的开发。

（3）先进封装材料、封装方法及互连技术的研究。

（4）高温、高可靠性、高功率密度模块封装材料及互连技术的开发和研究。

（5）基于银或铜烧结/铜线键合体系的高温模块封装平台的建设。

本章参考文献

[1] 北京天科合达半导体股份有限公司 . www. tankeblue. com/post/5. html.

[2] 中国宽禁带功率半导体及应用产业联盟 . 宽禁带功率半导体发展路线图 , 2018.

[3] Yan C S, Vohra Y K, Mao H K, Hemley R J. Very high growth rate chemical vapor deposition of single-crystal diamond. Proc Natl Acad Sci, 2002, 99: 12523-12525.

[4] Yamada H, Chayahara A, Mokuno Y. Uniform growth and repeatable fabrication of inch-sized wafers of a single-crystal diamond. Diam Relat Mat, 2013, 33(1): 27-31.

[5] Schreck M, Gsell S, Brescia R. Ion bombardment induced buried lateral growth: the key mechanism for the synthesis of single crystal diamond wafers. Sci Rep, 2017, 7:44462.

[6] Ichikawa K, Kurone K, Kodama H. High crystalline quality heteroepitaxial diamond using grid-patterned nucleation and growth on Ir. Diam Relat Mat, 2019, 94: 92-100.

[7] Kato H, Ogura M, Makino T, Takeuchi D, Yamasaki S. N-type control of single-crystal diamond films by ultra-lightly phosphorus doping. Appl Phys Lett, 2016, 109: 142102.

[8] Lands&ass M I, Ravi K V. Hydrogen passivation of electrically active defects in diamond. Appl Phys Lett, 1989, 55: 1391-1393.

[9] Kawarada H, Aoki M, Ito M. Enhancement mode metal-semiconductor field effect transistors using homoepitaxial diamonds. Appl Phys Lett, 1994, 65: 1563-1565.

[10] Kasu M, Ueda M, Kageshima H, Taniyasu Y. Diamond RF FETs and other approaches to electronics. Phys Stat Sol, 2008, 5(9): 3165-3168.

[11] Hirama K, Sato H, Harada Y, Yamamoto H, Kasu M. Diamond field-effect transistors with 1.3A/mm drain current density by Al_2O_3 passivation layer. Jpn J Appl Phys, 2012, 51: 090112.

[12] Qi D, Chen W, Gao X, Wang L, Chen S, Loh K P, Wee A T S. Surface transfer doping of diamond (100) by tetrafluoro-tetracyanoquinodimethane. J Am Chem Soc, 2007, 129: 8084-8085.

[13] Tordjman M, Saguy C, Bolker A, Kalish R. Superior surface transfer doping of diamond with MoO_3. Adv Mater Interfaces, 2014:1300155.

[14] Verona C, Ciccognani W, Colangeli S, Limiti E, Marinelli M, Verona-Rinati G. Comparative investigation of surface transfer doping of hydrogen terminated diamond by high electron affinity insulators. J Appl Phys, 2016, 120: 025104.

[15] Liu J W, Liao M Y, Imura M, Watanabe E, Oosato H, Koide Y. Diamond logic inverter with enhancement-mode metal-insulator-semiconductor field effect transistor. Appl Phys Lett, 2014, 105: 082110.

[16] Liu J W, Liao M Y, Imura M, Matsumoto T, Shibata N, Ikuhara Y, Koide Y. Control of normally on/off characteristics in hydrogenated diamond metal-insulator-semiconductor field-effect transistors. J Appl Phys, 2015, 118: 115704.

[17] Imanishi S, Horikawa K, Oi N, Okubo S, Kageura T, Hiraiwa A, Kawarada H. 3.8W/mm power density for ALD Al_2O_3-based two-dimensional hole gas diamond MOSFET operating at saturation velocity. IEEE Electron Device Lett, 2018, 40: 279-282.

[18] Yu X, Zhou J, Qi Z, Cao Z, Kong Y, Chen T. A high frequency hydrogen-terminated diamond MISFET With fT/fmax of 70/80GHz. IEEE Electron Device Lett, 2018, 39: 1373-1376.

[19] Zhao D, Hu C, Liu Z C, Wang H X, Wang W, Zhang J W. Diamond MIP structure Schottky diode with different drift layer thickness. Diam Relat Mater, 2017, 73: 15-18.

[20] Zhou C J, Wang J J, Guo J C, Yu C, He Z Z, Liu Q B, Gao X D, Cai S J, Feng Z H. Radiofrequency performance of hydrogenated diamond MOSFETs with alumina. Appl Phys Lett, 2019, 114: 063501.

[21] Twitchen D J, Whitehead A J, Coe S E, Isberg J, Hammersberg J, Wikström T, Johansson E. High-Voltage single-crystal diamond diodes. IEEE Trans Electron Dev, 2004, 51: 826.

[22] Wang Q K, Lei D, He G D, Gong J C. Characterization of 60mm AlN Single crystal wafers grown by the physical vapor transport method. Phys Status Solidi A, 2019, 216(16): 1900118.

[23] Ueda N, Hosono H, Waseda R, Kawazoe H. Synthesis and control of conductivity of ultraviolet transmitting β-Ga_2O_3 single crystals. Appl Phys Lett, 1997, 70: 3561-3563.

[24] Tomm Y, Ko J M, Yoshikawa A, Fukuda T. Floating zone growth of β-Ga_2O_3: a new window material for optoelectronic device applications. Sol Energy Mater Sol Cells, 2001, 66: 369-374.

[25] Víllora E G, Morioka Y, Atou T, Sugawara T, Kikuchi M, Fukuda T. Infrared reflectance and electrical conductivity of β-Ga_2O_3. Phys Status Solidi A, 2002, 193: 187-195.

[26] Víllora E G, Murakami Y, Sugawara T, Atou T, Kikuchi M, Shindo D, Fukuda T. Electron

microscopy studies of microstructures in β-Ga$_2$O$_3$ single crystals Mater Res Bull, 2002, 37: 769-774.

[27] Galazka Z, Irmscher K, Uecker R, Bertram R, Pietsch M, Kwasniewski A, Naumann M, Schulz T, Schewski R, Klimm D, Bickermann M. On the bulk β-Ga$_2$O$_3$ single crystals grown by the Czochralski method. J Cryst Growth, 2014, 404: 184-191.

[28] Aida H, Nishiguchi K, Takeda H, Aota N, Sunakawa K, Yaguchi Y. Growth of β-Ga$_2$O$_3$ single crystals by the edge-defined, film fed growth method. Jpn J Appl Phys, 2008, 47: 8506-8509.

[29] Kuramata A, Koshi K, Watanabe S, Yamaoka Y, Masui T, Yamakoshi S. High-quality β-Ga$_2$O$_3$ single crystals grown by edge-defined film-fed growth. Jpn J Appl Phys, 2016, 55: 1202A2.

[30] Wong M H, Sasaki K, Kuramata A, Yamakoshi S, Higashiwaki M. Field-plated Ga$_2$O$_3$ MOSFETs with a breakdown voltage of over 750V. IEEE Electron Device Lett, 2016, 37: 212-215.

[31] Higashiwaki M, Sasaki K, Kamimura T, Hoi Wong M, Krishnamurthy D, Kuramata A, Masui T, Yamakoshi S. Depletion-mode Ga$_2$O$_3$ metal-oxide-semiconductor field-effect transistors on β-Ga$_2$O$_3$ (010) substrates and temperature dependence of their device characteristics. Appl Phys Lett, 2013, 103: 123511.

[32] Chabak K D, Moser N, Green A J, Walker D E, Tetlak S E, Heller E, Crespo A, Fitch R, McCandless J P, Leedy K, Baldini M, Wagner G, Galazka Z, Li X, Jessen G. Enhancement-mode Ga$_2$O$_3$ wrap-gate fin field-effect transistors on native β-Ga$_2$O$_3$ substrate with high breakdown voltage. Appl Phys Lett, 2016, 109: 213501.

[33] Green A J, Chabak K D, Heller E R, Fitch R C, Baldini M, Fiedler A, Irmscher K, Wagner G, Galazka Z, Tetlak S E, Crespo A, Leedy K, Jessen G H. 3.8-MV/cm breakdown strength of MOVPE-grown Sn-doped β-Ga$_2$O$_3$ MOSFETs. IEEE Electron Device Lett, 2016, 37: 902-905.

[34] Green A J, Chabak K D, Baldini M, Moser N, Gilbert R, Fitch R C, Wagner G, Galazka Z, McCandless J, Crespo A, Leedy K, Jessen G H. β-Ga$_2$O$_3$ MOSFETs for radio frequency operation. IEEE Electron Device Lett, 2017, 38: 790-793.

[35] Hu Z, Nomoto K, Li W, Tanen N, Sasaki K, Kuramata A, Nakamura T, Jena D, Xing H G. Enhancement-mode Ga$_2$O$_3$ vertical transistors with breakdown voltage >1kV. IEEE Electron Device Lett, 2018, 39: 869-872.

[36] Zhang Y, Neal A, Xia Z, Joishi C, Johnson J M, Zheng Y, Bajaj S, Brenner M, Dorsey D, Chabak K, Jessen G, Hwang J, Mou S, Heremans J P, Rajan S. Demonstration of high mobility and quantum transport in modulation-doped β-(Al$_x$Ga$_{1-x}$)$_2$O$_3$/Ga$_2$O$_3$ heterostructures. Appl Phys Lett, 2018, 112: 173502.

[37] Konishi K, Goto K, Murakami H, Kumagai Y, Kuramata A, Yamakoshi S, Higashiwaki M. 1-kV vertical Ga_2O_3 field-plated Schottky barrier diodes. Appl Phys Lett, 2017, 110: 103506.

[38] Li W, Hu Z, Nomoto K, Jinno R, Zhang Z, Tu T Q, Sasaki K, Kuramata A, Jena D, Xing H G. In 2.44kV Ga_2O_3 vertical trench Schottky barrier diodes with very low reverse leakage current. IEEE International Electron Devices Meeting (IEDM), 2018, 8. 5. 1-8. 5. 4.

[39] Baldini M, Albrecht M, Fiedler A, Irmscher K, Schewski R, Wagner G. Si- and Sn-doped homoepitaxial β-Ga_2O_3 layers grown by MOVPE on (010)-oriented substrates. ECS J Solid State Sci Technol, 2016, 6: Q3040-Q3044.

[40] Goto K, Konishi K, Murakami H, Kumagai Y, Monemar B, Higashiwaki M, Kuramata A, Yamakoshi S. Halide vapor phase epitaxy of Si doped β-Ga_2O_3 and its electrical properties. Thin Solid Films, 2018, 666: 182-184.

[41] Sasaki K, Kuramata A, Masui T, Víllora E G, Shimamura K, Yamakoshi S. Device-quality β-Ga_2O_3 epitaxial films fabricated by ozone molecular beam epitaxy. Appl Phys Express, 2012, 5: 035502.

[42] Ahmadi E, Koksaldi O S, Kaun S W, Oshima Y, Short D B, Mishra U K, Speck J S. Ge doping of β-Ga_2O_3 films grown by plasma-assisted molecular beam epitaxy. Appl Phys Express, 2017, 10: 041102.

[43] Higashiwaki M, Sasaki K, Kuramata A, Masui T, Yamakoshi S. Gallium oxide (Ga_2O_3) metal-semiconductor field-effect transistors on single-crystal β-Ga_2O_3 (010) substrates. Appl Phys Lett, 2012, 100: 013504.

[44] Xia Z, Xue H, Joishi C, McGlone J, Kalarickal N K, Sohel S H, Brenner M, Arehart A, Ringel S, Lodha S, Lu W, Rajan S. β-Ga_2O_3 delta-doped field-effect transistors with current gain cutoff frequency of 27GHz. IEEE Electron Device Lett, 2019, 40: 1052-1055.

[45] Kamimura T, Nakata Y, Wong M H, Higashiwaki M. Normally-off Ga_2O_3 MOSFETs with unintentionally nitrogen-doped channel layer grown by plasma-assisted molecular beam epitaxy. IEEE Electron Device Lett, 2019, 40: 1064-1067.

[46] Zhang Y, Alema F, Mauze A, Koksaldi O S, Miller R, Osinsky A, Speck J S. MOCVD grown epitaxial β-Ga_2O_3 thin film with an electron mobility of $176cm^2/V$ s at room temperature. APL Mater, 2019, 7: 022506.

[47] Murakami H, Nomura K, Goto K, Sasaki K, Kawara K, Thieu Q T, Togashi R, Kumagai Y, Higashiwaki M, Kuramata A, Yamakoshi S, Monemar B, Koukitu A. Homoepitaxial growth of β-Ga_2O_3 layers by halide vapor phase epitaxy. Appl Phys Express, 2015, 8: 015503.

[48] Hu Z, Nomoto K, Li W, Jinno R, Nakamura T, Jena D, Xing H. In 1. 6kV vertical Ga_2O_3 finFETs With source-connected field plates and normally-off operation. 31st International Symposium on Power Semiconductor Devices and ICs (ISPSD), 2019: 483-486.

[49] Mun J K, Cho K, Chang W, Jung H W, Do J. Editors' Choice-2. 32kV breakdown voltage lateral β-Ga$_2$O$_3$ MOSFETs with source-connected field plate. ECS J Solid State Sci Technol, 2019, 8: Q3079-Q3082.

[50] Zhang J, Li B, Xia C, Pei G, Deng Q, Yang Z, Xu W, Shi H, Wu F, Wu Y, Xu J. Growth and spectral characterization of β-Ga$_2$O$_3$ single crystals. J Phys Chem Solids, 2006, 67: 2448-2451.

[51] Mu W, Jia Z, Yin Y, Hu Q, Li Y, Wu B, Zhang J, Tao X. High quality crystal growth and anisotropic physical characterization of β-Ga$_2$O$_3$ single crystals grown by EFG method. J Alloys Compd, 2017, 714: 453-458.

[52] Mu W, Jia Z, Yin Y, Hu Q, Zhang J, Feng Q, Hao Y, Tao X. One-step exfoliation of ultra-smooth β-Ga$_2$O$_3$ wafers from bulk crystal for photodetectors. CrystEngComm, 2017, 19: 5122-5127.

[53] Ma T, Chen X, Ren F, Zhu S, Gu S, Zhang R, Zheng Y, Ye J. Heteroepitaxial growth of thick α-Ga$_2$O$_3$ film on sapphire (0001) by MIST-CVD technique. J Semicond, 2019, 40: 012804.

[54] Hu Z, Zhou H, Feng Q, Zhang J, Zhang C, Dang K, Cai Y, Feng Z, Gao Y, Kang X, Hao Y. Field-plated lateral β-Ga$_2$O$_3$ Schottky barrier diode with high reverse blocking voltage of more than 3kV and high DC power figure-of-merit of 500MW/cm^2. IEEE Electron Device Lett, 2018, 39: 1564-1567.

[55] Lv Y, Zhou X, Long S, Song X, Wang Y, Liang S, He Z, Han T, Tan X, Feng Z, Dong H, Zhou X, Yu Y, Cai S, Liu M. Source-field-plated β-Ga$_2$O$_3$ MOSFET with record power figure of merit of 50. 4MW/cm^2. IEEE Electron Device Lett, 2019, 40: 83-86.

第六章
先进磁性材料发展
战略研究

本章将详细介绍电工磁性材料在电气工程学科发展和电力装备制造中的重要作用。在回顾磁性材料发展历程的基础上，聚焦电工钢，非晶和纳米晶磁性材料，软磁铁氧体材料，电化学磁性超薄带材料，软磁复合材料，电工软磁材料的磁特性测量、模拟与应用，稀土永磁材料，先进功能磁性材料，详细介绍国内外研究现状和发展趋势，在详细对比分析的基础上，阐明我国在磁性材料方向上与先进发达国家的差距，归纳出我国在高性能磁性材料的发展中需要解决的关键科学问题和技术挑战，并结合我国的实际情况指出重点发展方向。

第一节　先进磁性材料的战略需求

磁性材料是电磁能量转换的重要基础材料，广泛应用于电气设备、电工电子仪表、通信与计算机等方面，其发展模式呈现"高频率、高磁密、低损耗"及"轻质、微型化、多功能"并存的格局。电工磁性材料电气参数的突破不仅对电工行业的技术发展与革新起到决定性作用，也深刻影响着新能源电力、轨道交通、电子信息、高端医疗等领域的长远发展。

当前，我国电工磁性材料产业发展的一个显著特点为"低端产能过剩，高端供不应求"，严重制约了众多领域的发展。尽管我国当前的电工磁性材料市场规模居全球第一位，但是主要集中在中低端电工磁性材料，高端应用市场仍被日本、韩国的企业所占据。以电工钢为例，中国自 2011 年起成为全球最大的电能生产和消费地区，产量超过全世界产量的 2/3。据估计，服役过程中电工钢自身每年损耗的电能达到数千亿 kW·h，约占全国年发电量的 2.5%～5%。我国电工钢生产企业虽然产能多但是性能仍旧相对低端，特高电力变压器所用的高性能电工钢仍然依赖进口。例如，用于 500kV 以上变压器的高取向硅钢的主要进口渠道为新日本制铁公司、川崎制铁株式会社和韩国浦项制铁公司等，每年的进口量超过世界总产量的 10%。因此，我国高性能电力变压器、特种变压器、电抗器的制造面临着一定的潜在风险，影响我国大规模电力系统建设。以软磁铁氧体材料为例，作为高频电工材料的重要部分，软磁铁氧体材料具有机械加工性能高、成本低、性能稳定等优点，常用于电感器、滤波器的磁心。随着 5G 通信时代的到来，软磁铁氧体材料的市场需求量将进一步扩大。截至 2020 年底，我国从事软磁铁氧体材料生产的企业有 230 多家，其中初具规模的企业有 100 多家。根据中国电子材料行业协会磁性材料分会预计，2020 年我国软磁铁氧体材料的产量将增长至 40 万吨，产值约 147 亿元，产量约占全球产量的 73%。但是，我国软磁铁氧体材料的整体性能相对偏低，市场竞争力不如日本的 TDK 公司、FDK 公司和韩国的梨树化学株式会社等厂家。移动通信中常用的无线寻呼磁性天线、手机电磁兼容磁芯等仍然主要依靠进口。

我国电工磁性材料产业的另一个特点是企业数量众多，但产品的技术含量偏低，缺乏综合竞争优势和核心竞争力。在多项重要领域中，我国仍然存在工艺落后、规模化生产的关键技术有待突破，对新工艺、新技术的研究还不够深入，疲于跟踪模仿国外先进技术，难以形成自主知识产权。截至 2018 年，我国从事各类电工材料生产经营的企业有约 1600 家，其中生产非晶软磁合金材料的企业有 70 余家，生产稀土永磁的厂家有 400 余家，但是自主创新技术和独立知识产权的缺失导致我国企业在开拓高性能电工材料市场方面受阻。以钕铁硼永磁体为例，日本高性能钕铁硼永磁体的产量占全球产量的 60%。目前磁能积水平最高的烧结钕铁硼永磁体的技术专利主要掌握在日本日立金属公司手中。据统计，日本日立金属公司在全球范围拥有 700 余项与钕铁硼永磁体相关的专利，没有经过日本日立金属公司的授权，中国钕铁硼永磁体生产企业无法在美国、日本、欧洲生产和销售钕铁硼永磁体产品。除此之外，应用于高功率密度电机的软磁复合材料、应用于大功率高频变压器的非晶合金等高性能电工材料，我国目前也主要依靠进口。面对目前复杂多变的国际环境，我国先进电工磁性材料领域的自主创新、自主研发和生产的需求已经越来越迫切。

随着电驱动汽车、轻质电气设备、特高压直流输电等电工高新技术的发展和推广使用，新型节能型磁性材料的发展将成为目前降低能耗、满足国家对国民经济低能耗要求的重要途径。2021 年是我国第十四个五年计划的开始，也是中国工业开始进入智能化的时期，其中涉及雄安新区、智慧化城市发展、西部大开发、长江经济带等方面的建设。今后几十年的工业发展对电工磁性材料的需求将会持续增加，不仅会促进电工磁性材料的发展，也会对电工磁性材料的创新应用提出新挑战。

第二节 磁性材料的研究现状与发展趋势

一、电工钢

（一）国际研究现状与发展趋势

电工钢是电工装备使用的主体软磁材料，需要具备轻质、高效、低损耗、高强度等特性。面对高频、高压等新领域的种种挑战，电工钢新技术和新产品必须向更高性能、更薄规格、适用于更多应用领域的方向发展，包括高纯净低磁时效电工钢的研制、各种低成本高性能电工钢产品的研制及优质涂层技术研究等，日本企业在这方面的表现尤为突出。根据智能化时代的特点，预计未来 3～5 年会出现新一轮电工钢需求的增长期，高强、高牌号、高磁感无取向电工钢将有 20%～30% 的增长，取向电工钢将有 10%～20% 的增长。全球现有取向电工钢的年产量为 200 多万吨，预计 2040 年之前全球取向电工钢的年需求量将增至 320 万吨。

取向电工钢的生产是一个高耗能的过程，主要涉及高温热轧加热及长时间的最终高温退火加热，其中后者的耗能约占据总耗能的 30%～40%。现有低温高磁感取向电工钢和低成本取向电工钢及其他相关技术已经逐渐改善了高温热轧加热的耗能问题。若想避免最终长时间高温环境的大量能耗，需要设计新型的工艺路线。

硅元素是电工钢最主要的合金元素，如果把电工钢的硅含量进一步提高到 6.5%（与含硅 3% 的电工钢比较），其铁损和能耗会大大降低。鉴于服役噪声低和能耗小的优势，高硅钢自 20 世纪 60 年代以来受到日本、韩国、比利时、德国、荷兰等国家的普遍重视[1]。高面织构新型无取向电工钢特别适合用于高磁性、低能耗的电机类电气产品，是提高现有高效电机钢的主要技术手段。双取向电工钢特别适合用于高磁性、低能耗的变压器类电气产品。这两类电工钢品种都是目前国际研究和开发的重点。

（二）我国研究现状与发展趋势

中国是当前全球电能生产和消费发展最快的国家，发展速度明显高于发达工业国家（图 6-1）。2010 年，中国电能的生产和消费水平超过了欧洲整体，2011 年超过了美国；2017 年，生产和消费电能分别超过 6.8 万亿 kW·h 和 5.9 万亿 kW·h。2018 年，中国约有 34 家电工钢生产企业，总产能达 1231.5 万吨，其中无取向电工钢 1066 万吨、取向电工钢 165.5 万吨。2018 年分别生产取向与无取向电工钢 104 万吨和 895 万吨。近些年来，中国取向及无取向电工钢在表观消费稳步发展的同时进口量持续下降，表明中国在相关领域的技术水平正不断接近甚至达到国际先进水平。

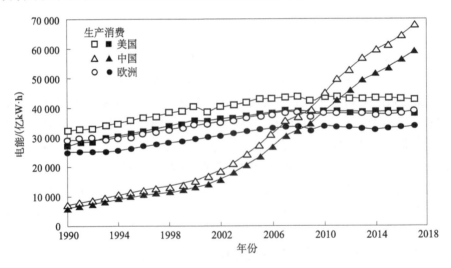

图 6-1　我国与欧美地区的国家电能生产与消费的对比

国内在高硅钢方面也有长期研究基础，可制出厚度为几十微米的薄带。高硅钢的制备仍以传统轧制流程为主，发展重点在于如何克服加工性能差、进一步提高磁性能等问题[2, 3]。在研究加工工艺技术及相关原理的同时，还需注重研制适于高硅钢生产的高加工能力、高精度的专用设备，以最终实现高硅钢冷轧薄带的工业化生产。与此同时，还需研制高硅钢铁心产品及相应的新一代高效、节能、轻巧、静音的机电产品。科学技术部已有多个国家资助的科研计划，并取得一定成效，但尚未实现产业化发展。

国内取向电工钢的研究与发展多由企业牵头实施，大多数技术追踪国际前沿，许多相关技术与国际先进水平尚有差距。国内的各个研究机构对电工钢创新技术也开展了较多的研究，如取向电工钢最终短时连续退火节能技术等，但鲜有较成熟的或可有效应用于工业生产的重大技术。从整体上看，国内电工钢的生产大多基于引进的技术，有效的原始创新并不明显。

进入21世纪以来，快速发展的中国经济对电工钢的需求持续增加，而国内的产能始终不能满足相应的需求。国内许多企业现有产品质量水平和技术积累仍保持在较初级的阶段，所生产的产品也多是低技术质量的中、低档产品；生产技术多为跟踪、模仿，难有自主知识产权支撑的核心技术，更无暇关注新技术、新产品的开发。电工钢属于技术含量较高的材料，在对其组织结构控制原理的阐述上还存在不少世界性难题，因而在产品质量的稳定控制和新技术发展上仍存在不少障碍，需要全社会的科技力量合力克服。

二、非晶和纳米晶磁性材料

（一）国际研究现状与发展趋势

非晶和纳米晶磁性材料的独特之处在于其微观组织结构是由晶粒尺寸小于100nm的晶体相和体积分数小于30%的残余非晶相构成，具有突出的高频软磁特性，在电力行业、电力电子行业、电子信息行业，以及光伏、风电和电动汽车等战略新兴产业中具有广阔的应用前景。

1. 非晶软磁合金带材及其应用

日本是能源紧缺国家，十分重视发展节能环保产品。为满足节能环保的需求，日本于2006年推出铁基非晶合金新牌号2605HB1（$Fe_{82}Si_4B_{13}C_1$），其饱和磁感应强度$B_s \approx 1.64T$。与1997年美国联合信号公司推出的2605SA1相比，2605HB1不仅饱和磁感高，而且铁损和激磁电流均有所降低。日本在国际上一直引领高能效变压器的发展，拥有完整的非晶合金材料的制造技术和产业链，在每年新增高效配电变压器中，非晶配电变压器占1/3以上。2015年，日本日立金属公司正式向国际电工委员会提交了铁基非晶合金带材的IEC标准方案，标准中纳入了低饱和磁感（AM08-25S5-86）和高饱和磁感（AM08-

25P5-86）的两个品种，基本对应于 2605SA1 和 2605HB1。

2010 年以来，全球范围都面临能源日益紧缺和环境日益恶化的威胁，非晶合金在电工装备中的应用得到推广。印度国家电网公司要求大力推广非晶合金配电变压器。在 2014～2015 年，印度每年的非晶合金带材用量约为 3 万吨。2014 年 5 月，欧盟颁布了最新的变压器能效标准（No.548/2014），体现了欧盟对高能效变压器的重视。2014 年，韩国电力公司明令规定 10kVA 及 20kVA 的单相配电变压器强制选用非晶合金变压器。另外，东南亚地区、南非、巴西等地区或国家也在不同程度上开始推广非晶合金配电变压器。2016 年 1 月 1 日，美国能源部强制执行 2012 年颁布的能效标准，标准中的变压器铁心只能选用高牌号的 M2、M3 高取向硅钢和非晶合金。在 2016 年，日本日立金属公司推向市场的非晶电机已经初步形成系列化，额定功率电机为 3.7～11kW，效能普遍达国际标准 IE4，最高样机产品达到国际最高标准 IE5。整体来说，现阶段非晶合金产量所占比例相对较小，发展空间很大。

2. 纳米晶软磁合金带材及其应用

迄今，铁基纳米晶合金研究中较成熟的成分体系主要分为三类，牌号分别是 Finemet、Nanoperm 和 Hitperm[4-6]。为了满足不断小型化和高频化的需要，日本日立金属公司近几年加大了对纳米晶新产品的开发力度。该公司主要有以下两个重点研发方向：一是带材更薄，以满足高频化的要求，纳米晶带材的厚度从 18μm 减小到 13μm；二是饱和磁感更高，以满足小型化的需要，开发出纳米晶合金 $Fe_{bal.}Cu_{1.4}Si_5B_{13}$，在 1.5T 的损耗（$P_{15/50}$）达到 0.29W/kg。2012 年，日本东北大学成功开发出一种饱和磁感与硅钢相当的超低损耗纳米晶软磁合金 $Fe_{85.2}Si_1B_9P_4Cu_{0.8}$，矫顽力（$H_c$）为 6.7A/m，饱和磁感应强度高达 1.85T，在 1.0T 的损耗（$P_{10/50}$）达到 0.17W/kg，该合金被命名为 Nanomet®。通过优化合金成分，即 $Fe_{81.2}Co_4Si_{0.5}B_{9.5}P_4Cu_{0.8}$，其非晶形成能力进一步增强，采用工业化设备在大气环境下喷制出宽度 120mm、厚度约 30μm 的带材[7]。

2015 年，日本东北大学、创业株式会社与阿尔卑斯电气株式会社等其他 4 家企业共同出资，设立 Tohoku Magnet Institute Co., Ltd. 公司，致力于推进 Nanomet 的实际应用。在过去的三十多年中，纳米晶软磁合金材料已经成功应用在汽车、通信、医疗设备、各种高频电源、航空等众多领域。

（二）我国研究现状与发展趋势

我国的非晶合金材料研究始于 1976 年，从"六五"时期开始连续七个五年计划均被列入国家重大科技项目。其中的标志性成果分别是："七五"期间，建成百吨级非晶带材中试生产线，带材宽度达到100mm；"八五"期间，突破了非晶带材在线自动卷取技术，并建成年产20万条非晶铁心中试生产线；"九五"期间，成立了国家非晶微晶合金工程技术研究中心，并建成千吨级非晶带材生产线，带材宽度达到143mm；"十五"期间，建成年产500t纳米晶合金薄带生产线，带材厚度达到24μm。通过前五个国家科技攻关计划的实施，我国初步实现了非晶和纳米晶软磁合金带材及制品产业化。"十一五"期间，建成年产4万吨非晶带材生产线，带材宽度达到213mm，开始在配电变压器行业全面推广应用；"十二五"期间，建成年产3000t纳米晶合金超薄带生产线，带材厚度达到18μm以下，在以光伏发电为代表的新能源领域及以变频驱动为代表的节能环保领域全面推广应用；2019年上半年，上海置信电气股份有限公司联合开发研制的非晶闭口立体卷铁心配电变压器的智能制造中试线，已实现非晶带材自动剪切、收料、铁心成型自动纠偏等功能。经过十多年的发展，我国在非晶和纳米晶软磁合金材料领域的技术水平和产业规模已居世界前列。

1. 非晶合金带材及其应用

从20世纪80年代中后期开始，钢铁研究总院先后开发并建设了百吨级和千吨级非晶合金带材中试生产线，成功实现了从"两包法"到"三包法"的工艺升级，攻克了在线卷取的技术难关。安泰科技股份有限公司（简称安泰科技）在2006年全面启动了面向配电变压器应用市场的万吨级非晶产业的开发建设。由于国外对有关非晶合金宽带制造技术严密封锁，国内相关支撑条件尚且不足，万吨级非晶建设项目是一项艰难的任务和一个艰巨的历程。

目前，国产非晶带材的宽度已达213mm，厚度约为23μm，产品性能和质量全面达到日本日立金属公司水平。非晶配电变压器的大规模普及为非晶合金带材在其他领域推广应用起到示范作用。随着中国经济发展方式正在从粗放生产向绿色制造方向发展，非晶合金的应用领域也正在逐步从传统的电力行业扩展到新兴的电力电子行业，并且从静态电磁器件向动态电磁器件方向深化。电工磁性材料的发展环境和应用市场的变化为非晶软磁合金带材及制品的发展提供了大好时机。

2. 纳米晶合金带材及其应用

在国家"十五"科技攻关计划课题的支持下，安泰科技自主开发出"压力铸带"新技术,并于2003年建成一条年产500t纳米晶合金薄带生产线。"压力铸带"工艺使纳米晶合金带材厚度减小到24μm以下(二代产品),而且显著改善了表面质量和韧性。2012年,以光伏发电为代表的新能源产业迅速崛起,安泰科技启动了纳米晶合金超薄带的产业化建设工作,于2014年建成年产3000t纳米晶合金超薄带生产线,带材厚度小于18μm(三代产品),宽度超过100mm。这些技术指标及实际产能标志着我国全面掌握了纳米晶合金超薄带的先进制造技术,并且产量居世界首位,产品性能和质量达到德国VAC公司和日本日立金属公司的同等水平,实现了赶超目标。

纳米晶合金薄带主要面向中高端应用,包括汽车电子、风力发电、变频驱动等领域。其中,纳米晶超薄带大量出口欧洲。在国内,纳米晶合金薄带已经成功应用于高压静电除尘电源、大功率直流加热电源、轨道机车电源等。作为高频变压器铁心材料,也成功应用于光伏逆变器、风电变流器、机器人、变频空调和服务器电源等领域。作为EMI滤波器的铁心材料,纳米晶合金的应用可以有效地解决宽频谱的电磁兼容问题。此外,高压直流输配电(HVDC)和轨道机车牵引固态变压器中的大功率高频变压器,选用纳米晶合金超薄带作为铁心材料有利于提高其功率密度。

3. 非晶软磁合金粉末、磁粉芯和新材料开发

近几年来,非晶软磁合金粉末及其磁粉芯也有较大进展。安泰科技基于块体非晶软磁合金的研究成果开发了FeCrMoSiB合金体系,制备出软磁性能优良的雾化非晶合金粉末。安泰科技和青岛云路先进材料技术股份有限公司都具备破碎非晶合金粉末批量化生产能力,通过绝缘包覆、压制成型和热处理,可以将非晶合金粉末制成磁粉芯,作为服务器电源电感铁心已经应用于变频空调和服务器电源中。

整体来说,我国在非晶和纳米晶软磁合金研究开发与产业化方面已经跻身国际领先行列,但仍然存在创新能力不足、核心技术薄弱等问题。原始创新能力不足直接反映出我国在该领域或学科方面的基础研究功底和深度不够,且缺乏相应的产学研有效结合。在产业化方面,与日本日立金属公司最先进的非晶带材制造技术相比,生产效率、制造成本和控制精度还有差距,表明在整个生产流程的核心技术方面仍然存在薄弱环节。

4. 非晶和纳米晶软磁合金国家标准体系建设概况

鉴于近十年我国非晶和纳米晶软磁合金产品和产业发生了巨大变化,应

用需求也日新月异，2015年由安泰科技非晶金属事业部作为主要起草单位，对原国家标准GB/T 119345和GB/T 119346进行了修订。新标准的几个突出特点如下：①将原标准GB/T 119345分为两大部分，在两大部分中进行了全系列产品的分类和分档，规定了具有针对性的技术指标；②所有技术指标均规定了测试方法，且测试方法均最大限度地采用了国际标准或国际惯例，使得同行之间及上下游之间具备了产品质量评判和对比的手段；③适当提升了技术指标，甚至个别指标高于IEC标准（方案）和国外同类标准，引导我国非晶和纳米晶软磁材料产业向高端方向发展。该标准于2016年发布并实施，这使我国的非晶和纳米晶软磁合金材料标准化建设位居国际前列。

三、软磁铁氧体

（一）国际研究现状与发展趋势

电子产品不断向高频、高速、高密度组装方向发展，在各种电子、电力线路中必须采用抗电磁干扰（electromagnetic interference，EMI）的磁心，才能满足抗电磁干扰和电磁兼容的要求。软磁铁氧体材料因其特有的性质，势必在EMI领域中占据重要的地位。为此，国外的著名高校、研究所与企业开展了大量的理论、加工和工艺技术方面的研究，详细分析了软磁铁氧体微结构与材料物理特性的关系。例如，当铁氧体颗粒细到一定程度时，会出现一些不同于块状材料的性能。

近年来，国外各大研究机构已经将重点研究计划转移到降低材料高频损耗、提高应用频率、推动开关电源向高频化的发展方向。整体来说，日本在研究开发与生产制造方面处于领先地位。当前，软磁铁氧体最大的生产厂家是日本TDK公司。针对电子信息产业的发展需要，发达国家的著名公司和研发机构十分重视高频NiZn功率铁氧体材料的研发。其中具有代表性的是韩国Young Hwa于2004年开发的YN202材料，在当前高密度组装电子设备尤其是平面显示（LED、LCD、PDP等）中具有重要作用。对于未来软磁铁氧体的发展，国际上已经将两高、一低材料（即同时具备高频率、高磁导率、低损耗的材料）作为研究重点。基于纳米技术研究制备高端软磁铁氧体产品是国际上各大科研机构、企业未来的工作重点。

（二）我国研究现状与发展趋势

近几十年来，我国软磁铁氧体材料发展迅速，取得了显著的成绩。通过合理掺杂、优化配方、改变材料的晶界电阻等方法，改善功率铁氧体材料粉粒的平均粒度、粒度分布、形状、流动性及松装密度，提高产品密度，从而开发出了相当于日本 TDK 公司 PC50 的高频功率转换用软磁铁氧体材料。例如，电子科技大学的 R1.4KF、浙江天通股份有限公司的 TP5A、浙江东磁集团公司的 DMR50 等正在进入工业化阶段。而我国工业化的高频功率铁氧体材料处于日本 TDK 公司的 PC40 材料阶段，应用频率低于 0.5MHz，只有少数单位能够小批量生产应用频率为 0.5～1MHz 的功率铁氧体材料，但未来需要更高开关频率的软磁铁氧体材料，如 3F4。

值得一提的是，浙江东磁集团公司和浙江天通股份有限公司等企业的软磁铁氧体产量已经排在世界前列。近年来，浙江东磁集团公司加大了科研开发的力度，引进国外高新技术，成立了中央研究所、国家级博士后科研工作站、浙江省磁性产品质量检测中心，具有年产 3.5 多万吨软磁铁氧体的生产量。浙江天通股份有限公司的软磁铁氧体年生产量达到 1.5 万吨，产品分为 14 大系列、68 种牌号及 1100 多种规格的磁心，产品性能达到国际先进水平，处于国内同行领先地位。我国软磁铁氧体产业在科研水平的不断提升下，已经取得了前所未有的进步[8]，许多产品的产量已经达到国际领先水平，其中一些产品出口国外，得到国际认可。目前，我国生产的软磁铁氧体材料已经广泛应用于通信、航天军工技术、能源、交通等各个领域，并不断向更高性能挑战。

然而，我国的磁性材料技术与发达国家在基础理论研究、技术开发和工程产业三个方面仍然有较大差距。主要表现为几个方面：①受大型生产设备精度的限制，材料科学研究从实验室向大生产转化的速度太慢，从而失去尽快占有市场的良好机会。②多数企业的技术创新能力薄弱，我国的铁氧体产品档次低，技术含量不高，多为中低档产品，而且品种雷同，产品规模效应远低于国外先进水平。③从市场的角度来看，我国产品的售价低、获利薄，影响了扩大再生产，造成原材料及能源浪费，难以形成良性循环。随着市场需求的迅速增长，我国软磁铁氧体的生产将获得巨大的发展机遇，我们必须改变观念，抓住机遇，认清形势，放远眼光，认准软磁铁氧体向两高、一低和三化（即高频、高磁导率，低损耗，小型化、片式化和薄膜集成表面贴装化）方向发展的趋势，组织人力、物力进行高档产品的技术攻关，瞄准国际先进水平，坚持技术创新与制度创新、自主创新与技术引进相结合，在高起点上跨越式发展高档产品，紧跟科技发展步伐。

四、电化学磁性超薄带材料

当磁性材料的厚度降低为原厚度的 1/10，涡流损耗将降低为原涡流损耗的 1/100，因此开发磁性超薄带对降低高频工作频率下的损耗具有重要意义。随着科技的高速发展、电子元器件的微型化及人工智能技术的快速普及，对磁性材料薄膜化的需求也日益迫切。电化学磁性超薄带技术是指在常温常压条件下，借助于电场作用下溶液中相关离子在阴极表面电化学还原反应，使原子沉积在电极表面并随后进入金属晶格，从而制备磁性超薄带的技术（原理如图 6-2 所示）。该技术可以通过调节外加电流密度的大小及沉积时间的长短，控制所制备磁性超薄带材的厚度。电化学技术简单高效，节能环保，制备磁性超薄带的厚度可在 8 ~100μm 任意选择。电化学技术制造磁性薄膜材料的种类很多，相关研究还包括 Fe-Mn 合金磁性薄膜、Fe-Co-W 和 Fe-Co-M 合金磁性薄膜等。

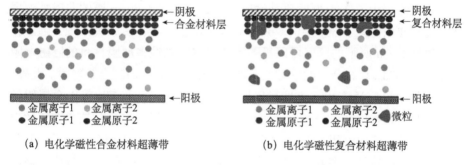

（a）电化学磁性合金材料超薄带　　　　（b）电化学磁性复合材料超薄带

图 6-2　电化学磁性超薄带技术的原理图

（一）国际研究现状与发展趋势

20 世纪末以来，欧洲、美国、日本等发达国家或地区对电化学磁性薄膜材料制备技术进行了相关的研究，主要涉及制备过程中的溶液组成及温度、添加剂、外加磁场、导电基材等对薄膜材料性能的影响。美国加利福尼亚大学洛杉矶分校的 N. V. Myung 等分别在盐酸和硫酸水溶液体系中电化学沉积 NiFe 合金、CoFe 合金、CoNi 合金和 CoNiFe 合金磁性薄膜材料[9]。研究表明，电化学技术制备 CoNiP 合金中的 P 含量随着水溶液体系中 NaH_2PO_2 浓度的增加而升高，制备 CoNiP 合金的矫顽力也随之不断增大[10]。随溶液 pH 值的增大，所制备 CoNiP 合金沿（002）晶面的择优取向加强。此外，水溶液温度不仅影响磁性薄膜的沉积速率，而且改变磁性薄膜的晶粒尺寸[11]。添加剂不仅改变电化学沉积磁性薄膜材料的组成，而且显著影响矫顽力、电阻率和内应力[12]。希捷科技的 Tabakovic 等发现，添加剂糖精可以有效降低电化学技术制备 CoNiFe 合金薄膜的内应力和矫顽力，最佳工艺条件制备 CoNiFe 合金薄膜的饱和磁感应强度达 1.64~1.85T[13]。外加磁场通过影响溶液中离子的迁移方向及沉积原子的结晶过程，可以改变电化学技术制造磁性薄膜的性能。美国俄亥俄州辛辛那提大学的 Cho 等实验证明了外加磁场能大幅度提升所制备 CoNiMnP 合金薄膜的矫顽力[14]。用于电化学制备磁性薄膜材料的导电基材，通过改变原子的结晶过程可以影响电化学技术制备磁性薄膜的性能。Tabakovic 等在盐酸水溶液体系中采用不同的电极材料制备了 CoNiFe 合金薄膜。结果表明，采用磁性 1.0T NiFe 合金可以使电极制备 CoNiFe 合金薄膜的矫顽力最低，达 1Oe。

电化学技术在制备由不同材料组成的纳米磁性多层膜材料方面的研究也受到广泛关注。日本九州大学的 Jyoko 等分别在含 Co^{2+} 和 Cu^{2+} 的电解液中用电化学方法沉积了 2nm 厚的磁性钴层，3.25nm 厚和 0.90nm 厚的非磁性铜层通过逐层堆积构建了 300 层的 Co/Cu 磁性多层膜材料[15]。研究发现，通过调节非磁性的 Cu 薄膜的厚度可以显著改变 Co/Cu 磁性多层膜材料的巨磁电阻性能，$Co_{0.2}Cu_{0.8}$ 合金薄膜的巨磁电阻性能明显优于 $Co_{0.4}Cu_{0.6}$ 合金薄膜。此外，电化学技术也广泛应用于磁性微器件的制备。Chatzipirpiridis 等以金属铝丝为导电基材，将电化学技术与光刻蚀技术相结合，通过电化学技术在铝丝表面的光刻蚀微区内沉积 CoPt 磁性薄膜，之后采用化学法去掉基材铝丝，制备了螺旋硬磁微器件（图 6-3）[16]。在磁场频率为 3.1Hz 的 20mT 磁场中，该硬磁螺旋微器件能够在三个维度螺旋运动。

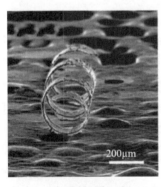 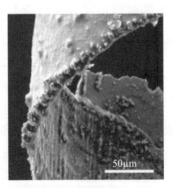

(a) 器件照片　　　　(b) 局部SEM照片

图 6-3　电化学技术制备的 CoPt 硬磁螺旋微器件及其局部的 SEM 照片

（二）我国研究现状与发展趋势

国内的很多单位也开展了电化学技术制备软磁薄膜材料的研究。上海交通大学的研究团队等采用电化学技术，在水溶液体系制备了 CoNiFe 软磁薄膜材料，研究了含硼、磷元素的添加剂的影响[17]。研究发现，含硼添加剂 $Na_2B_4O_7$ 可提高磁性薄膜的致密度，并使矫顽力从 851Oe 降低至 604Oe，而饱和磁感应强度基本不变。含磷添加剂 NaH_2PO_2 可增加所制备 CoNiFeP 磁性薄膜的晶粒尺寸，降低其耐蚀性并显著增加矫顽力，大幅度降低饱和磁感应强度至 1.25T。钢铁研究总院对电化学技术制备 $Fe_{1-x}Ni_x$（$0 \leqslant x \leqslant 1$）磁性薄膜的研究表明，当薄膜中的镍含量超过 42% 时，$Fe_{1-x}Ni_x$ 磁性薄膜的结构为面心立方。随着薄膜中镍含量增加，薄膜中存在的晶体择优取向逐渐由（111）晶面转变为（200）晶面。兰州大学的研究团队在水溶液体系中采用电化学技术制备了 $Fe_{1-x}Co_x$（$0 \leqslant x \leqslant 1$）磁性薄膜。结构分析表明，随着薄膜中钴含量的增加，晶体结构逐渐由体心立方（bcc）向面心立方（fcc）过渡，晶粒尺寸在 10nm 左右。性能测试表明，$Fe_{49}Co_{51}$ 薄膜的磁性能最佳。张艳玲等研究了 Ni-Fe-W 合金薄膜的电化学沉积过程，证明 Ni-Fe-W 合金薄膜的形成是通过钨和镍之间的诱导共沉积实现的。随着溶液中钨酸钠浓度的增加，Ni-Fe-W 合金薄膜中镍和钨的含量均逐渐增加，而铁的含量逐渐降低。增加溶液中钨酸钠的浓度，有利于提高电化学沉积 Ni-Fe-W 合金薄膜的硬度和饱和感应强度。在钨酸钠浓度为 2g/L 的溶液中，电化学沉积 Ni-Fe-W 合金薄膜的矫顽力最小，为 1.96kA/m。北京工业大学的研究团队等在钛箔表面电化学沉积了不同镍含量（20%～80%）的 FeNi 磁性薄膜，证明其具有良好的电磁屏蔽性能。天津大学的研究团队等采用电化学技术制备了由厚度 1.6nm 的 $Ni_{80}Fe_{20}$ 磁性合金薄膜与 2.6nm 厚度的非磁性铜层交替堆叠而成的磁性多层膜，其巨磁阻（giant magnetoresistance，GMR）值可达 6.4%。上海大学的研究团队在含硅 3.0% 的硅钢表面采用电化学技术制备了厚 50μm 的 Fe/Si 复合材料磁性薄膜，并研究了外加磁场的影响[18]。所制备磁性薄膜中硅颗粒的含量最高可达 35.22%。中国计量大学的研究团队在含氯化铵、溴化铵、次亚磷酸钠和四水合氯化亚铁的水溶液中，采用电化学技术制备了 $Fe_{0.66}P_{0.34}$ 和 $Fe_{0.51}P_{0.49}$ 非晶薄膜，具有较好的软磁性能[19]。河北科技大学的研究团队采用电化学技术制备的 Co-Cu 纳米晶结构合金薄膜具有超顺磁性能[20]。

五、软磁复合材料

（一）国际研究现状与发展趋势

金属磁粉芯当前被统称为广义的软磁复合材料，是一种以金属基磁性颗粒为原料，在颗粒表面包覆绝缘介质（可以是导磁或者非导磁介质），并通过粉末成形工艺与热处理退火而得到的软磁性材料，结构如图 6-4 所示。绝缘包覆层的存在，有效地提高了其电阻率，使其在中高频条件下仍旧具有较低的损耗。另外，由于绝缘包覆层的厚度较薄，保持了铁磁性粉末本身较高的饱和磁感应强度及有效磁导率。因此，金属磁粉芯材料同时继承了金属软磁的高饱和磁感应强度与软磁铁氧体高电阻率的特点。

图 6-4　金属磁粉芯结构示意图

铁氧体与铁基粉末复合制备的磁粉芯是最早的复合磁粉芯。1984 年，美国联信公司将铁基非晶合金 Metglas2605S-2 和钴基非晶合金 Metglas2714 带材粉碎后，经处理压制成粉芯，是最早开发出来的非晶合金软磁粉芯。现在日本日立金属公司也在批量生产非晶合金软磁粉芯。20 世纪 90 年代，各种复合材料纷纷出现，高分子软磁复合材料应运而生。通过改进原来的铁粉基软磁粉芯，扩展成为软磁复合材料新品种——铁粉基软磁复合材料。这类材料已成为当今世界软磁材料的一大研究热点。

纳米晶合金软磁粉芯是在 20 世纪 90 年代后期开发出来的。1988 年，Yoshizawa 等研究发现在 Fe-Si-B 基体上添加少量的 Mo、Nb 等其他元素，经过一系列晶化热处理后得到的晶粒为纳米级别的合金，被称为纳米晶软磁合金 [21]。此类合金的软磁性能较优异，饱和磁致伸缩系数下降到接近为 0，具备极高的初始磁导率和极低的矫顽力。当添加少量的 Cu 和 Nb 元素时，可以得到典型的 Finemet 非晶纳米晶软磁合金（成分为 $Fe_{73.5}Cu_1Nb_3Si_{13.5}B_9$）。软磁粉芯采用高分子材料作黏结剂，可以制作重量达 100kg 以上的大尺寸磁心和磁体，在大功率电源中可取代软磁铁氧体。为了适应恶劣环境，部分企业开发出软磁粉芯与线圈一次成形的整体式电感器，扩大了软磁粉芯的应用市场。

复合磁粉芯是将由两种及以上单一磁粉按一定的质量或体积比混合，通过一定比例的黏结剂压制而成的 [22]。所制得的复合磁粉芯同时具有两种磁粉的优点，同时可以互补缺点，得到综合性能较好的复合磁粉芯。从磁粉芯的发展来看，在 20 世纪末，磁粉芯的世界市场一直被美国垄断，如美国的微金属公司（Micrometal）。进入 21 世纪以来，韩国的昌星电子（CSC）迅速发展，生产的铁硅铝磁粉芯的性能居世界前列。其他一些工业强国（如日本、德国）也初具规模，俄罗斯生产的铁镍钼磁粉芯的技术水平很高，其综合软磁性能指标已经超过美磁（Magnetics）的水平。

（二）我国研究现状与发展趋势

我国金属磁粉芯的研究与生产较其他国家晚。20 世纪 60 年代末期，由于人造地球卫星的需要，我国开始磁粉芯的研究与探索。历经 50 多年的发展，我国已出现大量的磁粉芯制造企业，主要集中在华南、华东地区。例如，浙江科达磁电有限公司（KDM）主要生产铁磁粉芯、铁硅铝磁粉芯、铁硅磁粉芯、高磁通磁粉芯等，2004 年形成了一条年产 600t 的铁硅铝磁粉芯的生产线，磁粉芯年产总量高达 3000t，制备的耐高温铁粉芯能够承受 200℃的高温，性价比较高，同时大大减小了由损耗发热老化引起的烧机问题，提高了器件的安全性能。武汉中磁浩源科技有限公司主要生产铁粉芯、铁硅铝磁粉芯、高通量磁粉芯及非晶磁粉芯。

目前，我国在磁粉芯领域与其他国家还有一定的差距，主要产品仍然依赖进口。造成这一现象的主要原因是磁粉芯材料的研究仍然集中在材料体系的成分调配与生产工艺的改进方面，鲜有深层次磁学基础理论及相关科学问题的探讨，这也是制约我国磁粉芯技术和产业发展的根本原因。随着金属磁粉芯中磁性内核体系研究的不断完善，复合体系也逐步发展，金属磁粉芯的材料体系成分方面的研究已趋于饱和；而在生产工艺方面，近年来仅有瑞典 Hoganas 公司为代表的国外企业发明的"纳米包覆铁粉"的 SMC 技术稍为耀眼，但其相关性能与 SMC 理论模型的预测依然有差距。因此，围绕金属磁粉芯的应用需求，未来的研究应该集中在易磁量子效应的存在与作用、成形界面磁化理论及多维利磁取向的形成机制与作用等基础理论问题的探讨，从原理设计上突破当前磁粉芯相关研究和产业发展的瓶颈。

六、电工软磁材料的磁特性测量、模拟与应用

（一）国际研究现状与发展趋势

电工软磁材料的磁特性包括导磁特性、磁滞特性、损耗特性、激磁功率、磁致伸缩等及其对频率、温度、应力等条件的依赖关系。在电工软磁材料的应用基础研究方向，欧洲、日本、美国的大学和研究机构的研究成果引人注目，拥有比较先进的磁性能检测和模拟技术，重视电工软磁材料的基础、应用与产业化研究。

在电工软磁材料的磁特性测量方面，按当前研究情况可分为一维（交变）磁特性测量、二维（平面旋转）磁特性测量和三维（空间旋转）磁特性测量。一维磁特性测量研究具有多年的研究基础，并且在国际上形成了测量标准。以爱泼斯坦方圈为磁路的一维磁测量法以其优异的重复性早在 20 世纪 70 年代就被国际电工委员会标准 IEC60404 确定为标准，并沿用至今。同时，日本学者对单片测量方法进行了系统深入的研究，制定了单片测量法的日本国家标准，并最终在 2002 年被国际电工委员会标准收入（IEC60404-3），为单片测量法在工业中的应用起到重要推动作用。二维磁特性测量研究开展较晚，德国、意大利和日本在这方面的研究取得了一定的进展。二维单片测量方法被不断改进，成功应用于强磁场检测、旋转铁心损耗模型分析、直流偏磁检测等研究领域[23]。二维、三维磁特性测量能描述工程中呈现的复杂磁特性，如旋转磁特性、各向异性等[24]，但由于测量原理不同，测量方法存在固有问题，重复性不如一维磁特性测量结果，目前国际上仍未确定测量标准。

在电工软磁材料的磁特性表征方面，磁化（磁滞）与铁耗模型是研究热点。一维的磁化曲线表征不存在问题，描述静态磁滞的 Preisach 模型也早在 20 世纪 30 年代被提出。随后还有 J-A、Stoner-Wohlfarth 等模型，其中基于铁耗分离的 Berttoti 模型具有物理概念清晰、表达式简单的优点，在预测交变磁化损耗方面得到广泛认可和应用，且容易在数学形式上推广至二维、三维，现已集成到各主流电磁场有限元软件中。以 E&S 模型为代表的二维矢量磁滞模型通过引入随磁化角度、幅值变化的磁阻率张量，对二维测量数据进行分片插值，在特定的磁密、频率范围内得到较好的模拟效果[25]。但是，现有数学模型难以兼顾精确度和相对普遍适应性。

近年来，动态磁畴观测技术、微磁学原理及微磁学仿真技术的发展，为高频交变磁场条件下非晶合金、纳米晶合金等新型磁性材料的磁化和损耗机制研究提供了新的契机。介观尺度内磁畴和磁畴壁结构是新型磁性材料的物理基础，理论上，高频交变磁场条件下磁畴和磁畴壁运动规律的研究与新型磁性材料的高频磁化损耗机制有着必然联系。国外已经在新型磁性材料高频磁特性模拟与检测方面取得一定进展。

（二）我国研究现状与发展趋势

材料模拟技术在我国起步相对较晚，经过科研人员的努力也取得了一系列成果。一方面，国内大学（如河北工业大学、沈阳工业大学、海军工程大学、华北电力大学等）、科研院所（如中国计量科学研究院、国网全球能源互联网研究院、国家硅钢研究中心等）在积极跟进研究前沿，注重与企业（如中国宝武钢铁集团有限公司、武汉钢铁股份有限公司、保定天威保变电气股份有限公司等）合作，在一些重要的相关理论研究、技术开发和应用领域取得了令人瞩目的进展。此外，领域中重要的国际会议也陆续在中国举办。另一方面，我国拥有其他工业发达国家所不具备的更大工业背景，电力工业迅速发展，交直流特高压工程率先兴建，对电工软磁材料制造、磁特性测量与模拟技术提出了更严苛的要求，也进一步激励了材料性能模拟技术的快速发展。

在电工软磁材料磁特性测量方面，除中国计量科学研究院外，还有一些民营企业也在从事磁测设备的研发与推广，其中国内市场占有率较高的有湖南联众科技有限公司、湖南永逸科技有限公司等公司。上述公司大多生产标准磁测量设备，即主要测量一维交直流磁化、损耗性能。近二十年来，随着电子元器件、控制技术、硬件接口、软件技术的升级换代，磁测量设备的精确度和人机交互体验有了长足的进步。

在电工软磁材料的磁特性表征方面，从发表的论文来看，我国开展的工作以大学为主，许多团队（来自河北工业大学、海军工程大学、沈阳工业大学、东南大学、浙江大学等）针对电机、变压器服役条件，搭建了一维、二维条件下的非标软磁性能测试平台，开展了温度、应力、直流偏磁等因素对铁损影响的研究，在经典磁滞、铁损耗理论基础上拓展完善，建立了考虑温度、应力、直流偏磁等因素的精细材料模型，研究水平几乎与国外保持同步。

在电工软磁材料的磁特性应用方面，主要工作涉及考虑精细材料模型的物理场计算。沈阳工业大学研制了正交双激励二维单片磁特性测量装置，利用矢量 Preisach 模型耦合三维有限元程序对电磁场 TEAM32（考虑矢量磁滞的电磁场分析验证）问题进行了仿真验证。河北工业大学提出了考虑矢量磁滞特性的磁场直接分析方法，解决了结合 M-B 有限元法的 J-A 磁滞模型在处理材料特性上的局限性等。

七、稀土永磁材料及其磁特性检测

（一）稀土永磁材料的研究现状与发展趋势

1. 国际研究现状与发展趋势

铝镍钴永磁材料是最早开发出来的一种永磁材料，具有温度系数小（剩磁可逆温度系数仅为-0.02%/K）、抗腐蚀性能力极好、剩余磁通密度较高（最高可达 1.35T）等特点，广泛应用在仪器仪表、电机等对温度稳定性要求较高的永磁器件中。目前国内外铝镍钴永磁材料的制备工艺和性能水平基本相当，日本、美国、欧洲、俄罗斯、中国都有工厂生产。日本日立金属公司是全球生产铝镍钴永磁材料的代表。

钕铁硼永磁体被称为第三代稀土永磁材料，室温下剩余磁感应强度（B_r）可达 1.55T，磁感应矫顽力可达 992kA/m，磁能积的理论极限值为 510kJ/m^3，是当前磁性能最高的永磁材料，被广泛应用于计算机、新能源、信息通信、航空航天等领域。进入 21 世纪以来，欧洲、美国、日本等发达国家或地区的稀土永磁产业，尤其是烧结钕铁硼永磁体的发展减缓，目前仅存 5 家钕铁硼永磁体生产企业，且它们均逐步在中国合资布局。全球黏结钕铁硼永磁体的生产企业大部分集中在中国、日本和东南亚地区。麦格昆磁公司虽将钕铁硼永磁体生产工厂搬至天津，但依靠强大的专利垄断占据 80% 以上的市场份额；在热压/热变形钕铁硼永磁体产业方面，麦格昆磁依然是快淬磁粉的唯一供应商，日本大同电子则是全球最大的 MQ-Ⅲ 磁体生产企业。

近年来发展的主流是 2∶17 型永磁材料。由于其居里温度高、矫顽力温度系数小，因此在高温环境下能够保持稳定的磁性能，已经可以制得工作温度超过 500℃的高温永磁材料。钐钴永磁体的国外生产企业主要有日本 TDK公司、美国电子能源、美国阿诺、德国真空熔炼和俄罗斯托尼等。由于钐钴永磁体具有耐高温的特点，因此它的应用难以被替代，年产量比较稳定。

2. 我国研究现状与发展趋势

中国是全球最大的稀土原材料供应国，也是世界上最大的稀土永磁材料生产国、出口国和消费国。我国钕铁硼永磁体产业在 1985 年前后开始量产，现阶段的生产技术与性能已经基本趋于完善。截至 2019 年，我国几家公司的烧结钕铁硼永磁体的最大磁能积为 376 ～ 432kJ/m³，达到世界先进水平。根据弗若斯特沙利文预计，中国稀土永磁材料 2025 年的产量将达约 28.4 万吨，其中高性能钕铁硼永磁体的产量将达约 10.51 万吨。在钐钴永磁体方面，根据中国稀土行业协会统计，2021 年我国钐钴永磁体的产量为 2930t，同比增长 31.2%，主要应用于高温等工作环境恶劣的领域。包头稀土研究院生产的钐钴稀土永磁辐射环、多级环及其永磁器件等，广泛应用于航天、航空、航海、军工等领域，为"长征"系列运载火箭、"神舟"系列等空间飞行器提供了优质的永磁材料器件。

在稀土永磁材料的创新研究方面，我国科研人员也取得了重要的进展。其中，在高丰度稀土永磁材料的开发方面，我国科研工作者创新性地应用了双主相技术，制备出一系列具有优良磁性能的高性价比铈磁体；在块状纳米晶永磁材料研制方面，研制出目前性能最高的大块各向异性纳米晶钕铁硼永磁体，已开发出高性能各向异性钐-铁-氮、钕-铁-氮磁性材料和磁体的产业化关键技术和设备，并建成了百吨级生产线；在各向异性磁粉与磁体的研究方面，成功实现了高性能织构型钕铁硼磁粉和高温度稳定性磁粉的稳定制备；研究了单相磁体和杂化磁体制备技术，制备了高性能的各向异性黏结磁体，为未来实现各向异性磁体大规模的生产进行了积极的探索。

尽管稀土永磁材料产业已经成为我国稀土应用领域中发展最快和最大的产业，但是我国实际投产却低于预期，主要存在稀土永磁材料价格偏高、稀土资源管理缺陷、综合研发能力相对较弱及专利限制等问题。现阶段，我国在稀土永磁材料研发方面的重点是：开发高性能、高服役特性的低 Nd、低重稀土的烧结钕铁硼永磁体；开发适用于航空、航天等工作环境恶劣领域的钐钴永磁体；采用氢化-歧化-吸附-再结合（HDDR）法、还原扩散法等制粉工艺及微量—元合金元素的添加以改进黏结稀土永磁材料的性能；采用熔体快淬工艺制备高性能的纳米复合稀土永磁材料。

（二）磁特性检测的研究现状与发展趋势

1. 国际研究现状与发展趋势

在永磁标准测量方法领域，英国提出了永磁脉冲测量技术与方法。英国、比利时、奥地利、美国、韩国、意大利等研制了的永磁脉冲测量装置[26-28]。按照国际电工委员会/磁合金和磁钢技术委员会（IEC TC68）的要求，韩国和意大利开展了振动样品磁强计测量方法的标准化研究。日本近年来提出并持续推进高温超导振动样品磁强计测量高矫顽力稀土永磁材料的技术方法。从 2018 年开始，国际上多个国家深入开展了开磁路永磁测量自退磁效应深度修正方法，日本富士通公司开发了基于有限元的开磁路自退磁修正方法。英国赫斯特磁测公司开发了基于类离散元法伊辛模型，获得非常接近闭磁路结果的退磁曲线。这些研究成果为高矫顽力稀土永磁材料准确测量方形度和抗退磁特性提供了可能。

在永磁服役特性测量领域，日本于 2009 年提出了稀土永磁高温磁稳定性研究及开磁路下永磁高温磁性的表征方法[29]。2010 年，德国 VAC 公司提出了稀土永磁饱和充磁磁化场的确定方法[30]。德国持续关注稀土永磁抗退磁特性的表征方法，先后提出了多种表征方案。2010 年，美国 Arnold 公司提出了风力发电用稀土永磁体耐候性的表征方法研究，日本和德国也相继开展了这方面的研究，日本确定了稀土永磁体高温高湿加速老化实验标准，并被国际广泛采用。美国西屋电气公司提出电机用稀土永磁体模拟工况条件下的抗退磁特性检测。

2. 我国研究现状与发展趋势

20 世纪 80 年代后期，中国计量科学研究院通过"磁性材料精密测量装置的研制"课题，开始自主开发永磁自动测量装置——永磁自动测量装置 ATS。这个装置是由微机、模拟/数字（A/D）和数字/模拟（D/A）相结合合成的自动测量装置。测量过程仍采用电子积分器的方法，这一总体构架奠定了我国永磁测量工业的基础。现在我国工业上使用的大部分永磁测量仪器是基于这一框架开发的自主磁测技术。为适应高性能稀土永磁材料的应用，中国计量科学研究院陆续开发了永磁高温 500℃的测量仪器、大块稀土永磁无损检测系统。2008～2010 年，中国计量科学研究院作为主导实验室，主持了永磁体磁性测量国际比对，参加比对的实验室包括中国、英国、意大利的计量院和日本日立金属公司、德国真空等国际重要永磁制造企业，显示出我国的永磁闭磁路测量准确性位于国际先进水平。

我国首个磁性材料检测平台——国家磁性材料质量监督检验中心成立于 1992 年，隶属于中国计量科学研究院，是我国磁性材料领域最高的质量检验中心和法制计量单位，拥有永磁、直流软磁、交流软磁、电工钢 4 项国家最高公用磁特性计量标准装置，获得国际互认的 CMCs 磁性检测能力 29 项，覆盖了 IEC60404-1～16 的检测方法，负责全国范围内磁性的量值统一和传递工作。随着稀土新材料产业日益受到国家的重视，近年来我国陆续建设了多个相关国家级检测平台，重点发展了稀土永磁的检测能力，其中包括基于中国计量大学建设的国家磁性材料及其制品质量监督检验中心（浙江）、基于宁波市计量测试研究院的国家磁性材料产业计量测试中心、国家钨与稀土产品质量监督检验中心等。

八、先进功能磁性材料

（一）磁性液体

1. 国际研究现状与发展趋势

自磁性液体问世以来，美国、俄罗斯、日本等国家在磁性液体特性和应用研究方面发展较快。国外学者持续关注磁性液体在生物医学中的应用，德国的 Stefan Odenbach 教授团队在将磁性液体用于癌症治疗中的诊断成像、磁性药物靶向性治疗、生物相容性磁液配置的研究中取得了新的进展。日本的 Mitamura 使用长期密封在旋转血泵中的磁性液体，以此推进人工心脏的发展。

美国、德国、日本、罗马尼亚等国都在磁性液体传感器方面做了大量的工作，相关成果已应用于航空航天和国防军工领域。美国国家航空航天局最早开展了磁性液体减振器的研究，并开发出一种无线电天文探测卫星用磁性液体黏滞阻尼器，解决卫星中稳定系统引起的振动和扰动振荡。白俄罗斯的研究人员研究了用于航天器特殊部位的低频振动磁性液体阻尼减振器。日本的研究人员研究了一种可调谐式磁性液体阻尼器，对于自然晃动振荡具有较好的消振效果。

国外的研究人员同时开展了磁性液体配制、流体动力学、传热传质、光学性能等的应用研究。日本的 Seiichi Sudo 分析了在交变磁场下磁性液滴的动态行为，利用磁性液体开发了微型往复传动装置。加拿大学者在基于磁性液体的致动器变形反射镜设计、磁光图、光探测方面进行了研究。此外，磁性液体在环保和化学催化、分离、提取技术方面也有广泛的应用。

2. 我国研究现状与发展趋势

自 20 世纪 70 年代开始，我国开始对磁性液体的研制和应用进行研究，浙江大学、同济大学、南京大学、北京航空航天大学、北京交通大学、哈尔滨工业大学、浙江万里学院、河北工业大学等高校在这方面开展了卓有成效的研究工作。

在磁性液体密封领域，从基础研究到成品开发均有研究成果问世，在磁性液体机械密封中的参数计算、结构优化方面有较成熟的研究。对于磁性液体传感器的研究较多，包括将磁性液体作为敏感质量的水平传感器和加速度传感器，利用永磁体在磁性液体中的二阶浮力的加速度传感器，采用差动变压器式的加速度传感器，以磁性液体为磁心的压差传感器，利用磁性液体光学特性的磁性液体光纤传感器，等等。在磁性液体的生物医学应用方面，研究表明热疗对多种癌症有较好的治疗效果，可促进体外肺癌细胞凋亡。例如，磁性液体热疗可明显提高小鼠路易斯（Lewis）肺癌细胞的凋亡率，抑制路易斯肺癌细胞 G1 期向 S 期的转换进程。对磁性液体感应加热效应机制的研究结果表明，处于变化磁场中的磁性液体具有热效应，其温度将随时间的推移而升高，磁性液体的升温超过 41℃，可用于肿瘤的磁热疗研究。磁性液体靶向药物传递也是我国学者的研究内容之一。研究结果表明，磁性液体热疗能显著抑制小鼠结肠癌模型的肿瘤生长，延长小鼠生存时间。

我国磁性液体的研究起步晚，研究力量分散，与发达国家还有相当大差距。国内配置的磁性液体的特性不能预先控制，对于磁性液体的微观物理化学特性的研究及磁性液体在磁场中的特性研究，仍处于初步发展阶段。此外，我国磁性液体的应用步伐较慢。磁性液体在磁性传感器、生物医学领域的应用仍处于理论与实验研究阶段。

（二）超磁致伸缩材料

1. 国际研究现状与发展趋势

超磁致伸缩材料（giant magnetostrictive material，GGM）属于高新技术功能材料，最早应用于军事领域。基于这类材料制作的水声声呐应用于军事和海洋工程，显示出当前世界上最好的性能；用于飞机智能机翼控制，可使其反应灵敏度、可靠性大幅提高。超磁致伸缩材料在工业方面的应用包括各种精密控制和超声应用，涉及机械工业、电子工业、石油业、纺织业、医疗业等方面；在高精密度控制方面的应用有机器人、微位移驱动、减震与防震、精密仪器等；在民用方面的应用主要有照相机快门、编织驱动器、助听器、高保真喇叭、超声洗衣机、家用机器人等。另外，超磁致伸缩材料在海洋探测与开发、工程地质、隐蔽工程等高新技术领域也有广泛的应用前景。它们可以精确定位、大幅度减小结构尺寸和重量、提高输出功率，具有极高的实用经济价值。

进入 21 世纪后，随着环保、绿色能源、纳米技术、人工智能技术的发展，人们不仅拓展了超磁致伸缩材料的应用领域，如振动能量收集装置、旋转马达、线性马达等，还对其进行了材料特性建模、器件设计、建模仿真及控制等研究。目前超磁致伸缩材料的研究重点是：①继续加强各种新型超磁致伸缩材料及其特性的研究；②不断拓展其应用领域。世界上许多公司在进行相关研制及应用开发工作，如美国 Edge Technologies 公司、瑞典 Feredyn AB 公司、日本东芝公司、英国 Johnson Matthey 公司、中国甘肃天星稀土功能材料有限公司。

2. 我国研究现状与发展趋势

我国稀土资源丰富，储量为世界第一。我国对超磁致伸缩材料的研究相对较晚，仅有十余年的历史，但发展较快。从 20 世纪 90 年代中期开始，除了在材料的制取工艺和特性方面继续深入研究外，国内开展了对材料应用器件的研究，并取得了一系列研究成果。近年来，从事 Tb-Dy-Fe 材料研制的单位有北京科技大学、北京有色金属研究总院、钢铁研究总院、包头稀土研究院、中国科学院金属研究所和中国科学院物理研究所、中国科学院上海冶金研究所、辽宁新城稀土压磁材料有限公司和武汉工业大学等。中国科学院物理研究所和武汉理工大学分别研制出〈111〉轴取向单晶体和〈112〉轴取向单晶体，主要性能指标都接近或达到国际同类产品的先进水平[31-33]。建于1998 年的甘肃天星稀土功能材料有限公司生产的棒材直径为 5～50mm，长度达到 200mm，其磁致伸缩曲线同 Etrema 提供的很相似，具有国际领先水平的 8t/a 超磁致伸缩材料 GMM 生产线和 5 万只应用器件生产线，执行 ISO 9001 质量体系以严格保证产品的高品质，产品远销国内外 40 多个国家和地区。

目前关于超磁致伸缩材料磁致伸缩效应的应用研究较多，在声呐、燃料喷射系统、液体和阀门控制、微定位和精密致动器、高保真喇叭等中已有实际应用。例如，钢铁研究总院和中国科学院声学研究所协作研制了水声换能器，哈尔滨工业大学研究了一种大位移传感器，海军工程大学对采用磁致伸缩材料做致动器的隔震系统进行了研究，浙江大学研制了超磁致伸缩微位移致动器等。而对于超磁致伸缩材料的另一个重要特性——磁致伸缩逆效应的

研究较少 [34, 35]。超磁致伸缩材料的压缩屈服应力高达 700MPa，具有很大的承载能力，可以制作各种各样的力学器件，如磁力控制装置、力或应力传感器等 [36]。

（三）左手材料

1. 国际研究现状与发展趋势

美国和欧洲在左手材料领域研究中处于较领先的地位。2000 年底，美国国防部国防高级研究计划局就已组织美国的一些大学和研究机构开展左手材料方面的基础研究，为左手材料技术的广泛应用奠定了基石。

2000 年，英国帝国理工学院的 John Pendry 团队分别利用金属线和开口谐振环的平面周期阵列实现了负介电参数与负磁导率。2001 年，美国杜克大学的 D. R. Smith 团队通过微波实验验证了负折射率现象的存在。2003 年，Pendry 团队提出了"完美透镜"理论，可以通过具有负折射率的"平板透镜"在传统远场成像理论之外利用电磁近场的汇聚实现超越传统光学衍射极限的"亚波长成像"。2006 年，Leonhardt 和 Pendry 的团队分别提出，可以通过引入具有电磁参数空间梯度的左手材料来实现电磁波的窄带宽"隐身"。

在基本的理论体系建立之后，左手材料进入一段快速发展时期。2010 年，左手材料因其在飞机隐形及电扫描相控阵雷达方面的应用而被美国空军列为未来 20 年影响空军装备发展的关键使能材料技术。日本也将在"心神"战斗机上采用左手材料来实现雷达隐身。2011 年，基于左手材料的雷达罩被应用于美国海军 E2"鹰眼"预警机。美国空军开展无人机情报、监视和侦察（ISR）系统的机体共形天线研究。2013 年，美国海军在濒海战斗舰上开展大规模左手材料结构件应用研制。

在左手材料技术产业化方面，国外积极进行左手材料产业化研究的公司有美国波音公司、日本丰田汽车公司、韩国 LG 电子公司、美国雷神公司等。左手材料方面的研究正逐渐从理论转到应用，从实验室走向产业化，从军用为主转为军民兼顾。研究的重点也从早期主要集中在光学、微波领域，逐渐拓展到当前在各个电磁频段（如太赫、兆赫及千赫等）都得到推广和深化。

2. 我国研究现状与发展趋势

当前，我国对于左手材料的研究已在国际上取得较好的声誉，部分成果达到国际先进水平。清华大学对介质基和本征型左手材料进行了研究，提出了通过左手材料与自然材料融合构造新型功能材料的思想，发展出基于铁磁共振、极性晶格共振、稀土离子电磁偶极跃迁及 Mie 谐振的超常电磁介质左手材料。南京大学提出了用左手材料来模拟电磁黑洞，以及光学、声学单向效应来模拟二极管行为。东南大学研究了均匀和非均匀左手材料对电磁波的调控作用，发展出雷达幻觉器件、远场超分辨率成像透镜、极化转换器等新型左手材料器件。浙江大学在左手材料的光调控领域进行了研究，发展了基于慢波的超薄、宽吸收角度的完美吸波材料，提出了左手材料在成像、隐身方面的应用。复旦大学在声学、水波左手材料及效应方面开展了很好的工作，在用左手材料进行远近场转换方面的工作也受到广泛关注。同济大学在微波和射频左手材料方面进行了较完整的研究，在微波有源、无源器件、电扫描雷达天线、隐形天线罩及电磁近场调控方面都有一些成果得到应用。

国内深圳光启高等理工研究院则率先推进了左手材料的产业化，研发出左手材料平板式卫星天线等多种设备和装置，在 20 多个省份进行了测试，并在北京、天津等地得到实际应用，在推进左手材料产业化方面走在世界前列。此外，左手材料天线罩等产品已经具备了一定的生产规模，并在一些地区及设备上得到应用。

第三节　关键科学问题与技术挑战

一、关键科学问题

（一）电工磁性材料（非）晶态结构（织构）的成相原理与精确控制技术

电工钢、铁氧体等材料的晶态结构（织构）直接影响其磁畴结构和磁学性能。精密的制作流程控制是提高电工钢性能的关键。厘清材料组分配比、热处理控制工艺等生产技术对晶态结构成相的具体影响规律；建立定量数学模型，表征材料的晶粒大小、磁畴尺寸、杂质水平等要素与材料微观损耗的关系；研究快速凝固技术对非晶态电工材料原子排序、磁学性能和物理性能的影响。对于软磁复合材料，研究绝缘包覆介质与磁性颗粒潜在的"易磁量子效应"与材料磁性能的增强作用机制。

（二）服役条件下材料微观结构动态演变规律及宏观特性描述

电工磁性材料的微观磁畴结构、晶态结构决定了其宏观电磁学性能与物理性能。一方面，研究服役条件下磁畴行为的演变规律可以从根本上解释材料的磁性能特征，为材料设计和磁畴结构优化提供理论依据；另一方面，除了磁滞非线性、饱和特性外，电工磁性材料的复杂性还在于其电磁学特性-机械特性-温度特性之间的互相耦合作用，如材料的磁损耗（或绕组构件铜耗）导致温升，进而改变材料的电导率特性，电导率特性反过来又会影响材料涡流损耗。实现材料磁滞特性、损耗特性、磁滞伸缩特性的宏观测试与表征可以为电工装备电磁场-结构场-温度场-声场的耦合分析提供必不可少的模型数据，以更好地辅助电工装备的铁心设计。

（三）纳米复合永磁材料的软磁相交换耦合机制研究

纳米复合磁体是要将软、硬磁相的磁性通过晶间交换耦合作用结合在一起的磁体。交换耦合作用可阻止软磁相的反磁化，使两相的反磁化过程趋于一致，这样可大幅度提高磁体的磁能积。交换耦合作用不仅与晶粒尺寸相关，还与磁体的交换常数、磁晶各向异性、界面特性等密切相关。一般认为，软磁相晶粒尺寸不超过硬磁相磁畴壁厚度的两倍，两相才能良好耦合，反磁化过程才可能趋于一致。实际上，软、硬磁相晶粒的交换耦合作用是通过晶间界面来实现的。理论上认为，界面原子共格两相的耦合作用可以使磁性能达到最佳。另外，界面结构的微小变化可能会导致耦合作用和反磁化过程显著改变，晶间结构的调控及界面交换耦合作用成为非常关键的科学问题。

（四）电工磁性材料的磁特性测试技术与尽限应用理论

精确的磁特性数据是保证建模准确性的关键，理想情况下的一维交变测试已有国际标准，但考虑到实际运行工况的复杂性（包括激励、温度、应力等），电工材料的实际特性差异巨大。先进电工材料的种类多，组分、结构和形状各异，应用场合各不相同。对于铁氧体、纳米晶等中高频磁性材料，多工况非标准激励测试（如谐波、偏磁等）的定量研究需要采用有效的波形反馈控制算法。对于电工钢，开展复杂二维旋转激励测试对于准确模拟电机、变压器必不可少。而对于永磁材料的磁特性测量需要考虑涡流效应和自退磁效应的修正。电工磁性材料的尽限应用需考虑材料的尺度极限、材料耐受电场、磁场的极限、极端或非常规条件下服役特性及测试表征手段，解决材料在服役条件下的本构关系模型与物理场联合求解问题，建立能表征材料尽限应用特性的数字孪生模型非常重要。

二、技术挑战

（一）先进电工钢磁性材料

（1）发展新的织构控制技术及相关新原理的探讨，突破电工钢技术瓶颈。

（2）电工钢的纯净化技术和涂层技术虽然已经取得长足的进步，但仍需要进一步地改进和创新。

（3）确立和推广使用新型电工钢的配套设计规范、技术规范、应用规范、环保标准等。

（二）非晶纳米晶磁性材料

（1）掌握快速凝固过程平衡的极限稳定性规律，开发新一代制备非晶和纳米晶合金的装备技术与工艺技术，重点突破高叠片系数超宽超厚非晶合金带材和高叠片系数超宽超薄纳米晶合金带材产业化装备技术与工艺技术。

（2）攻克非晶和纳米晶软磁合金材料设计难题，与工艺相结合，设计开发兼备强非晶形成能力、低成本、优异软磁性能的新材料体系与兼备高饱和磁感应强度、低成本和低损耗的新材料体系。

（3）开发非晶和纳米晶软磁合金材料的性能调制技术，重点是优化成分和后处理工艺的适应性。

（三）软磁铁氧体材料

（1）对于软磁铁氧体材料，材料的磁导率和高频功耗限制了器件的工作频率。一方面，提高磁性材料的磁导率能有效地提高器件的电感值，较少的绕线匝数就可以使元件获得预期的电感值，降低了由绕线引起的铜损，同时还减小了器件的体积；另一方面，高频低功耗是一个十分重要技术问题，低功耗的实现可以推动器件向更高的频带工作，使其在高频下仍然具有高的功率转换和传输效率，降低电子系统能耗。

（2）软磁铁氧体在 1～3MHz 频段具有较大的低功耗优势（如 3F4 材料），但是其电阻率较低（约为 $10\Omega \cdot m$），在兆赫频段易出现打火等现象，降低其可靠性。此外，由于 3F4 材料在 1～3MHz 的稳定工作是以降低磁导率为代价的，在某种程度上增加了铁心上绕组的数量，因此会导致由绕线引起铜损增加。

（3）高频损耗的问题一直是该领域的一个世界性话题，尤其是工作于兆赫频段的磁心损耗随频率和温度的变化而变化。

（四）电化学磁性超薄带

（1）溶液中金属离子配位结构的形成演变规律及其在电场作用下的电化学还原机制及成分结构调控技术。

（2）在添加剂作用下磁性超薄带晶体结构及内应力演化规律与磁性能控制技术。

（3）金属配位离子在外加磁场及电场共存条件下的电化学还原及晶体结构形成规律与磁性超薄带的高效率制备技术。

（4）规模化生产装置中液流场/电场或者液流场/电场/磁场的关联效应及协同调控技术。

（5）阴极基板和磁性超薄带间的界面结合模式与结合强度间的相关性及规模化生产过程中磁性超薄带的零缺陷卷带技术。

（6）温度场及气氛控制条件下磁性超薄带的成分和结构演变规律及协同调控技术。

（五）软磁复合材料

1. 磁粉芯材料

纯铁磁粉芯、铁硅（铝）磁粉芯在工作频率较高时，有较高的损耗，应用呈慢慢减少的趋势。铁镍（钼）磁粉芯的饱和磁感应强度可高达 15 000Gs 左右，直流偏置能力较好，但是制备工艺复杂，且含贵金属镍，较大地限制了其应用范围。非晶和纳米晶磁粉芯具备极高的初始磁导率和极低的矫顽力，由于其优异的软磁性能、低廉的价格而得到迅速发展。但其磁导率较低，而且粉末颗粒脆性较大，不易压制成型，所以目前工业生产较不成熟，制备工艺对磁粉芯的软磁性能有一定的影响，如粉末的绝缘包覆、成型压力及退火热处理温度。

2. 绝缘包覆材料

有机绝缘包覆的热塑性树脂难以与基体形成均匀的包覆层，熔点很低，无法在后续的热处理中进行去应力退火，热固性树脂的热稳定性差，一般在200℃左右就会出现分解，使得软磁复合材料不能在压制后的退火过程中进行高温回火，无法有效地去除压制过程中引入的内应力，会使得对软磁复合材料磁性能的优化受到限制。无机磷酸盐包覆层的温度稳定性差，将其作为绝缘层物质会导致磁粉芯无法在高温下退火以去除压制过程中引入的内应力。硝酸氧化法与磷酸钝化法类似，但由于硝酸浓度过高、包覆反应速率过快，使得获得的绝缘层很厚，从而导致复合材料的饱和磁感应强度下降明显。

3. 黏结剂

有机黏结剂的高温分解导致绝缘效果被破坏，磁粉芯损耗偏高；无机黏结剂（如磷酸盐类，硅酸钠等）的耐水性问题。

4. 成形工艺

如何在提高生坯致密度的同时避免磁心边缘开裂与金属粉末表面绝缘层破裂。

5. 热处理工艺

退火热处理是磁粉芯制备过程中对其最终性能起决定性作用的工序，其加热温度对磁性能起最关键的作用，如何选择合适的温度，消除金属粉末内应力、减少晶体缺陷，提高磁粉芯的有效磁导率，保持包覆绝缘层的完整性，是需要解决的问题。

（六）电工软磁材料

（1）在服役条件/极端条件（多次谐波、直流偏磁或交直流混合激励、深度磁饱和、应力、温度）下的软磁材料磁特性测量属于非标测量，测量数据的精确性与可重复性受测量原理及方法等因素的影响较大，需要重点关注。对于多因素共同作用下的材料唯象模型，尤其要解决自变量在大范围变化时模型的适应性与精确度。模型是否实用的关键是，既要描述复杂特性又要考虑到后续物理场分析的数值稳定性。

（2）在考虑精细材料模型的物理场计算时，材料模型本身的数值稳定性及迭代算法的收敛性与快速性，涉及计算数学及高性能计算等技术，属于交叉学科的范畴，需要多学科人才联合攻关。

（3）精细材料模型的实验验证是对测量、表征、物理场耦合计算的综合检验，如何巧妙设计产品级实验，通过实验准确分离工程电磁装备中的铁损耗，分离磁致伸缩对振动贡献等是一项艰苦的工作，可能涉及测试技术的新原理、新方法等。

（七）先进永磁材料

1. 钕铁硼永磁体

当前，为了获得高矫顽力的钕铁硼永磁体，都会在永磁体中添加5%左右的镝元素，但是由于近年来稀土价格持续上涨，高矫顽力的钕铁硼永磁体生产成本也随之上升，在与其他永磁体的竞争中失去很大优势。因此，研制少镝甚至无镝的高矫顽力钕铁硼永磁体是如今发展钕铁硼永磁体面临的主要技术挑战。

2. 钐铁氮永磁体

钐铁氮永磁体当前很少被应用，主要原因有以下两个方面。一方面，钐铁氮属于亚稳相，在温度高于600℃时将发生分解，且不可逆。因此不能采用烧结法制备钐铁氮永磁体，只能先制备钐铁氮磁粉，再制成黏结永磁体。而黏结永磁体的磁性能普遍低于烧结永磁体的磁性能，所以研究并解决高温下钐铁氮永磁体的分解问题是充分发挥钐铁氮永磁体磁性能及能否与钕铁硼永磁体竞争的关键。另一方面，钐铁氮永磁体的重复性差，批量生产性能不稳定，且其实际磁性能和理论值之间存在较大差距。因此，加深对钐铁氮永磁体的理论研究，在工艺上有所突破，才能让钐铁氮永磁体走向商品化的道路。

3. 纳米晶复相永磁材料

采用常规方法制备的磁性材料的微结构与理论要求相差很远。一方面，需要从实验出发，进一步改进或探索新的制备工艺，得到纳米尺度在20nm以下具有较高单分散性的纳米复合颗粒，使其在晶粒尺寸、相含量、界面结构及晶体学取向等微结构参数满足理论预测所需的条件；另一方面，需要不断研究和完善纳米晶复相永磁材料在纳米尺度的诸多物理机制，如研究在20nm以下纳米晶复相永磁的矫顽力机制和交换耦合机制并能通过实验来验证相关理论。

（八）稀土永磁材料的磁特性

1. 永磁脉冲测量仪研发

自主研发永磁脉冲测量仪的技术挑战在于脉冲磁场下的永磁体涡流修正技术。自退磁效应的修正也是一个难题，只有突破该技术，才能给永磁开磁路测量带来革命性的影响。

2. 永磁体服役特性研究

开展稀土永磁体服役特性检测与寿命预测的研究，需要模拟不同的应用环境，开展加速老化实验。寿命预测模型应该依据现有成熟的材料服役实效模型，因此对于实验数据的广度与精度要求很高。

（九）特殊磁材料

1. 磁性液体

磁性液体从其磁性微粒来分有铁氧体系、金属系和氮化铁系磁性液体三大基本类别。其中铁氧体系的磁性微粒有 $Y\text{-}Fe_2O_3$、$MeFe_2O_4$（Me=Co, Mn, Ni）、Fe_3O_4。受自身限制，这类磁性液体的饱和磁化强度较低，最高为850Gs，应用范围因此受限。金属系磁性微粒有 Ni、Co、Fe 及 FeCo、NiFe合金等，饱和磁化强度可达1500Gs，但是此类磁性液体易氧化。相比较而言，氮化铁系磁性液体的饱和磁化强度高、化学稳定性强。

2. 超磁致伸缩材料

超磁致伸缩材料服役特性的精准测试与特性仿真建模也是其应用所面临的挑战之一。超磁致伸缩材料具有巨大的应用前景就在于它的优异性能，而这些新特性的精准建模还处于初级阶段。

3. 左手材料

发展深亚波长左手材料的准静态电磁场仿真技术，复杂左手材料的高精度数字加工技术，深亚波长左手材料的准静态电磁场测试技术。

第四节 先进磁性材料的重点发展方向

一、电工钢

电气工业的发展会长期大量需求各种低铁损、高磁感、薄规格、低噪声、低成本的电工钢。随着时代的发展，任何电工钢新技术都会有落后于时代的时刻。因此，电工钢作为一大类软磁材料，不仅体量庞大、影响深远，而且其技术发展永无止境。要想实现电工钢技术的可持续发展，不仅要攻克各种技术难关，更需要长期、持续创新的能力。因此，更关键的电工钢发展目标在于破除现有思想束缚和制度缺陷，建立一个有利于电工钢技术可持续稳定发展的指导思想体系和制度环境以鼓励创新，并促进创新能力的形成、保持、增强，努力推动中国的电工钢技术水平赶超世界先进水平。主要有以下几个方面。

（1）对电工钢的磁特性检测方法现行标准的基础问题进行系统和深入的研究，改进和完善现行国家标准，同时对国际标准的修订提出建议和提供支撑。

（2）开展电工钢的磁特性新检测方法的研究，对满足制定国家标准要求的检测方法，形成标准化建议，同时对国际标准化的制订、修订提出建议和提供支撑。

（3）结合电工钢磁特性检测的实际需求，研发和制造国产的磁性能测试设备，提高电工钢磁特性检测的技术水平。

（4）加强国内电工钢磁特性检测方法的研讨，同时支撑对应的国际标准化活动。

根据超高压输电对取向电工钢的需求，开展超薄规格、超高磁感、超薄高绝缘涂层等品种的研制，以及相关生产工艺的开发，尤其注重超低能耗取向电工钢的生产技术开发。同时，应注重借助冶金短流程发展成本取向电工钢的生产技术，大规模扩大取向电工钢的应用领域，以及相应节能技术的发展。

鉴于高扭矩电机的发展，深入开发和研究无取向高效电机钢，注重突破对增强〈100〉织构的技术局限。深入开发新节能型高牌号无取向电工钢和高硅无取向电工钢，特别注重〈100〉织构在加工过程中遗传机制，探索明显增强电工钢有利织构的途径。发展超薄规格高牌号无取向电工钢及相应的超薄高绝缘涂层。

在更高频的应用范围，需要进一步开发高硅钢的品种和加工技术，重点在于高硅钢薄带专用工业加工设备的设计、制造、中试生产、大规模推广应用等。

二、非晶和纳米晶磁性材料

发展非晶和纳米晶软磁合金材料的总体思路有以下几个方面：

（1）掌握快速凝固过程平衡的极限稳定性规律，开发新一代制备非晶和纳米晶合金的装备技术与工艺技术，重点突破高叠片系数超宽超厚非晶合金带材及其产业化装备技术和工艺技术。

（2）攻克非晶和纳米晶软磁合金材料的设计难题，与工艺相结合，设计开发兼备强非晶形成能力、低成本和优异软磁性能的新材料体系及兼备高饱和磁感应强度、低成本和低损耗的新材料体系。

（3）开发非晶和纳米晶软磁合金材料的性能调制技术，重点是优化成分和增强后处理工艺的适应性。

探索提升延展性的方法，解决非晶合金的脆性问题，保证使用安全；进一步研究新工艺或更好工艺性的合金，获得具有优异综合软磁性能的铁基软磁非晶合金或非晶/纳米晶合金；深入研究影响软磁非晶/纳米晶合金加工性能的因素，探索提高加工效率和保证加工质量的技术和方法；开发满足不同需求的软磁非晶/纳米晶合金体系，针对不同应用领域、不同产品，开发满足不同产品需要的多种软磁非晶/纳米晶合金体系。

针对先进电工磁性材料的应用和发展需求，非晶和纳米晶软磁合金材料的重要研究方向是材料基础研究和高精度快速凝固技术开发。在材料基础研究方面，开展非晶合金材料体系的设计与评价，深入研究快速凝固过程对亚稳态材料的形成机制、组织结构和材料性能的影响规律，建立快速凝固组织结构形成模型，实现对非晶和纳米晶材料性能的预测。在此基础上，重点开展材料组分的内禀特性研究，如强非晶形成能力、高饱和磁感应强度、低磁致伸缩等，通过优化设计提高材料的性能、拓宽材料的品种。在高精度快速凝固技术开发方面，开展快速凝固技术的模拟仿真与工艺优化，深入研究非平衡凝固过程的演化和规律。开发快速凝固过程监测、控制技术，如带材厚度、粉末形貌、叠片系数的精确控制技术等。开发工业化生产用高精度快速凝固技术控制手段、装备技术和工艺技术，提升高精度制带工艺水平，控制带材质量，如带材形态和表观质量。

非晶和纳米晶软磁合金先进电工材料的优先发展方向分为新材料开发和

新技术开发。在新材料开发方面，优先开发具有成本优势的高饱和磁感应强度或低磁致伸缩的非晶合金新材料和高饱和磁感、低损耗纳米晶合金新材料。在新技术开发方面，优先开发超宽超厚非晶合金带材和超宽超薄纳米晶合金带材的工业化生产技术，并且使叠片系数显著提升。

三、软磁铁氧体

我国软磁铁氧体生产企业在快速发展的过程中越来越意识到新材料、新技术应用的重要性。长期以来，日本、欧洲和北美一直在软磁铁氧体生产技术方面处于主导地位。但近年来由于成本居高不下，欧洲和北美地区的企业几乎放弃了软磁铁氧体的生产，只有极少数企业仍在艰难维持。少数像浙江东磁集团公司这样的大型企业已经能够批量生产与 PC47、PC90、PC95 级相当的高端功率铁氧体材料和初始磁导率为 20 000 的高磁导率铁氧体材料。在这样有利的环境下，应当尽力缩小与发达国家的技术差距，使自身成为国际领先水平。对于软磁铁氧体，最重要的参数便是磁导率、工作频率及损耗。因此，将获得更高磁导率、工作频率及更低损耗作为当下的发展目标，符合实际且顺应当前的发展潮流。

（一）向高频率发展

软磁铁氧体作为比较早用于开关电源变压器的软磁材料，随着开关电源工作频率越来越高，相应的材料一代接一代地开发出来。目前，国外先进技术已经将软磁铁氧体材料的工作频率提高到 3MHz 以上，而我国不具有自主生产兆赫级别软磁铁氧体材料的能力，仅能依靠进口，大大限制了相关产业的发展，因此开发更高频率的软磁铁氧体材料仍是我国研究软磁铁氧体的重点发展方向。

（二）向高磁导率发展

电子技术应用的日益广泛，特别是数字电路和开关电源应用的普及，电磁干扰问题日趋严重。高磁导率软磁铁氧体磁心能有效吸收电磁干扰信号，以达到抗电磁场干扰的目的。高磁导率软磁铁氧体的主要特性是磁导率特别高，一般要求在 10 000 以上，从而可以大大缩小磁心体积，并且希望提高工作频率。目前我国多数企业能大批量生产磁导率在 5000～7000 的材料，有少数企业能生产磁导率 10 000 的材料，但磁导率大于 10 000 的材料还只处于开发试制阶段。因此，向高磁导率方向发展是提高我国软磁铁氧体整体竞争力的必经之路。

（三）向低损耗发展

低损耗软磁铁氧体材料的发展十分重要。日本 TDK 公司在 20 世纪 90 年代初中期相应地推出用于制作回扫变压器的 HV22 和 HV38 低功耗材料及用于开关电源的 PC44 高频低功耗材料，当前其开发的 PC47 材料的功率损耗仅为 $250kW/m^3$。我国在这方面材料的开发生产还有较大的差距，但已有一些科研机构、企业等着手进行低损耗软磁铁氧体材料的研究。

目前，软磁铁氧体的发展趋势有高磁导率、高频率、低损耗、高饱和磁通密度、高阻抗、更宽的使用温区、更小体积、更轻等。

四、电化学磁性超薄带材料

（一）实现电化学磁性超薄带制造技术的产业化

目前，国内外尚无产业化的电化学磁性超薄带制造技术。大量的实验研究仍集中在高等院校和研究机构。作为一种完全不同于冶金方法的绿色、节能、高效制造技术，电化学磁性超薄带制造技术需要集中力量强力推进产业化技术的开发及产业化进程。为此，需要加强产、学、研联合开发，建设电化学磁性超薄带制造技术产业化基地。这将有利助推电化学磁性超薄带制造技术的产业化进程。

（二）确立电化学技术制造磁性超薄带的产品系列及产品标准

开发电化学磁性超薄带制造技术具有原创性，其产业化过程将形成一批具有完全自主知识产权的专利技术，并形成我国具有完全自主知识产权的又一新兴产业。为此，有必要建设国家级的磁性超薄带电化学工程技术中心，集中相关研究领域的高水平研究型人才和工程技术型人才，建设先进的磁性超薄带理化检测中心，搭建起磁性超薄带中试生产线及规模化生产线。在大力推动电化学磁性超薄带技术产业化的同时，及时形成相关磁性超薄带材及系列产品标准，为电化学技术制造的磁性超薄带市场化创造条件。

（三）形成电化学技术制造软磁超薄带的专属电器元件及相关标准

针对电化学技术制造的软磁超薄带产品特点，将其作为电力、电子和信息领域的重要基础材料，大力推进其在相关电器元件中的应用，并形成基于电化学技术制造软磁超薄带的专属电器元件及相关质量标准，逐步扩大电化学技术制造软磁超薄带产品应用领域。

（四）加快产业化进程的重点发展方向

1. 开发高性能软磁薄膜材料体系

局域电化学技术制造磁性合金薄膜材料，是通过电场作用下溶液中的不同离子在电极表面还原为原子并进入合金结构的过程得以实现。溶液中不同离子的存在状态和不同离子间的交互作用对离子的还原过程及合金结构的形成过程有着重要影响，并因此影响形成合金的内应力及磁畴壁的运动。因此，要根据薄膜磁性材料电化学形成过程的特点，针对性地对磁性合金材料的成分和结构进行优化设计，开发具有低矫顽力、高磁导率、高电阻率和低内应力的软磁薄膜材料体系。现阶段应重点开发以下三种软磁薄膜材料体系：

（1）高性能 Fe-Si 合金系列软磁薄膜材料体系。

（2）高性能 Fe-Ni 合金系列软磁薄膜材料体系。

（3）高性能 Fe-Co 合金系列软磁薄膜材料体系。

2. 开发专用复合添加剂

溶液中的添加剂，通过改变溶液中离子的存在状态及电极表面的双电层结构，影响离子在导电基材上的沉积过程，进而改变电化学沉积磁性薄膜材料的晶粒尺寸、晶体取向及薄膜材料中的杂质含量。针对上述三种不同的软磁薄膜材料体系，着眼于有效降低薄膜材料的内应力及矫顽力、提高离子的沉积速率，开发与之相适配的专用复合添加剂。

3. 开发先进的电化学磁性超薄带生产工艺及生产设备

磁性薄膜材料的电化学制造过程，涉及电极和电极间的电场强度及电场分布、水溶液的液流强度及分布。为制造出高性能的磁性薄膜材料，需保证用于沉积薄膜材料的导电基材表面的电场强度及液流强度均匀分布。为实现磁性超薄带的高效率、绿色生产过程，也要求生产设备具有高的自动化水平及与绿色生产相适配的生产工艺。为此，需要根据液流场和电场分布的规律，以及高效率、绿色生产的要求，优化设计电化学技术制造磁性超薄带的生产设备，开发先进的电化学磁性超薄带生产工艺及生产设备。

五、软磁复合材料

（一）粉末多相复合的界面冶金化

目前多相界面的结合方式主要包括机械结合和冶金结合两大类。机械结合往往难以形成良好的导磁通路，造成磁导率显著下降，这是当前的软磁复合材料（soft magnetic composite，SMC）磁导率显著低于理论预测值的重要原因之一。而且界面氧化还可能造成矫顽力的提升，致使一些金属磁粉芯表现出高于块材或板材的静态矫顽力水平。而冶金结合在金属学中是特指异种金属的界面间通过原子相互扩散而形成的结合，这个界面在金属磁粉芯也可拓展为不同的磁性或非磁性相原子或分子的界面。当磁性材料界面形成冶金结合后，多相界面原子或分子可形成较强的键合联系；从晶体结构上，可能形成共格、半共格关系，在适当畸变条件下，这样的强键合和共格关系从原子分子尺度上可以形成界面上的磁交换作用，从而在介观尺寸层面，磁畴在界面处得以连续过渡，形成有效的导磁通路，最终在性能上表现出更高的磁导率和更低的矫顽力。

因而，如何设计并实现较完全和适当的金属磁粉芯多相界面冶金化将是实现其磁性能突破的重要途径和发展方向。金属磁粉芯多相界面冶金化具体分为三个步骤进行研究和发展应用。第一步是对目前成形工艺或原料制备工艺〔如热压工艺、放电等离子体烧结（spark plasma sintering，SPS）成形工艺、直流烧结成形工艺、热处理或热烧结工艺、球磨"发酵"工艺〕中存在金属磁粉芯多相界面冶金结合现象的详细表征研究，探究工艺参数和现象显现的可能联系。第二步是研究在上述工艺状态下，金属磁粉芯多相界面冶金化的详细机制，并结合机制研究金属磁粉芯多相界面冶金化发生对多相粉末原料的要求，包括：粉末尺寸的级配和均匀性、粉末多相成分均匀性、多相形态的要求。第三步是从原料粉末制备入手到最终的烧结热处理成品过程中，按照第一步和第二步的研究成果，对每道工序进行精准调控，获得设计所需的金属磁粉冶金化界面，使磁粉芯性能显著突破现有水平，甚至超越理论值。该过程不仅需要更精细科学地调整现有设备的工艺参数，更需要对现有设备按精准调控的要求进行相应的改造，形成关键核心技术。

（二）空间曲线方向复杂取向（空间取向）调控

空间取向是一种增材制造技术，可以在最终成形过程中构造空间上的先后成形顺序。例如，目前的材料挤出技术（fused deposition modeling，FDM）、粉末床熔融（power bed fusion，PBF）技术、材料喷射和黏结剂喷射（统称3DP）技术都具有点或线扫描，以及成形高度方向上逐层累积的成形特点。因此，成形材料的性能也不可避免地会出现面内沿扫描轨迹和高度方向上性能和材料组织上各向异性，从而理论上可以使磁性能产生定向的工艺诱导，感生各向异性；由于感生各向异性多为单轴，而且扫描轨迹和高度堆积参数可以精准调控，因而理论上可以通过扫描轨迹和高度堆积的参数调控，构造出可调控的空间取向。

空间取向应具有两个层面的研究：①磁性内核组织的整体再结晶或凝固组织取向引起的空间取向；②在成形过程中，磁性内核间的边界相定向重构引起的空间取向。

这里需要注意的是三维磁畴的研究，目前对磁畴的研究主要在二维层面（包括薄膜材料、纳米粒、纳米线等）[37]，研究三维磁性材料的最大困难在于三维材料结构更加复杂，在由磁畴推导磁滞回线中，由于三维层面原子相互作用力的影响，最终推导结果与实际情况相差太大。三维材料的宏观磁性能与微观磁结构间缺乏足够有力的科学理论研究，这是需要重点攻克的磁学基础问题。

（三）粉末颗粒组合超结构的低各向异性设计

在高性能磁粉芯的材料设计上，除了通过晶体织构和边界相定向排列上呈现组织层面上的各向异性进行空间取向调控而形成介观和宏观上的磁各向异性外，还要通过颗粒组合形成一定的特殊结构，进一步通过降低磁晶各向异性以提升磁导率和降低矫顽力。该组合包括：

（1）磁性内核晶态、纳米晶态、准晶态和非晶态的有机组合，从而从晶体结构上形成互补耦合和弛豫状态，尽可能削弱晶态本征的磁晶各向异性和磁致伸缩性的影响，并且使组织呈现出稳定的多晶态共存或者稳定的微晶状态。

（2）材料体系的互补，形成耦合的超结构组织。有两类潜在的耦合方式。一类是晶体尺度，采用不同磁性合金，使它们的本征磁晶各向异性和磁致伸缩性互补耦合形成"磁性超结构"，如将磁晶各向异性能或磁致伸缩系数进行正负搭配，或进行权重平衡。另一类是介观尺度，在制作器件时引入一些缺陷或者尺寸上进行限域，从而通过不同的晶格畸变，形成局域的各向异性畸变，通过耦合形成磁性超结构。目前，随着微纳增材制造技术的发展，可以打印一些超细甚至微纳尺度大小的点阵超材料，形成可以用于特殊用途的磁材料。

（四）软硬结合的低成本、高性能、高强度复合硬磁材料

目前，钕铁硼永磁体尽管具有高的磁能积、较高的矫顽力，但是成本高、材料脆、高温退磁问题和长期使用的退磁问题依然是行业应用的重大痛点。而铁基软磁材料（如铁硅系、铁镍系、铁钴系）的居里温度、饱和磁化强度普遍较高，机械性能更加强韧。如能与磁粉芯工艺相结合，使铁基软磁合金组分作为硬磁介质稳定的"磁化增强体"，将有助于硬磁组分用量减少而且降低成本，通过界面冶金化使复合硬磁材料更加强韧，并且使剩磁和磁能积指标有望进一步提升约 20%～40%。另外，复合硬磁材料的硬磁特性可通过软、硬磁相晶粒间的交换耦合作用实现，因而高居里温度的铁基软磁合金组分将有望通过耦合方式，使硬磁组分在高温下更加稳定。

然而复合硬磁材料的难点在于避免因组分和混合尺度需要达到均匀的纳米级别，且需要确定临界组分尺寸，避免软磁组分内部因尺寸过大而产生过强的交换作用，进而形成退磁场，使复合硬磁材料的剩磁和磁能积显著降低。

复合硬磁材料的发展分两个方面。在理论上，通过微磁学计算分析，获得硬磁组分和软磁组分的潜在匹配组合及临界混合尺寸和组分相尺寸。这里硬磁组分和软磁组分都可以是多相互混的。对于多相互混的体系，可以参考梯度材料，在细分的结构上构建"硬磁源、过渡层、导磁层"这样的多层体系，使退磁场等一些有害因素降至最低。在工艺上，借助金属磁粉芯的物理、化学包覆技术、颗粒边界重构技术和界面冶金化成形，实现纳米层级的软硬磁复合，实现理论设计。从发展过程来看，两者应是相辅相成的。

六、电工软磁材料的磁特性测量、模拟与应用

材料精细模拟方向主要涉及精确测量、建模与表征、精细物理场分析与设计共三大技术环节，环环相扣，缺一不可。精确测量是材料唯象建模的前提，精确的数学模型则是物理场分析准确与否的关键，物理场精确分析是优秀设计的前提。首先，电工磁材料科研团队要关注实际电工装备中存在的问题，加以分解，落实到材料的具体性能，将需求转达到材料生产商。其次，要建立材料生产商、计量单位、科研单位多方分工合作机制，建设多方认可的国家级电工软磁材料磁特性数据库。最后，要加快电磁场计算软件与电工

磁性材料精细模型的对接，完成从测量方法、模型到数值计算方法的有效性实验验证，推进基础研究成果的工程化应用。

总体目标应该是围绕大型输变电设备中的磁损耗、局部过热和振动噪声等热点问题集中研究磁特性检测和模拟，通过开展相关新型软磁电工材料微观结构（介观尺度内磁畴结构）研究、复杂条件（高频、典型非正弦波激励、直流偏磁等）下材料磁特性（高频磁化与损耗特性等）检测技术研究、磁特性的理论模拟方法（微磁学原理应用）研究，揭示新型磁性材料高频磁化和损耗特性的物理机制，掌握新型磁性材料的磁特性检测与模拟技术，为我国先进电力设备的研制提供相关材料的技术支撑与保障。重点发展方向如下：

（1）建立我国电工磁性材料磁性能模拟技术体系，涵盖标量和矢量磁性能模拟技术，培养专家队伍。

（2）自主研发、制造系列的磁性能测试装置，建设国家级实验研究平台和应用基地。

（3）建设和不断完善国家电工磁性材料磁性能数据库。

（4）自主研发、编制电磁场数值计算软件，可以真正导入或自定义磁材料特性模型，摆脱对现有商业软件的依赖，实现对复杂电磁场问题的有效计算。

（5）对于磁性材料磁特性的检测与模拟，如果与材料科学相结合进行研究会极大地促进新型磁性材料的发展与工程应用；以材料模拟研究为基础，为新型磁性材料的研发提供"宏观"经验。

在软磁材料磁特性测量方面，建议将以下工作作为发展重点。

（1）全面深入地开展多维磁测量技术研究，自主研发、制造多维磁性能测试装置，积极牵头制定国际标准。以三维磁性能测量为契机，借助我国的先发优势，在对应的国际标准研讨中有所作为，争取更多的话语权。

（2）根据解决科学和工程问题的需要，在复杂激励条件（如谐波、直流偏磁或 PWM 波，外部环境条件中涉及温度、外力等）下开发非标准磁特性测量方法，并基于相应的专用模型所获得的磁性能数据，进行材料和构件（material and component）磁特性差异的比较研究。

（3）统筹资源，建设国家级实验研究平台和应用基地或联合实验室，建设和不断完善国家电工软磁材料标准和非标准条件下的磁特性数据库。

在软磁特性表征方面，重点发展方向如下。

（1）电工软磁材料在复杂条件下（包括旋转磁化，拉、压应力等条件下）的磁致伸缩特性表征。

（2）在电工装备服役条件/极端条件下的软磁材料磁化、损耗测量与表征，完成模型的准确性、实用性和普适性评估。

（3）联合物理学家、磁性材料专家，以磁化动力学为基础，研究外施条件引起的"微观磁结构"变化对"宏观磁特性"的影响。

在软磁性能应用方面，建议将以下工作作为发展重点。

（1）将材料磁特性模型和变压器、电机等电工装备电磁场数值计算问题相结合，考虑叠片材料存在的纵向、横向缝隙问题及大尺度和小气隙合理剖分问题，建立电磁-温度-应力多物理场耦合分析模型。

（2）统筹计算电磁学资源，建设我国多物理场数值仿真软件平台，解决材料模拟技术与大型电工装备建模仿真技术脱节的问题。

（3）开展大型电工装备物理场检测技术研究，完成软磁电工材料精细模型的有效性实验验证。

七、先进永磁材料

针对目前常用的第三代永磁材料，通过化学成分与加工工艺改进等方法，提高其磁性能、稳定性和利用率，推进永磁体回收利用，降低其成本；针对第三代永磁材料磁性能接近上限及我国在第三代永磁体领域竞争中落后的问题，大力推进新一代永磁材料的开发与研究，争取在未来稀土永磁材料竞争中占据主导地位。

（一）新型永磁相的探索

对于某种特定晶体结构的永磁相，仅采用元素替代方法无法兼顾高剩磁、高矫顽力和高居里温度的问题，需要一种综合磁性能超过钕铁硼的新型稀土永磁材料。

（二）化学成分与制备工艺

化学成分和制备工艺共同决定了稀土永磁材料的最终成本和磁性能。在化学成分方面，需要探索高丰度稀土永磁材料；在制备工艺方面，需要更精确有效的晶界直接观察方法。

（三）开展稀土永磁材料的回收利用研究

磁体回收技术是高效利用稀土永磁材料的重要方式之一，不仅能节约资源，还可以降低生产成本，应该受到足够的关注。

八、稀土永磁材料磁特性测量

（一）完善永磁材料闭磁路标准测量方法

核心是满足不断发展的稀土永磁材料和应用技术需求，如基于渗透工艺的薄片永磁体的检测，径向辐射稀土永磁磁环的磁性检测等。此外，提高高温稀土永磁闭磁路的测量精度或开发出新的永磁体闭磁路高温测量方法，也是重点发展方向。

（二）开展永磁材料开磁路测量方法研究

首先解决自退磁效应修正方法，当前各种开磁路永磁测量方法最大的障碍是自退磁场的影响。由于被测永磁样品的非均匀磁化状态，退磁因子存在不均匀性，采用单一的平均自退磁因子修正不能获得准确的退磁曲线[38]。需要通过精确磁场仿真结合实验方法，探寻精确的开磁路永磁测量仪自退磁修正方法。这一任务难度较大，其实际应用和理论意义特别重大。

（三）稀土永磁材料服役领域基础和应用基础研究

针对新能源汽车、高铁、风力发电、国防安全、航空航天等重要和前沿的应用领域，以稀土永磁材料服役过程中的高温热减磁、失重、表面腐蚀、磨损、机械应力、抗交变电枢反应导致退磁等突出的失效行为为对象，开展稀土永磁材料服役领域的基础和应用基础研究，积累服役性能数据，提出标准实验方法，形成自主创新的稀土永磁材料服役特性及其表征方法的知识体系，为我国高端稀土永磁材料的选材、安全评估与寿命预测提供科学技术支撑。

九、功能磁性材料

（一）磁性液体的重点发展方向

（1）从磁性液体的制备工艺和种类入手，不断提高和改善磁性液体的基本特性，如将 Fe_3O_4 磁性液体的饱和磁化强度从 0.02T 提高到 0.06T 左右。

（2）研究磁性液体的各种特殊性质，如黏度特性、力学特性、声学特性及温度特性等。磁性液体有其独特的磁学特性，如磁-黏特性、磁-温特性、磁-光特性等，通过理论分析和实验测试磁性液体的磁学特性，建立磁性液体磁学特性的模型。

（3）基于多物理场耦合的磁性液体传感器和阻尼减振器的机制研究，探讨磁性液体传感器和阻尼减振器涉及的电磁场、流场、温度场等多物理场耦合问题，建立多场耦合模型，进而研究传感器和减振器的工作机制，为研发和设计新型传感器提供理论依据。

（4）磁性液体传感器的传感机制、建模和优化及基于磁场作用下的磁性液体传感器智能性研究。

（二）超磁致伸缩材料的重点发展方向

（1）提高超磁致伸缩材料性能、降低超磁致伸缩材料的生产成本。超磁致伸缩材料的高端应用离不开其服役特性的高性能，但成本因素依然是制约超磁致伸缩材料应用发展的瓶颈之一，特别是近几年超磁致伸缩材料价格的上涨影响了对其器件研发工作的热情。因此，研究高性能、低成本的超磁致伸缩材料，成为其应用的一个重要方面。

（2）加快超磁致伸缩材料服役特性测试设备的研制。超磁致伸缩材料服役特性的准确测试是研制其器件的基础，因此结合超磁致伸缩材料实际应用的需求，研制国产的服役特性测试设备势在必行。

（3）研究超磁致伸缩材料服役特性建模仿真方法。不同工况下材料的服役特性很复杂，采用常用的模拟方法不能适应新的需求，需要根据实际问题加以解决。因此在超磁致伸缩材料服役特性准确测试的基础上，研究其精准模拟方法至关重要。

（4）加强超磁致伸缩材料应用的产学研用结合，尽快完成成果转化。行业、企业、科研院所和高校有机结合，发挥各自长处，行业、企业提出高端领域应用需求，科研院所和高校发挥技术优势，攻克关键技术，指导超磁致伸缩材料产品设计，并尽快进行成果转化，充分发挥我国稀土资源优势，壮大超磁致伸缩材料的产业规模。

当前，国际上一方面继续加强各种新型超磁致伸缩材料及其特性的研究，形状有棒材和薄膜材料，种类有铽-镝-铁、铁-镓等。另一方面鉴于超磁致伸缩材料的优异性能，不断拓展其应用领域，如驱动器，超磁致伸缩材料与压电材料构成的异质结构的传感器、谐振腔，力学传感器，磁通门传感器，冻雨传感器，磁致伸缩超声发生器，能量收集器，超磁致伸缩助听器等。研究内容主要包括应用器件的结构设计、多物理场耦合模型的建立、动静态特性及其非线性处理等。

因此，结合我国的实际情况，重点研究方向包括：根据实际工程应用需求，研究高性能、低成本的超磁致伸缩材料制备工艺；完善超磁致伸缩材料服役特性的测试方法，研制测试设备；着重解决应用器件研制过程中遇到的科学问题，发展多物理场耦合模型与数字孪生技术；完成产、学、研、用成果转化。

（三）左手材料的重点发展方向

（1）拓展并完善左手材料的频率应用范围。

（2）逐步建立以产业为导向的应用基础研究，如基于磁性左手材料的无线电能传输增强技术研究，基于磁性左手材料的近场调控及屏蔽技术研究等。

（3）磁性左手材料的精密加工、测试技术研究，以及相关装备、平台建设与先进电磁仿真平台建设。

（4）大力加强工程基础问题研究，促进左手材料产学结合、军民兼顾的良性发展模式的形成。

本章参考文献

[1] 国际 Enerdata 能源资讯公司 . Enerdata Energy Statistical Yearbook. http://www. enerdata. net. 2018.

[2] Ye F, Liang Y, Wang Y, Lin J, Chen G. Fe-6.5wt.% Si high silicon steel sheets produced by cold rolling. Mater Sci Forum, 2010, 638-642: 1428-1433.

[3] Liu H T, Li H Z, Li H L, Gao F, GH Liu, Luo Z H, Zhang F Q, Chen S L, Cao G M, Liu Z Y. Effects of rolling temperature on microstructure, texture, formability and magnetic properties in strip casting Fe-6.5wt% Si non-oriented electrical steel. Journal of Magnetism and Magnetic Materials, 2015, 391: 65-74.

[4] 杨庆新 , 李永建 . 先进电工磁性材料特性与应用发展研究综述 . 电工技术学报 , 2016, 31(20): 1-12.

[5] Suzuki K, Ito N, Garitaonandia J S, Cashion J D . High saturation magnetization and soft magnetic properties of nanocrystalline (Fe, Co)$_{90}$Zr$_7$B$_3$ alloys annealed under a rotating magnetic field. J Appl Phys, 2006, 99(8): 3327.

[6] Willard M A, Laughlin D E, Mchenry M E, Thoma D, Harris V G . Structure and magnetic properties of (Fe$_{0.5}$Co$_{0.5}$)$_{88}$Zr$_7$B$_4$Cu$_1$ nanocrystalline alloys. J Appl Phys, 1998, 84(12): 6773-6777.

[7] Takenaka K, Setyawan A D, Zhang Y, et al. Production of nanocrystalline (Fe, Co)-Si-B-P-Cu alloy with excellent soft magnetic properties for commercial application. Mater Trans, 2015,

56: 372-376.

[8] Fujita A, Gotoh S. Temperature dependence of core loss in Co-substituted MnZn ferrites. J Appl Phys, 2003, 93(10):7477-7479.

[9] Myung N V, Nobe K. Electrodeposited iron group thin-film alloys structure-property relationships. J Electrochem Soc, 2001, 148(3):C136-C144.

[10] Park D Y, Myung N V, Schwartz M, Nobe K. Nanostructured magnetic CoNiP electrodeposits: structure-property relationships. Electrochim Acta, 2002, 47:2893-2900.

[11] Devi C, Ashokkumar R, Kumar E R. Effects of heat treatment on structural, optical and magnetic properties of electro deposited Fe-Ni-P thin films. J Inorg Organomet Polym Mate, 2018, 28:1787-1792.

[12] Yokoshima T, Kaseda M, Yamada M, Nakanishi T, Momma T, Osaka T. Increasing the resistivity of electrodeposited high BS CoNiFe thin film. IEEE Trans Magn, 1999, 35(5):2499-2501.

[13] Tabakovic I, Inturi V, Riemer S. Composition, structure, stress, and coercivity of electrodeposited soft magnetic CoNiFe films: thickness and substrate dependence. J Electrochem Soc, 2002, 149(1):c18-c22.

[14] Cho H J, Bhansali S, Ahn C H. Electroplated thick permanent magnet arrays with controlled direction of magnetization for MEMS application. J Appl Phys, 2000, 87(9): 6340-6342.

[15] Jyoko Y, Kashiwabara S, Hayashi Y, Schwarzacher W. Characterization of electrodeposited magnetic. nanostructures. J Magn Magn Mater, 1999, 198(8):239-242.

[16] Chatzipirpiridis G, de Marco C, Pellicer E, Ergeneman O, Sort J, Nelson B J, Pane S. Template-assisted electroforming of fully semi-hard-magnetic helical microactuators. Adv Eng Mater, 2018, 20(9):1-5.

[17] Li J M, Zhang Z, Li J F, Xue M Z, Liu Y G. Effect of boron/phosphorus-containing additives on electrodeposited CoNiFe soft magnetic thin films. Trans Nonferrous Met Soc China, 2013, 23:674-680.

[18] Long Q, Zhong Y B, Wang W, T Zheng T X, Zhou J F, Ren Z M. Effects of magnetic fields on Fe–Si composite electrodeposition. Int J Min Met Mater, 21(2014)12:1175-1185.

[19] 荣文倩, 郑小美, 张朋越, 葛洪良. 非晶态 $Fe_{0.51}P_{0.49}$ 合金薄膜的电化学制备及其性能研究. 中国计量大学学报, 2019, 30(2): 226-234.

[20] Zhang H M, Jia W, Sun H Y, Zhang X, Guo L C, Hu J W. Electrochemical preparation and magnetic. properties of Co-Cu nanometric granular alloy films. Bull Mater Scie, 2019, 42:103-109.

[21] Yoshizawa Y, Yamauchi K, Oguma S. Alliage magnétiquement doux à base de fer et méthode de fabrication. EP 0271657A2 1988.

[22] Fuezerova J , Fuezer J , Kollar P , Bures R, Faberove M. Complex permeability and core loss of soft magnetic. Fe-based nanocrystalline powder cores. J Magn Magn Mater, 2013, 345:77-81.

[23] Zhu J, Zhong J, Lin Z, Sievert J. Measurement of magnetic properties using 3-D magnetic excitations. IEEE Trans Magn, 2003, 39(5): 3429-3431.

[24] Yang Q, Li Y, Zhao Z, Zhu L, Luo Y, Zhu J. Design of a 3-D rotational magnetic. Properties measurement structure for soft magnetic materials. IEEE Trans Appl Supercond, 2014, 24(3): 1-4.

[25] 程志光, 高桥则雄, 博扎德·弗甘尼. 电气工程电磁热场模拟与应用. 北京: 科学出版社, 2009.

[26] Jewell G W, Howe D, Schotzko C, Oriissinger R. A Method for Assessing eddy current. Effects in pulsed magnetometry. IEEE Trans Magn, 1992, 28: 3114-3116.

[27] Song E Y, Oh M Y, Kim K M, Kim M Y, Lee Y H, Rhee J R, Hwang D G, Lee S S, Par C M K, Lee K A. A pulse-type hysteresis loop tracer for rare earth based. permanent magnets. IEEE Trans Magn, 1997, 33: 4011.

[28] Bretchko P, Ludwig R. Open-loop pulsed hysteresis graph system for the magnetization of rare-earth magnets. IEEE Trans Magn, 2000, 36: 2042.

[29] IEC TR 62518:2009 Edition 1.0. Rare earth sintered magnets-Stability of the Magnetic properties at elevated temperatures. (2009-03-17).

[30] IEC TR 62517:2009Edition 1. 0. Magnetizing behaviour of permanent magnets. (2009-04-07).

[31] 杨兴. 磁场与位移感知型超磁致伸缩微位移执行器及其相关技术研究. 大连: 大连理工大学博士论文, 2001.

[32] 贺西平. 稀土磁致伸缩弯张换能器的设计理论及实验研究. 西安: 西北工业大学博士论文, 1999.

[33] 胡明哲, 李强, 李银祥, 张一玲. 磁致伸缩材料的特性及应用研究 (I). 稀有金属材料与工程, 2000, 29(6):366-369.

[34] 殷毅. 稀土超磁致伸缩材料及其应用研究现状. 磁性材料及器件, 2018, 49(3): 57-60.

[35] 李一宁, 张培林, 何忠波, 薛光明. 超磁致伸缩致动器的等效电路模型研究及实验分析. 中国电机工程学报, 2018, 38(11): 3375-3383.

[36] 闫荣格, 赵路娜, 贾彤, 周杰. 基于负超磁致伸缩效应电抗器减振新方法的研究. 振动与冲击, 2018, 37(19):254-258.

[37] Hwang J , Lee H , Yi S . Microstructures and soft magnetic properties of $Fe_{80}P_{20-x}Si_x$ ($x = 4.5\sim$ 6.5) amorphous ribbons. Philos Mag, 2016, 96(24):1-10.

[38] Chen D X, Brug J A, Goldfarb R B. Demagnetizing factors for cylinders. IEEE Trans Magn, 1991, 27: 3601.

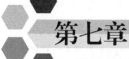

第七章
先进储能材料发展战略研究

本章将详细介绍储能材料在电气工程学科发展和电力装备制造中的重要作用。在回顾储能材料发展历史的基础上，聚焦锂离子电池、高温钠电池、液流电池、先进铅酸电池、超级电容器及新概念电池（包括钠离子电池、水溶液电池、全固态电池、液态金属电池）等先进电化学储能技术关键材料，详细介绍国内外研究现状和发展趋势，在详细对比分析的基础上，指出我国在电化学储能存储方向上与发达国家的差距，归纳出我国在高性能电化学储能材料的发展中需要解决的关键科学问题和技术挑战，并结合我国的实际情况，指出应该重点发展的方向。

第一节　储能材料的发展战略需求

进入 21 世纪，以电为中心、清洁化为特征的能源结构调整加快推进，而以风能、太阳能为基础的新能源发电取决于自然资源条件，具有波动性和间歇性的特点，其调节控制困难。风、光等新能源的大规模并网运行会给电网的安全稳定运行带来非常不利的影响。发展高效安全的规模储能技术是提高电网对可再生能源的接纳能力，保障电网安全稳定运行，建设坚强智能电网的关键。在现有的储能方式中，电化学储能技术能量/功率密度高，简单高效，受到广泛的关注，成为增长速度最快的一类规模储能技术。截至 2020 年 6 月，全球电化学储能装机规模为 9.5GW，我国的电化学储能装机规模为 1.7GW，同比增长 59.4%[1,2]。

储能技术的应用可在很大程度上解决新能源发电的随机性和波动性问题，使间歇性的、低密度的可再生清洁能源得以广泛、有效的利用。储能技术的应用贯穿于电力系统的发、输、配、用的各个环节，可以缓解高峰负荷供电需求，提高现有电网设备的利用率和电网的运行效率，有效应对电网故障的发生，提高电能质量和用电效率，满足经济社会发展对优质、安全、可靠供电和高效用电的要求。储能系统的规模化应用还将有效延缓和减少电源和电网建设，提高电网的整体资产利用率，彻底改变现有电力系统的建设模式，促进其从外延扩张型向内涵增效型的转变。规模储能技术也是分布式能源系统和智能电网系统的重要组成部分，在能源互联网中具有举足轻重的地位，对于我国2060年碳中和目标的实现具有极为重要的支撑作用。推动储能示范工程与商业项目建设，加强储能技术创新与全产业链发展，对于推动我国能源生产和利用方式变革，普及应用可再生能源，调整优化能源结构，构建安全、稳定、经济、清洁的现代能源产业体系具有重要的战略意义[3]。

电能存储技术也是电子信息、新能源汽车产业的主要基础支撑。随着以风电、光伏为代表的清洁能源不断发展，交通网与能源网有机融合是大势所趋，交通电气化已成为能源转型的重要途径。动力电源作为电动车辆和电动无人机的能源供给系统，其技术指标决定了目标装备的整体性能。随着近年来电动装备向高机动、长续航方向的发展，动力电源系统在能量、功率等方面越来越难以满足应用需求，迫切需要开发兼具高比能、长循环寿命和宽温度范围的新型电化学储能技术[4]。

现阶段，相对成熟的电化学储能技术有锂离子电池、液流电池、高温钠电池和铅酸（铅碳）电池。电化学储能技术的发展，一方面需要进一步突出二次电池体系的高能量/功率密度的优势，实现电能的快速高效存储；另一方面需要通过新材料、新理论与新技术的发展，构建更加廉价、安全、长寿命的新概念电池体系，为未来规模储能提供新的选择[5,6]。

第二节　储能材料的研究现状

一、锂离子电池

锂离子电池由于具有比能量/比功率高、寿命长、充放电速率快、反应灵敏、转换效率高等特点，被认为是最具竞争力的电化学储能技术之一，广泛应用于可再生能源并网、电力调频、分布式微网、电动汽车等领域。现阶段，锂离子电池的发展目标是在进一步提高其能量/功率密度的同时，降低成本，提高安全性能，相关研究集中在高性能电极材料/电解质的研发和锂离子电池应用研究等方面。

（一）高性能电极／电解质材料的研发

锂离子电池技术的进步主要依赖于电池材料的进步。基于锂离子电池的工作原理和结构组成，提升锂离子电池能量密度的主要思路是发展具有高嵌锂电势的高比容量正极材料、较低嵌锂电势的高比容量负极材料及耐高压电解液体系。

1. 高比容量正极材料

目前商业化使用的锂离子电池正极材料按结构主要分为以下三类：六方层状晶体结构的 $LiCoO_2$、立方尖晶石晶体结构的 $LiMn_2O_4$、正交橄榄石晶体结构的 $LiFePO_4$。尖晶石 $LiMn_2O_4$ 材料还包括高电压的镍锰尖晶石结构材料 $LiNi_{0.5-x}M_xMn_{1.5-y}O_4$（M=Cr、Fe、Co 等）、磷酸盐正极材料还包括铁锰固溶体 $Li(Fe_{1-x}Mn_x)PO_4$ 及 $Li_3V_2(PO_4)_3$ 材料。常见商品化正极材料的性能参数如表 7-1 所示，这类材料的实际比容量均低于 $220mA·h/g$，无法满足大容量应用需求。现阶段，正极材料的迫切目标是提高其比容量或者电压，主要发展思路是在 $LiCoO_2$[7]、$LiMn_2O_4$[8]、$LiFePO_4$[9] 等材料的基础上，发展相关的各类衍生材料，通过掺杂、包覆、调整微观结构、控制材料形貌、尺寸分布、比表面积、杂质含量等技术手段来综合提高其比容量、倍率、循环性、压实密度、电化学、化学、热稳定性等。

表 7-1　常见锂离子电池正极材料及其性能

中文名称	磷酸铁锂	锰酸锂	钴酸锂	三元镍钴锰
化学式	$LiFePO_4$	$LiMn_2O_4$	$LiCoO_2$	$Li(Ni_xCo_yMn_z)O_2$
晶体结构	橄榄石结构	尖晶石	层状	层状
空间点群	$Pmnb$	$Fd\bar{3}m$	$R\bar{3}m$	$R\bar{3}m$
晶胞参数/Å	a=4.692，b=10.332，c=6.011	a=b=c=8.231	a = 2.82，c = 14.06	—
表观扩散系数/(cm²/s)	$1.8 \times 10^{-16} \sim 2.2 \times 10^{-14}$	$10^{-14} \sim 10^{-12}$	$10^{-11} \sim 10^{-12}$	$10^{-10} \sim 10^{-11}$

续表

中文名称	磷酸铁锂	锰酸锂	钴酸锂	三元镍钴锰
理论密度 / (g/cm³)	3.6	4.2	5.1	—
振实密度 / (g/cm³)	0.80~1.10	2.2~2.4	2.8~3.0	2.6~2.8
压实密度 / (g/cm³)	2.20~2.60	>3.0	3.6~4.2	>3.40
理论比容量 / (mA·h/g)	170	148	274	273~285
实际比容量 / (mA·h/g)	130~160	100~120	135~220	155~220
电池电芯的质量比能量密度 / (W·h/kg)	130~180	130~180	180~260	180~240
平均电压 /V	3.2	3.8	3.7	3.6
电压范围 /V	2.5~3.7	3.0~4.3	3.0~4.5	2.5~4.6
循环性 / 次	2 000~10 000	500~3 000	500~1 000	800~5 000
环保性	无毒	无毒	钴有毒	镍、钴有毒
安全性能	好	良好	良好	良好
适用温度 /℃	-20~75	>55 快速衰退	-20~55	-20~55
价格 / (万元 /t)	6~15	3~12	20~40	10~20
主要应用领域	电动汽车及大规模储能	电动自行车、电动汽车及大规模储能	传统 3C 电子产品	电动工具、电动自行车、电动汽车及大规模储能

富锂正极材料 $[xLiMO_2·(1-x)Li_2MnO_3, M=Ni、Co、Mn 等]$ [10] 可以看成是由 Li_2MnO_3 与 $LiMO_2$ 按不同比例组成的连续固溶体，能够提供 $200~330mA·h/g$ 的比容量，是极具潜力的下一代锂离子电池正极材料。关于富锂锰基正极材料的专利最早由阿贡（Argonne）国家实验室于 2001 年申请。此后，国内外的学术界与企业界对该材料开展了广泛深入的研究。为了解决富锂正极材料在实际应用中的电压衰减、倍率和低温特性不佳、工作电压范

围宽等问题，阿贡国家实验室、橡树岭（Oak Ridge）国家实验室、日本产业技术综合研究所等在初始材料的内部及表面晶体结构、充放电过程中过渡金属与氧的电荷转移，以及材料内部和表面的晶体结构演化、组成变化、输运特性变化等方面进行了大量工作，提出了调整计量比、元素掺杂、表面修饰、梯度结构设计、与其他正极材料复合等策略。应用研究方面，德国巴斯夫公司（BASF）和日本户田工业株式会社 (Toda Kogyo) 已分别与阿贡国家实验室合作，进行富锂材料的中试实验。

近年来，国内有关高比容量富锂锰基正极材料的研究取得了较大进展。北京大学研究团队在开展新型高比能锰基正极材料研究中，突破了传统改性方法的限制，制备出一种 O2 构型的富锂锰基动力电池正极材料。这种正极材料具有高于 400mA·h/g 的放电比容量，是目前国内外已报道的最高比容量的锂离子电池富锂锰基正极材料，为开发比能量密度大于 500W·h/kg 的新型锂离子电池储能系统提供了可能。此外，北京理工大学、厦门大学、武汉大学、北京大学的研究团队分别在硼掺杂、表面尖晶石/层状异质结构筑、材料内部结构缺陷控制、材料电子结构调控和材料形貌控制等方面优化富锂锰基正极材料，并取得了一系列突破性进展。

2. 高容量负极材料

目前已获应用的商业化负极材料主要为碳材料和钛酸锂（$Li_4Ti_5O_{12}$），碳材料包括石墨、软碳、硬碳，性能如表 7-2 所示。石墨因其较低且平稳的嵌锂电位（0.01～0.2V）、较高的理论比容量（372mA·h/g）、廉价和环境友好等综合优势占据了锂离子电池负极材料的主要市场。天然石墨成本较低，通过改性，目前可逆比容量已达到 360mA·h/g，循环寿命可以达到 1000 次。人造石墨最重要的是中间相碳微球 MCMB (mesophase carbon microbeads)。$Li_4Ti_5O_{12}$ 虽然比容量较低（175mA·h/g），且嵌锂电位较高（1.55V），但是它在充放电过程中结构稳定，是一种"零应变材料"，因此在对安全和倍率性能要求较高的特定需求中有一定应用，占据着少量的市场份额。尽管商业化的石墨类材料比容量是现有正极材料比容量的两倍，但模拟计算表明在负极材料比容量不超过 1200mA·h/g 的情况下，提高现有负极材料的比容量对整个电池的能量密度仍然有较大贡献。在电池的生产和制造过程中，负极材料的成本占总材料成本的 10% 左右。制备成本低廉同时兼具高比容量的负极材料是当前锂离子电池研究的热点。

表 7-2　商业化锂离子电池负极材料及其性能

中文名称	石墨	钛酸锂
化学式	C	$Li_4Ti_5O_{12}$
结构	层状	尖晶石
空间点群	$P6_3/mmc$（或 $R\bar{3}m$）	$Fd\bar{3}m$
晶胞参数 /Å	$a=b=0.2461nm$，$c=0.6708nm$；$\alpha=\beta=90°$，$\gamma=120°$（或 $a=b=c$，$\alpha=\beta=\gamma \neq 90°$）	$a=b=c=0.8359nm$；$\alpha=\beta=\gamma=90°$
理论密度 /（g/cm³）	2.25	3.5
振实密度 /（g/cm³）	1.2～1.4	1.1～1.6
压实密度 /（g/cm³）	1.5～1.8	1.7～3
理论比容量 /(mA·h/g)	372	175
实际比容量 /(mA·h/g)	290～360	～165
电压 /(V vs Li/Li$^+$)	0.01～0.2	1.4～1.6
体积变化	12%	1%
表观化学扩散系数 /(cm²/s)	10^{-10}～10^{-11}	10^{-8}～10^{-9}
完全嵌锂化合物	LiC_6	$Li_7Ti_5O_{12}$
循环性 / 次	500～10 000	>10 000（10C，90%）
环保性	无毒	无毒
安全性能	好	很好
适用温度 /℃	−20～55	−20～55
价格 /（万元 /t）	3～14	14～16
主要应用领域	便携式电子产品、动力电池、规模储能	动力电池及大规模储能

　　硅材料因其高理论比容量（4200mA·h/g）、环境友好、储量丰富等特点而被考虑作为下一代高能量密度锂离子电池的负极材料。然而，硅负极材料在充放电过程中的体积形变和不稳定的 SEI 膜是影响该材料循环稳定性的本征问题。采用将硅适度纳米化和优化硅、碳复合的方式，制备出结构稳定的硅碳复合材料是提高硅负极循环稳定性的有效方法。日本信越化学工业株式会社、大阪钛业科技公司生产的氧化亚硅可以与石墨共混使用，复合比容量为 390～430mA·h/g。硅碳负极材料可以通过调控硅含量获得很高的可逆比容量，能基本满足实际应用要求的纳米硅碳复合负极材料一般质量比容量在370～450mA·h/g，初始效率为 85%～92%，循环性在 500～1000 次，但目前国际上还没有企业提供大批量产品。

中国科学院物理研究所最早在国际上申请纳米硅负极材料专利，拥有弥散结构、元宵结构、核桃结构、三元包覆填充结构的纳米硅碳核心材料授权专利。此外，国内从事纳米硅碳负极材料研发的还包括深圳市贝特瑞新能源材料股份有限公司、江西紫宸科技有限公司、宁波杉杉股份有限公司等公司及上海交通大学、中国科学院化学研究所、中国科学院过程工程研究所、北京大学、清华大学等研究团队。2017 年，在江西紫宸中试基地，纳米硅碳负极材料可以实现小批量供货，提供可逆比容量 370～950mA·h/g 的数十千克级样品，在半电池、全电池测试中循环性良好[11]。

现有的大容量硅基负极材料，首次不可逆容量损失达 15%～35%，远高于现有石墨材料的 5%～10%。因此，还需通过高效预锂化对电极材料进行补锂，抵消形成 SEI 膜造成的不可逆锂损耗。截至 2021 年，唯一有潜力工业化的预锂化方法是美国 FMC Lithium 公司提出来的锂粉补锂技术，开发的稳定化金属锂粉末（SLMP），其比容量高达 3600mA·h/g，表面包覆了 2%～5%的碳酸锂（Li_2CO_3）薄层，可在干燥环境中使用[12]。

3. 高安全、耐高压电解液体系

高能量密度锂离子电池开发成功的关键还在于发展能提高安全性、耐受高电压的电解液。常规的碳酸酯类电解液体系（$LiPF_6$，EC-EMC-DEC-DMC）的耐受电压为 4.3V。耐高压电解液体系的研究主要从以下三个方面开展：①新型耐高电压溶剂，如砜基电解液、腈类电解液、氟类电解液、离子液体等；②提高锂盐浓度；③新型功能化的耐高压添加剂。取代氟的碳酸酯体系电解液具有比较高的氧化电位，但溶解 $LiPF_6$ 的能力不高。腈类电解液具有较高的电导率和较低的黏度，但它与负极兼容性较差，可通过加入添加剂或碳酸酯改善其性能。美国马里兰大学研究团队设计并配置了耐 5.5V 的氟代电解液，并且首次实现了 5.3V 的锂金属电池[13]。日本东京大学报道了一例高浓度的 $LiN(SO_2F)_2$(LiFSA)/ 碳酸二甲酯（DMC）电解液体系，可在 5V电压条件下有效阻止过渡金属和铝的溶解。中国科学院福建物质结构研究所通过在碳酸酯基类溶剂中添加功能添加剂，开发了 4.6V、4.9V 高电压电解液[14]。我国电解液产量居世界第一，目前的主攻方向是高电压电解液。国内宣布已有高电压电解液的企业包括张家港国泰华荣化工新材料有限公司、广州天赐高新材料股份有限公司、天津金牛电源材料有限责任公司等，但批量生产的高电压电解液中，工作电压为 4.35V 居多，4.5V 及以上的电解液尚未有批量商业供货。

除提高了电池的能量密度外，电池的安全性问题也非常重要。武汉大学的电化学储能团队开发了一系列磷、磷氮系的阻燃添加剂和磷酸酯类不燃型电解液，并成功将磷酸酯类不燃电解液用于以钴酸锂为正极、石墨为负极的 18650 电池中，表现出明显的安全优势。为了进一步提高锂离子电池的安全性能，耐受高电压和高温的陶瓷复合隔膜、安全性高的氟代碳酸酯、LiFNFSI 盐、离子液体、能够降低内阻的涂碳铝箔、合金强化的铜箔、石墨烯和碳纳米管导电添加剂都有待进一步研究并逐步应用于电芯产品。

4. 隔膜与其他材料体系

如何发展兼顾耐高温、耐 5V 高电压、降低面电阻、具有合适的力学性能的隔膜将是其产业化技术升级面临的核心挑战。现阶段隔膜研究主要集中在以下几个方面：①传统聚乙烯微孔膜的涂覆改性；②在高熔点的非织造布基材上涂布无机颗粒或复合其他功能涂层；③发展耐高温新型隔膜，如陶瓷涂覆隔膜等。

除此之外，电池中还有黏接剂、导电添加剂、集流体、电池壳、极柱（引线）、热敏电阻等非活性材料。由于非活性材料的存在，电池的实际能量密度与理论能量密度必然有较大差距。因此，在不改变材料化学体系的前提下，通过材料的物性控制与制作工艺优化来降低非活性物质占比，提高活性物质利用率是提高电池性能参数的主要技术路线。

（二）锂离子电池的应用研究

当前，在锂离子电池应用方面，主要分为能量型和功率型两种。能量型锂离子电池，主要应用于消费电子等领域，电芯能量密度达到 200W·h/kg 以上。功率型锂离子电池的主要目标市场是电动自行车、混合动力汽车、电动工具、工业节能、航空航天、国家安全等。电芯的能量密度越高，成本越低。因此，对于规模储能等电力储能应用而言，发展能量型锂离子电池也是必然趋势。储能应用方面，截至 2018 年，全球已有约 5.7GW 锂离子电池储能系统并网运行，用于工程示范或电网服务。韩国的三星 SDI 和 LG 化学近年来发展势头迅猛。三星 SDI 于 2010 年正式启动锂电池电能储备装置（ESS），以世界顶级的小型锂离子二次电池技术为基础，延伸至大型电池系统ESS，2017年的全球ESS市场占有率为38%，位列世界第一。此外，日本、欧美及澳大利亚的锂离子电池储能市场也发展迅速。

我国在锂电池研究方面十分活跃，中国发表论文数量占全部论文数量的

47%，美国占 19%，韩国占 10%，日本占 6%，但工业制造水平距离日本与韩国仍然有一段距离。虽然我国已经形成了完善的锂离子电池产业链，在电力储能的电池材料、电芯、模块、系统制造方面已经达到世界先进水平。但在下一代高能量密度锂离子电池的关键材料开发方面，还缺乏竞争力。目前除了纳米硅碳负极材料，其他正极材料、陶瓷涂层隔膜材料、高电压电解质材料的核心专利都掌握在发达国家的领先企业手里，急需通过大量的基础研究在专利方面取得突破。在储能应用方面，国家电网有限公司于 2018 年在江苏镇江东部建设运营了一个电网侧储能项目，目的是有效解决镇江东部地区"迎峰度夏"用电压力，以保障电网安全性。该项目安装了磷酸铁锂储能装置 100MW，总容量为 200MW·h，是世界范围内最大规模的电池储能电站项目，在分布式储能领域的探索实践中具有示范作用。在国家政策的推动下，众多储能项目也进入正式实施阶段，比亚迪股份有限公司、宁德时代新能源科技股份有限公司、合肥国轩高科动力能源有限公司、惠州亿纬锂能股份有限公司等锂电企业都在进行储能产业的布局与规划。据中关村储能产业技术联盟（China Energy Storage Alliance，CNESA）统计，截至 2019 年，我国的锂离子电池储能项目已有 20 个，装机总规模达到 39.575MW。

二、高温钠电池

（一）关键材料的设计与优化

1. 正极材料

钠硫电池的原理如图 7-1 所示，正极活性物质为绝缘体单质硫，导电辅助材料和硫的有效复合是影响正极材料性能的关键因素之一。碳纤维毡具有良好的导电性、导热性、机械均一性、电化学活性和耐酸耐强氧化性，适用于钠硫电池正极导电辅助材料。为了减小硫在电解质和碳纤维毡表面的沉积，提高硫电极的循环性能，国内外研究人员通常在预制硫与电解质陶瓷之间衬一层氧化铝纤维薄层，或针刺氧化铝纤维到碳纤维毡内部，利用氧化铝纤维对单质硫不润湿而对多硫化钠润湿性好的特点，缓和充电后期陶瓷/硫电极界面的极化，降低电池的电阻和电池容量的衰减率。该方法所生成的电池具有良好的再充电特性，但结构复杂，成本较高。另外一种方法是使用孔隙率呈梯度分布的碳纤维毡，改变硫电极的电位分布。该方法的成本较低，制备的电池适合在较低的温度下工作。中国科学院上海硅酸盐研究所通过在碳纤维毡中针刺便宜的氧化硅或玻璃纤维的方法得到复合硫电极，电池每次循环的容量衰减率由 0.3% 降低至 0.03%。

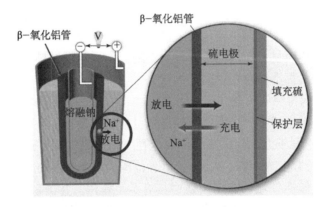

图 7-1　钠硫电池结构的原理与结构示意图

ZEBRA 电池的原理如图 7-2 所示。正极是 ZEBRA 电池中最复杂的部分，含有 NaCl、过渡金属氯化物、过量的过渡金属及辅助液相电解质 NaAlCl₄，通常过渡金属为 Ni、Fe、Zn 等[15]。为了提高 ZEBRA 电池的比容量、能量密度、功率密度和循环性能，正极材料中一般要加入一定量的添加剂。第一代 ZEBRA 电池的能量密度约 94W·h/kg，通过在正极材料中加入添加剂（如 Al 和 NaF），所生成的第二代电池的能量密度可提高到 140W·h/kg。另外，阴极的微观结构性质也影响了 ZEBRA 电池的容量。一般认为，阴极材料需要有一个合理的孔隙尺寸分布，小尺寸的孔隙提高电极材料的比表面积，大尺寸的孔隙支持循环过程中物质的传输。研究表明，在正极材料中加入 2wt% 硫可提供均匀分布的大孔，以提高电极材料的利用率。在加入硫的同时加入碘化钠可以进一步增大容量和保持容量稳定。

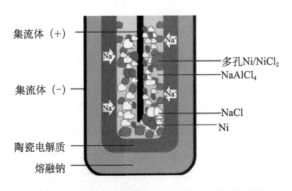

图 7-2　ZEBRA 电池结构及其基本电化学原理

2. 固态电解质材料

高温钠电池是一种基于固体电解质的二次电池，固体电解质材料对于电池的功率密度、长期稳定性和安全性有重要且基础性的影响。目前，高温钠电池使用的固体电解质材料主要有 β/β″-Al$_2$O$_3$ 陶瓷、NASICON 型陶瓷、玻璃和玻璃陶瓷等四种[16]。β/β″-Al$_2$O$_3$ 陶瓷由于具有高的离子电导率和高的物理化学稳定性，成为实用化高温钠电池普遍选用的固体电解质材料，也是高温钠电池的核心材料，其结构如图 7-3 所示。Na-β″-Al$_2$O$_3$ 陶瓷的常用制备方法有固相反应法、溶胶-凝胶法、共沉淀法、喷雾冷冻干燥法、微波加热法等，其中固相反应法是最常见且被广泛应用于批量化生产的技术。美国犹他大学和 Ceramatec 公司合作研制了一种基于 Li$_2$O 稳定剂的 ZETA 工艺路线，即将 Li$_2$O 和 Al$_2$O$_3$ 预先反应形成 ZETA 铝酸锂。中国科学院上海硅酸盐研究所进一步研制了双 ZETA 工艺。用这种双 ZETA 工艺可以获得具有高均匀性的 Na-β″-Al$_2$O$_3$ 陶瓷管，并可以实现规模化的制备。

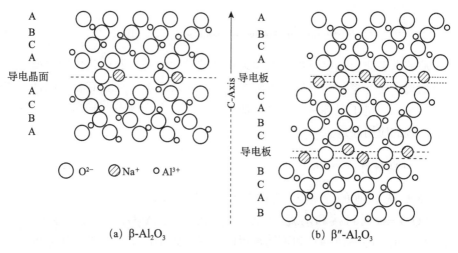

图 7-3　β-Al$_2$O$_3$ 和 β″-Al$_2$O$_3$ 的晶格结构

NASICON 型钠离子导体是 1976 年 Goodenough 发展起来的，具有较高的晶格热导率、高化学稳定性和离子传导效率，结构如图 7-4 所示。NASICON 离子导体的主要合成与制备方法有高温固相反应法、水热法和溶胶-凝胶法。其中，水热法具有反应温度低、操作简单、无腐蚀性物质挥发、原材料丰富、成本低、产物颗粒度小（粒径在纳米级）、纯度高、相组成分布均匀等优点。近年来，将一些新技术如微波技术、超临界技术引入水热法，合成了一系列纳米化合物，使其成为重要的合成技术之一。目前，美国的 Ceramatec 公司、日本费加罗（FIGARO）公司等投入了 NASICON 的商业生产，并用于固态电化学器件、气体传感器和离子传感器等领域。国内暂时未见有能力生产优质 NASICON 固体电解质的报道。

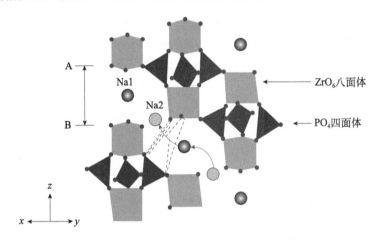

图 7-4 NASICON 化合物的三维骨架结构

玻璃电解质包括氧化物玻璃和硫化物玻璃两大类，其中硫化物玻璃具有更高的离子电导率。与晶体型电解质相比较，玻璃电解质具有各向同性、离子电导率高、电子电导率低、易于加工等特点，在全固态薄膜离子电池领域具有广阔的应用前景。

3. 封接材料

高温钠电池的全密封结构包括三种封接，金属-金属封接、陶瓷（α-Al$_2$O$_3$）-金属封接和陶瓷（α-Al$_2$O$_3$）-陶瓷（β-Al$_2$O$_3$）封接。金属-金属封接是装正极的不锈钢管和不锈钢冒的密封，采用传统的激光焊接即可以解决，而且可靠性较高。陶瓷（α-Al$_2$O$_3$）-金属封接已有很多连接方法，如钎焊连接、扩散焊、过渡液相扩散连接、自蔓延高温合成焊接、激光焊接、微波连接等。基于陶瓷的化学惰性、低扩散、高熔点等特点，陶瓷-陶瓷之间的封接则比较困难。玻璃封接技术成本低，操作简单，适用于钠硫电池的 α-Al$_2$O$_3$ 和陶瓷的封接。近年来，部分研究人员在探讨梯度封接材料的研发。中国科学院上海硅酸盐研究所采用气-固相反应法在 α-Al$_2$O$_3$ 陶瓷表面原位生长一层厚度可控的 Na-β-Al$_2$O$_3$ 梯度膜，以此来实现被封接材料两侧的界面同相化，提高润湿对称性，保证封接部件的抗热震性能和封接强度。

4. 集流体材料

对于钠硫电池，由于熔融硫和多硫化钠对集流体（一般直接采用电池外壳）的强腐蚀性，所采用的集流体材料（壳体材料）需要满足耐化学和电化学腐蚀的高要求。中国科学技术大学发现不锈钢 316L 在熔融 Na_2S_4、熔融硫中具有一定的耐腐蚀性，但由于形成的主要腐蚀产物不致密易脱落，不能长期有效地阻挡腐蚀反应的进行，需要在不锈钢衬底上制备一层具备一定电子电导率同时抗腐蚀性强的涂层，如 $La_{0.8}Sr_{0.2}Co_{0.2}Cr_{0.8}O_{3-\delta}$ 等。

对于 ZEBRA 电池，由于电池正极中采用的辅助液相电解质 $NaAlCl_4$ 对 Cu、Ag 等高电导率的集流体具有强腐蚀性，使用镀镍的铜集流体可以同时满足增强电导和稳定性的要求。这一复合的集流体可以降低集流体电阻的80%，对电池功率密度的提高有显著效果。同时，包含碳纤维毡的金属镍集流体也被广泛用于商用 ZEBRA 电池，主要考虑到碳纤维毡对正极液相电解质的吸附作用，保证了电池在轴向上有较快的离子传输。

（二）高温钠电池的应用研究

钠硫电池是一种典型的高温金属钠电极二次电池，是当前应用非常成功的一种大规模静态储能技术 [17]。2000～2014 年，除抽水蓄能、压缩空气及储热项目外，钠硫电池在全球储能项目中所占的比例为 40%～45%，占据领先地位。日本 NGK 公司与东京电力公司自 1983 年开始对大容量储能钠硫电池的合作研究，成功开发了 T4.1、T4.2 和 T5 三种规格的电池，电池的循环寿命超过 5000 次，容量的年衰减率约为 1.2%，效率的年退化率约为 0.2%。目前日本 NGK 公司的钠硫电池已成功地应用于城市电网的储能中，有 250 余座 500kW 以上功率的钠硫电池储能电站在日本等国家投入商业化示范运行，电站的能量效率达到 80% 以上。表 7-3 是钠硫电池在全球范围内已运行的代表性项目的概况。早在 20 世纪 80 年代，中国科学院上海硅酸盐研究所研制了 30A·h 全密封车用钠硫电池并成功进行了车试。2006 年起该所与上海电力股份有限公司合作，成功开发了 650-1 型储能电池，也是目前国内外公开报道的最大容量的单体电池，质量比能量达到 160W·h/kg，体积比能量 347W·h/L，可实现近千次的循环。2007 年 1 月研制成功容量达 650A·h 的单体钠硫电池，并在 2009 年建成了具有年产 2MW 单体电池生产能力的中试线，可以连续制备容量为 650A·h 的单体电池。2012 年 1 月，中国科学院由上海硅酸盐研究所、上海电力股份有限公司和上海电气集团股份有限公司联合成立了钠硫电池储能技术有限公司，实现储能钠硫电池的批量化生产与应用，成为世界上第二大钠硫电池生产企业。

表 7-3　近 5 年来日本 NGK 公司在全球范围内已运行的项目概况

序号	项目名称	完成时间	项目地点	规模	应用
1	TEPCO 电源支撑	1997 年 3 月	日本，Tsunashima	6MW/48MW·h	负荷调平
2	日本 NGK 公司的办公楼	1998 年 6 月	日本，爱知县	500kW/4MW·h	商业
3	Toko 电气	1999 年 6 月	Ssitama	2MW/16MW·h	负荷调平
4	TEPCO	2001 年 10 月	日本 Asahi 酿酒厂	1MW/7.2MW·h	工业
5	TEPCO	2002 年 12 月	Honda/Tochig	1.8MW	工业
6	Tokyo 市中心	2003 年 8 月	Kasai 水厂	1.2MW/7.2MW·h	工业
7	TEPCO 化学工厂	2003 年 11 月	日本	2.4MW/16MW·h	工业
8	Sage 市中心	2004 年 3 月	日本，市政厅	600kW/3.6MW·h	应急电源
9	TEPCO 污水处理厂	2004 年 4 月	Morigasaki PFI	9.6MW/64MW·h	负荷调平
10	TEPCO 负荷调平	2004 年 6 月	照相机制造厂	1.8MW/12MW·h	工业
11	TEPCO	2004 年 8 月	医院	600kW/4MW·h	应急电源
12	TEPCO	2004 年 7 月	日立汽车	9.6MW/64MW·h	工业负荷调平
13	TEPCO	2004 年 10 月	日本，大学	2.4MW/16MW·h	负荷调平
14	TEPCO	2004 年 10 月	日本，飞机制造厂	4.8MW/32MW·h	负荷调平
15	世博会	2004 年 12 月	名古屋	600kW/4MW·h	负荷调平及应急电源
16	日本福岛六所村项目	2008 年 8 月	日本，六村所	34MW	可再生能源并网
17	AEP 延缓分布式电网项目 II	2008 年 11 月	美国，Milton	2MW/14.4MW·h	输配电领域
18	AEP 延缓分布式电网项目 I	2008 年 12 月	美国，Churubusco	2MW/14.4MW·h	输配电领域
19	NYPA 长岛公交汽车站项目	2009 年 9 月	美国，Garden	1MW/7MW·h	工业应用
20	留尼汪岛钠硫电池储能项目	2009 年 12 月	法国，留尼汪岛	1MW/7.2MW·h	海岛储能
21	Younicos 钠硫电池储能项目	2010 年 1 月	德国	1MW/6MW·h	海岛储能
22	Xcel 能源公司风电场项目	2010 年 8 月	美国，Luverne	1MW/7MW·h	可再生能源并网
23	卡特琳娜岛高峰负荷项目	2011 年 12 月	美国，卡特琳娜岛	1MW	海岛储能
24	加拿大水电公司储能项目	2012 年 5 月	加拿大，Golden	2MW/14MW·h	工业应用
25	PG&E Vaca 电池储能项目	2012 年 8 月	美国，瓦卡维尔	2MW/14MW·h	输配电领域
26	PG&E Yerba Buena 储能项目	2013 年 5 月	美国，圣何塞	4MW/28MW·h	工业应用

ZEBRA 电池特有的高安全性避免了在储能系统设计时过多的附加安全设施，系统内不需要预留过多的通风降温空间，系统可持续高功率运行，实际比能量高。美国通用电气公司 2011 起投资 1.7 亿美元在纽约 Schenectady 建造年产能 1GW·h 的 ZEBRA 电池制造工厂，所生产的 Durathon 电池自 2012 年开始也实现了商业应用。自 2014 年起，美国通用电气公司在日本、韩国、意大利、美国、加拿大等国建造了 10 座以上兆瓦级的 Durathon 钠盐电池储能电站，能量达到 2～5MW·h，用于电网调峰，使 ZEBRA 电池的大容量应用取得了大的突破。中国科学院上海硅酸盐研究所与企业合作开发 50～200A·h 容量的 ZEBRA 电池。

三、全钒液流电池

（一）关键材料的设计与优化

现阶段，全钒液流电池是研究最成熟的一类液流电池体系，主要通过钒离子价态变化实现化学能和电能相互转变，工作原理如图 7-5 所示。其中正极电对为 VO^{2+}/VO_2^+，负极电对为 V^{2+}/V^{3+}，硫酸为支持电解质，水为溶剂，电池开路电压为 1.25V。考虑到金属钒的价格波动问题，锌基液流电池由于资源广泛、价格低廉、能量密度高等优势，近年来在规模储能领域备受关注。

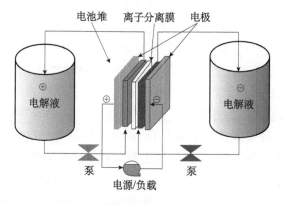

图 7-5　液流电池的原理示意图

1.电极材料

电极是全钒液流电池的关键材料之一，对液流电池的电化学反应速率、电池内阻及电解质溶液的分布均匀性有直接影响，进而影响电池的能量效率和功率密度。按材料类型划分，全钒液流电池的电极材料可分为金属类电极和碳素类电极。金属类电极材料是研究得比较早的一类电极，电导率高，机械性能好，但是循环时易在表面形成钝化膜，阻碍活性物质与金属活性表面的接触，电化学可逆性较差，且金属电极的制造成本过高，限制了其在全钒液流电池中的大规模应用。碳素类电极材料主要包括玻碳、碳毡、石墨毡、碳纸和碳布等碳材料，是一类稳定性高且成本较低的电极材料。目前，全钒液流电池电极材料方面的研究工作主要集中在提高碳毡或石墨毡电极材料的电催化活性上，所采用的方法主要包括表面改性和担载电催化剂。例如，澳大利亚新南威尔士大学研究人员在空气条件下将石墨毡在400℃下热处理30h，利用空气中的氧气对碳纤维表面进行氧化，使碳纤维表面—OH和—COOH等含氧官能团含量增加，改善活性物质与电极界面的相容性，明显降低了电极反应的极化电阻，电池的能量效率由78%升至88%[18]。随着碳材料理论研究的深入和制备技术的发展，研究者们尝试将新型碳材料如碳纳米管、有序多孔碳、石墨烯等应用于VFB电极，研究其潜在应用价值。华南师范大学研究团队发现将石墨和碳纳米管按照质量比95/5混合后可以得到兼具两种材料优点的复合电极材料，表现出优异的电催化性能，这种电极材料可同时用作全钒液流电池正极和负极材料[19]。

锌/溴液流电池正负极采用成本和电化当量均较低的活性物质，相对于其他液流电池体系，锌/溴液流电池展现出较高的能量密度和较低的成本。锌/溴液流电池的工作电压为1.6V，理论质量比能量密度为419W·h/kg。然而，Br_2具有很强的腐蚀性、化学氧化性及穿透性，而负极电解质活性物质锌在沉积过程中容易形成枝晶，严重限制了锌/溴液流电池的应用。如何抑制Br_2穿透隔膜引起的正负极电解质溶液互混污染，解决锌/溴液流电池负极电解质活性物质锌离子在沉积过程中形成金属锌枝晶的问题，是推进锌/溴液流电池应用开发的关键。研究人员采用络合Br_2的方法抑制Br_2的穿透性，通过在油状络合相内对Br_2的捕获和富集降低水相电解质溶液中Br_2的浓度，抑制Br_2的挥发性和穿透性，进而降低了锌/溴液流电池的自放电，提高了稳定性和耐久性。溴络合剂主要为带有杂环的溴化季铵盐，如溴化N-甲基、乙基吡咯烷及溴化N-甲基、乙基吗啉等。加入适量的络合剂在一定程度上能够提高电池的库仑效率，但是一旦过量或长时间积累不但会降低微孔膜的阻溴能力，而且由于络合物在电极表面的黏附降低正极的电化学活性。研发高阻溴性、高离子选择性和传导性的隔膜是抑制自放电的另一条技术途径。在锌枝晶方面，研究发现提高电解液流速，调控电池工作电流密度都有助于形成较平整致密的沉积层，而加入少量有机枝晶抑制剂（含氟表面活性剂、丁内酯）也有显著的枝晶抑制效果。

2. 双极板

全钒液流电池中可能应用的双极板材料主要有金属材料、石墨材料和碳塑复合材料，其中金属材料和石墨材料不适合大规模应用。碳塑复合双极板生产工艺简单，成本低廉，同时具有相对良好的导电性能、机械强度和韧性，已在全钒液流电池中得到广泛应用。但碳塑复合材料的电阻率比金属材料和无孔硬石墨板材料的电阻率高 1~2 个数量级，因此提高碳塑复合材料的导电性能是目前的研究热点。研究表明，炭黑作为导电填料的碳塑复合板导电性能远远高于石墨粉和碳纤维作导电填料的碳塑复合板。四川大学研究团队采用高速搅拌混合的方式制备了高密度聚乙烯/超高分子量聚乙烯/石墨/碳纤维复合材料。研究表明高密度聚乙烯和超高分子量聚乙烯已发生相分离，超高分子量聚乙烯占据非导电相，使得导电相在高密度聚乙烯导电填料中的浓度相对较高，从而有效提高了复合材料的导电性能。当高密度聚乙烯与超高分子量聚乙烯的质量比为 1/3 时，复合材料的导电性能最佳，导电填料质量分数为 65% 时，复合材料的体电阻率达到 $0.1\Omega \cdot cm$。为了进一步提高全钒液流电池的能量转换效率，双极板的本体电阻及其与电极间的接触电阻还需进一步降低。

如何在保持强度的同时制备具有较高导电性能和较大尺寸的碳塑复合材料双极板一直是碳塑复合双极板研究中的难点。中国科学院大连化学物理研究所通过对聚合物和导电填料的选择、配比、混合方式与复合材料导电性、阻液性及机械强度等性能关联规律的系统研究，采用挤出压延成型工艺制备出较大尺寸的碳塑复合板，复合板厚度均匀、表面光洁度高，其长度达到 1000mm，宽度达到 600mm，厚度为 1mm，体电阻率为 $0.14\Omega \cdot cm$，抗弯强度达到 51MPa，并具有良好的阻液性，2021 年已形成年产 10 000m^2 的生产能力[20]。

3. 离子传导膜

离子传导膜是全钒液流电池的关键部件，起着阻隔钒离子、传递氢离子形成导电回路的作用。根据有无离子交换基团来分类，目前应用于全钒液流电池中的离子传导隔膜主要分为离子交换膜和多孔离子传导隔膜。离子交换膜主要包括全氟磺酸膜、部分氟化膜和非氟离子交换膜。全氟磺酸膜具有良好的离子传导性和化学稳定性，如 Nafion 系列离子交换膜，在全钒液流电池中获得广泛研究。然而，它同时存在离子选择性差、钒渗透率偏高的问题，且由于制备工艺复杂，对技术设备要求高，商业化全氟磺酸膜价格普遍偏高（500~800 美元 /m^2），部分氟化膜和非氟离子交换膜在实际应用中还存在稳定性差的问题。

针对无孔离子交换膜的缺点，大连化学物理研究所研究团队突破了传统的"离子交换传递"机制的束缚，原创性地提出了不含离子交换基团的"离子筛分传导"概念。将多孔离子传导隔膜引入液流电池，在明确了多孔离子传导膜构效关系和离子传输机制的基础上，从膜材料的微观结构和微观形态设计出发，发明了孔径可控的多孔离子传导膜，从分子尺度上实现了对钒离子和氢离子的筛分，摆脱了对离子交换基团的依赖，进而实现了在液流电池中的应用。该团队进一步通过对多孔离子传导膜的孔结构和成膜材质的优化设计，解决了非氟多孔离子传导膜中离子传导性和离子选择性的矛盾，开发出高选择性、高离子传导性、高稳定性的多孔离子传导膜。利用所开发的膜材料组装的单电池在 80mA/cm^2 的充放电条件下，库仑效率超过 98%，能量效率超过 90%，并通过了超过 10 000 次充放电循环的耐久性考核，表现出优异的稳定性和可靠性（图 7-6）。

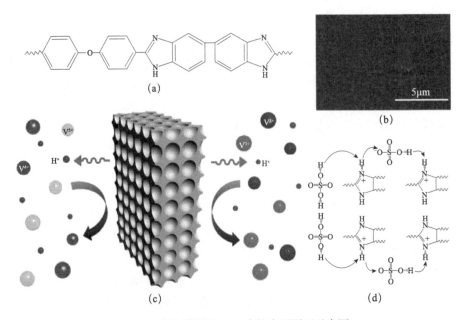

图 7-6　多孔隔膜在 VFB 中的应用原理示意图

4. 电解质溶液

电解质溶液是液流电池的储能介质，不仅决定了电池容量，而且直接影响储能系统的性能及稳定性。对于全钒液流电池来说，比较典型的是混合酸电解质和钒溴电解质体系。2011 年，美国西北太平洋实验室开发了用盐酸与硫酸混合酸作为支持电解质的全钒液流电池电解质溶液。正负极采用相同的钒离子作为电解质。与硫酸体系相比，盐酸与硫酸的混合酸体系具有良好的高温稳定性（可在 50℃稳定存在）、较高的钒浓度（浓度最高可达 2.5～3.0mol/L）、可适用的宽充放电压范围（0.9～1.58V），其能量密度可达 30W·h/kg。

（二）液流电池的应用研究

日本住友电工公司已经开展了 30 余年的研究，于 2015 年底在日本北海道安平町的南早来变电站建造了一套目前世界最大规模的 15MW/60MW·h 的全钒液流电池储能系统，对风力和光伏发电输出进行调节。此外，加拿大的 VRB 能源系统公司、Kashima-Kita 电力公司、美国的 UET 公司都是知名的研发企业。除全钒液流电池以外，锌/溴和锌/镍液流电池的发展也备受关注。ZBB 能源公司（ZBB Energy Corporation）和 Premium 动力公司（Premium Power Corporation）开展了锌/溴电池的产品开发及商业化应用推广。纽约城市大学也开展了锌/镍电池的应用研发，尚未实现产业化。

在国内，开展液流电池研究的机构主要包括中国科学院大连化学物理研究所、中国科学院金属研究所、清华大学、中南大学、中国工程物理研究院等。其中，中国科学院大连化学物理研究所是国内最早开展液流电池储能技术研究与开发的单位之一，通过与大连融科储能技术发展有限公司积极开展产学研结合，已经在关键材料、电池系统设计等方面取得了一系列突破，形成了较完善的自主知识产权体系。于 2017 年 11 月，开发出国际上首套 5kW/5kW·h 锌/溴单液流电池储能示范系统并投入运行。该示范系统的成功运行，将为锌/溴单液流电池今后工程化和产业化开发奠定坚实的基础。

四、先进铅酸电池

（一）关键材料的设计与优化

铅炭电池是一类先进的铅酸电池，它将非对称超级电容器与铅酸电池采用内并联方式两者合一。该体系既发挥了超级电容瞬间功率性大容量充电的优点，也发挥了铅酸电池的能量优势。碳材料的加入缓解了铅酸电池负极的硫酸盐化现象，延长了电池的寿命。铅炭电池的关键材料主要包括电极、板栅、电解液、隔膜和功能添加剂五个部分。

1. 电极材料

铅炭电池的正极材料为具有高孔隙率和晶体-凝胶结构的二氧化铅，而负极的主要材料为碳。其中，碳材料通过构建正负极活性物质导电网络，发挥超级电容效应，对于提高铅炭电池的大电流放电性能起到关键作用。但碳材料存在阴极析氢过电位较低、易阳极氧化等固化缺陷，在负极中添加碳材料时需抑制其析氢效应。为解决这一问题，现阶段国内外的研究主要从两方面进行：①利用铟、锡、铋等高析氢过电位金属材料对碳材料实施表面改性，开发多种高析氢过电位金属材料复合。②通过掺杂获得富含氮、氧官能团的高比电容微晶炭材料，通过调节结构有序度（石墨化程度）、孔隙结构、比表面积等理化性质等优化材料的电化学性能。浙江工业大学的先进铅蓄电池研究团队开发了多种基于稻壳、黄豆壳等生物质的活性炭/铅、活性炭/铅化合物复合改性材料，通过活性炭活化和铅（铅化合物）负载相结合的先进工艺开发，制得了多种适用于超级电池、铅炭电池的高性能碳材料，具有良好的应用价值。

2. 板栅材料

板栅充当汇集与传导电流和承载电极活性物质的双重作用，正极板栅与负极板栅具有不同的元素组成和物相金相组织。现有板栅主要包括铅基合金板栅、复合材料板栅和三维泡沫碳板栅。由于铅材料对硫酸电解液具有独特的耐腐蚀性，铅成为铅酸蓄电池中最主要的板栅材料。复合材料板栅是为实现板栅轻量化、高强度化而定向设计制造的具有铅镀层的高分子聚合物和非金属材料。日本 GS Yuasa 公司开发了 Ti 基涂 SnO_2 工艺制成的 Ti-SnO_2 正极板栅，通过 65℃ 高温加速浮充寿命实验，展现了良好的应用前景。三维泡沫碳板栅材料的主要优势是改善板栅材料在三维整体范围内的导电性、电流分布，缓解电极活性物质在充放电过程中的体积膨胀效应。2012 年我国中南大学以普通沥青为原料，采用有机多孔模板法制得具有三维连通开孔结构的泡沫炭材料，孔径为 0.5～1.0mm，以该泡沫炭为负极集流体制备的铅酸电池具有良好的充放电性能，活性物质利用率可提高 12.3%～23.0%。

3. 电解液、隔膜及功能添加剂等

电解液是先进铅酸电池的重要材料，充当液相离子导电和参与电极成流反应的双重功能。先进铅酸电池的主要成分包括胶体电解液、导电添加剂和析氢抑制剂。先进铅酸电池的隔膜主要有吸附式微纤维玻璃棉毡型隔板（AGM）和纳米氧化硅复合改性 PVC。为优化和改善隔膜材料内部气液相成分的均匀分布、增加氧复合效率，针对隔膜材料进行纤维表面的亲水/疏水调整具有重要的意义。

先进铅酸电池中涉及诸多电极功能添加剂，其参与电极过程，调控电极活性物质物相组成及形貌，促进电极导电网络构建，改善三维空间分布电流，抑制负极不可逆硫酸盐化等。现有电极功能添加剂主要包括高性能负极膨胀剂、4BS 小晶种、四氧化三铅、基于废铅蓄电池正极板的二氧化铅、碳纳米管、石墨烯等，其中，负极膨胀剂主要有木素磺酸盐，可缓解铅酸电池负极在充放电过程中的不可逆硫酸盐化，避免电池提前失效。

（二）先进铅酸电池的应用研究

先进铅酸电池应用领域十分广泛，主要涉及新能源储能系统、电动车动力电池、汽车 SLI 电池、启停电池等领域。铅炭电池主要由美国 Axion Power International Inc. 公司开发，该公司研制了以高表面积活性炭（1500m^2/g 以上）、高导电石墨粉、乙炔黑、分散剂、黏接剂等组成的高碳含量负极及相应的铅炭电池，成为国际上著名的铅炭电池研发和制造商。近年来，欧美、日本等主要发达国家或地区在铅炭电池方面开展了大量的研发工作，取得了显著的技术进步。

在国内，浙江南都电源动力股份有限公司是国内最早开展铅炭电池研究的单位，他们通过与解放军防化研究院、哈尔滨工业大学合作，将高比表面积活性炭等应用于负极铅膏，制得的储能电池产品已应用于浙江舟山东福山岛风光柴储能电站及海水淡化系统、新疆吐鲁番新能源城市微电网示范工程、南方电网光储一体化储能电站示范项目、江苏中能硅业储能电站等众多示范项目，成为国内铅炭电池龙头企业。超威电池集团有限公司开发了太阳能风能储能用胶体铅酸蓄电池，满足离网式光伏系统、风能发电系统和风光互补发电系统的储能需求。该胶体技术获国家发明专利，具备优秀的长时率和高低温放电特征，质量比能量处国际先进水平，产品具备良好的环境适应性和优异的循环使用寿命。长寿命铅炭电池与太阳能发电系统的联用，可有效解决太阳能发电的电能存储难题。2015 年 12 月，中国科学院大连化学物理研究所与中国船舶重工集团风帆有限责任公司共同建设"先进电池技术联合研发中心"，合作开展先进铅炭电池产业化技术研究与开发，目前已解决铅炭电池硫酸盐化的关键技术难题。该研究将光伏储能系统用铅炭电池的循环寿命提升到传统铅酸电池的 4 倍以上，完成了 12V/38A·h 产品在生产线上的批量试制，在先进储能铅炭电池方面形成了自主知识产权的新材料和新产品生产技术。

五、超级电容器

（一）关键材料的设计与优化

超级电容器包含正负电极、电解质、隔膜和集流体等四个主体部件。其中，电极材料的电化学性能决定了超级电容器的主要性能参数，电解液在一定程度上限制了超级电容器的工作电压。根据电能存储的机制，超级电容器的电极材料可以分为基于双电层反应的电极材料与基于赝电容反应的电极材料。

1. 双电层电容材料

基于双电层反应的电极材料仅通过正负电荷的静电作用在电极表面进行异性电荷的存储。基于双电层反应的电极材料大多为碳基材料，包括活性多孔碳、碳纳米管、有序介孔碳和石墨烯等，可通过调节材料比表面积、孔结构特征和纳米结构的构建等来提高碳电极材料的电容性能。例如，中国科学院上海硅酸盐研究所设计合成一种氮掺杂的有序介孔石墨烯，具有极佳的电化学储能特性，比容量高达 855F/g，组装成的对称器件能快速充电和快速放电，不亚于商用碳基电容器。该器件在水溶液中工作安全无毒，能量密度为 41W·h/kg，功率密度达到 26kW/kg。然而，由于双电层储能机制的限制，该类材料体系的能量密度有限，需要与其他高比能量活性材料复合才能实现大容量应用。

另外，随着可穿戴电子设备概念的提出及快速发展，相应的储能系统也向高效、轻质、柔性和全固态的方向发展。石墨烯电极材料在下一代柔性超级电容器的发展中可起到重要作用，石墨烯材料和电极制备工艺的改善和革新将推动超级电容器在电子器件、电气设备、电动交通工具和大型储能电站的应用。

2. 赝电容材料

基于赝电容反应的电极材料反应机制有别于传统的基于双电层反应的碳材料，其电荷的储存不仅包括双电层上的存储，还包括电解液中离子在电极表面和近表面或活性材料体相内的法拉第反应。赝电容电极材料主要分为金属氧化物及其衍生物和导电聚合物材料两大类。金属氧化物包括 RuO_2、NiO、MnO_2、Co_3O_4、$NiCo_2O_4$、V_2O_5、TiO_2 和 Nb_2O_5 等；金属氧化物衍生物包括 $RuO_2 \cdot nH_2O$、$Ni(OH)_2$ 和 $CoOOH$ 等；导电聚合物材料包括聚吡咯（PPy）、聚噻吩（PTH）、聚苯胺（PANI）等。俄罗斯的 ELTON/Esma 公司以 NiOH 为正极材料，活性炭为负极材料，采用碱性水系电解质构建的赝电容电容器能量密度与功率密度分别为 13W·h/L 和 6kW/L，循环寿命为 100 万次，自放电水平低，过压和过充的条件下结构稳定，且操作安全，产品已经在俄罗斯的电动交通工具和国内电位设备中得到应用和推广。南京理工大学课题组用磷酸盐处理 Co_3O_4 超薄纳米片制备出多孔片层结构的磷酸根修饰的 Co_3O_4 超薄纳米片（PCO）。通过磷酸盐处理的 Co_3O_4 可以显著减小电子转移内阻，增加活性位点，进而提高反应活性和赝电容性能。当 PCO 作为超级电容器电极材料时，在 5mV/s 的扫描速度下表现出高达 1716F/g 的理论比电容量，循环 10 000 周后容量保持率为 85%。与三维多孔凝胶石墨烯负极组装成非对称超级电容器，当功率密度为 1500W/kg 时，能量密度高达 71.6W·h/kg。由于赝电容反应涉及多个氧化态之间的电子转移，与碳材料的双电层静电吸附反应相比，此类材料作为超级电容器的电极材料能容纳更多的电荷，表现出更高的比容量。但是，金属氧化物较差的电导率及导电聚合物在电化学过程中的体积变化，严重影响了这类材料氧化还原反应的可逆性和电极结构的稳定性，导致容量利用率低、倍率特性较差及循环不稳定等问题。

3. 电解液体系

当前应用在超级电容器中的电解液一般分为水系电解液、有机系电解液及离子液体。水系电解液离子半径小，电导率高。但是受限于水的分解电压，水系超级电容器的电化学窗口很难高于 1.5V，能量密度有限。现阶段对于水系电解液的研究在于提高其工作电压，扩大器件的电压窗口。有机系电解液以其工作电压高（2.3～2.5V）、能量密度高、可大量生产等优点在商业市场中占据了主导地位。与水系电解液相比，有机系电解液电导率较低，成本较高。因此，如何提高有机系电解液导电性是研究的重点。离子液体是一种最具有应用前景的电解液，这种液体通常由非对称有机阳离子和有机或无机阴离子组成，在常温下呈熔融状液体，其工作电压最高可达6V，有望获得高电势窗口及高能量密度。但是由于离子液体黏稠度很高，离子在其中的运动会受到很大束缚，所以电导率很低，与之相对应的功率密度受到限制。探究离子液体与电极材料之间的匹配性，提高离子液体与电极材料之间的浸润程度，并且降低离子液体中阴阳离子迁移的阻力等是提高其性能的关键。

4. 混合超级电容器体系

混合离子型电容器是近年来衍生出的新体系，它是一种介于二次电池和超级电容器之间的新型储能器件，结合了二次电池和超级电容器的储能机制，同时具备二者的特性，能够保证在大倍率充放电条件下，具有高的能量密度。目前研究得比较多的电池型电极材料包括金属氧化物（TiO_2、Nb_2O_5 等）、金属硫化物（FeS_2、MoS_2 等）、碳材料（硬碳）、金属盐 [$NiCo_2O_4$、$NaTi_2(PO_4)_3$]，电容型电极材料则多为传统的高比表面积活性炭，如图 7-7 所示。

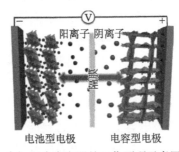

（a）混合电容器的工作原理示意图

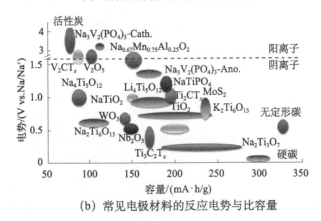

（b）常见电极材料的反应电势与比容量

图 7-7　混合电容器

在锂离子混合超级电容器方面，青岛储能产业技术研究院研发出的新型石墨烯基高能量密度锂离子电容器技术，已通过由中国石油和化学工业联合会组织的专家鉴定和评价。该机构还设计建设了国内第一条锂离子电容器的中试生产线，研发出最大容量为 3500F/4V 型锂离子电容器单体。该锂离子电容器在功率密度为 1kW/kg 时，能量密度高达 80W·h/kg，远高于当前商业化的活性炭基超级电容器。该石墨烯基超级电容器在高功率、高能量密度的动力储能器件上具有广阔的应用前景。在钠离子混合超级电容器方面，目前仍在实验室研究阶段。中国科学院兰州化学物理研究所研究团队设计了一种片状 TiO_2/C 新型结构，用作钠离子电容器的高性能负极材料，在半电池中表现出优异的倍率性能和循环稳定性。以 TiO_2/C 作为负极，分层多孔碳作为正极，制备的钠离子电容器具有高达 142.7W·h/kg、25kW/kg 的能量密度和功率密度，循环 10 000 圈后容量保持率可以达到 90%。苏州大学研究团队制备了氮掺杂的多孔 Ti_3C_2 MXene 材料（$N-Ti_3C_2T_x$），并以此为负极、活性炭为正极，通过 3D 打印构筑了高性能的钠离子混合电容器。该电容器的能量密度、功率密度分别为 101.6W·h/kg、3268W/kg。

尽管混合电容器的能量密度与功率密度均实现了较大突破，但是电池型反应电极与电容型反应电极之间存在容量不匹配、功率不平衡等问题，使之在应用时难以发挥其潜在的能量和功率密度优势。如何解决两类不同电极的电化学兼容性是混合超级电容器的重点发展方向。

（二）超级电容器的应用研究

国外研究超级电容器起步较早，技术相对比较成熟。美国 Maxwell 公司是最有代表性的超级电容器生产企业，产品覆盖领域广泛，目前主要针对汽车、工业及交通运输等众多应用，在交通运输和新能源领域占有很高的市场份额。日本的 Nec-Tokin、Panasonic 和 Elna 公司也投入了巨大资金对大容量超级电容器进行规模化生产研究，目前已经生产出多种不同类型的超级电容器。在混合电容器领域，日本的研究最深入。日本钟纺株式会社于 2002 年申请了首个锂离子电容器的发明专利，富士重工业株式会社与 JSR 公司成立 JM Energy 公司并于 2007 年实现商品化，在世界上居于领先地位。近年来，美国 Maxwell 公司也布局了锂离子电容器的研究，与德国 FREQCON Gmbh 电网公司合作，已经于 2015 在爱尔兰岛使用 300kW/150kW·h 的混合超级电容器进行了新能源的规划和使用。此外，美国、日本和俄罗斯等国还建立了专门的国家管理机构，如美国的 USABC、日本的 SUN、俄罗斯的 REVA 等，由国家投入资金和科研精英，制定出国家发展战略计划，致力于开发高比功率和高比能量的超级电容器，积极推进高性能超级电容器的大规模商业化生产。

与国外相比，我国超级电容器的研究和大规模工业化生产起步都较晚。近年来，随着政府对新能源产业的政策指导和推广，超级电容器产业表现出广阔的市场应用前景和巨大的经济效益。工业和信息化部《中国制造2025》将发展高能量密度（大于20W·h/kg）的超级电容器列为重点支持领域。目前，国内超级电容器领域在关键材料、单体技术和高端制备装备与美国、日本、韩国等仍存在不小差距。在基础研究方面，国内超级电容器领域偏重新型电极材料的制备，与企业攻关技术相差较远，形成产学研结合的模式相对较少。但国内超级电容器企业，如上海奥威科技开发有限公司、宁波中车新能源科技有限公司等，在轨道交通、电动汽车和工业节能等领域的超级电容器应用走到国际前列。2016年，杨裕生院士牵头的中国超级电容产业联盟在北京成立，联合国内超级电容器研究机构，包括大学、中国科学院和上中下游相关企业近200家单位，旨在推进超级电容器产业的发展、制定超级电容器的各类标准及产学研的结合。目前超级电容器的市场规模不断发展，处于良好的增长态势。进一步提高超级电容器的能量密度并降低超级电容器的成本，将会大力拓展超级电容器的应用领域和市场。因此，首先是关键材料要实现国产化，规模化制备出低成本、高品质的活性炭电极材料；其次是进一步提高超级电容器的制造水平，发展有自主知识产权的超级电容器制造技术；最后是发展超级电容器新材料、新体系，结合锂离子电池，发展高能量密度、高功率密度和长循环寿命的超级电容器，拓宽其应用范围。

六、新概念电池

为了进一步降低二次电池的成本、提高其安全特性，近年来学者们开展了电化学储能新概念、新材料和新技术的探索，构建了一系列廉价绿色的新概念电池体系，为规模储能提供新的选择。在众多储能方案中，最具代表性的体系是钠离子电池、水溶液电池、全固态电池及液态金属电池。这几类新概念电池虽然组成与结构不同，但均具有潜在的高能量密度、较低的运维成本、很长的循环寿命和较高的安全性，适用于微网储电、分布式和大规模储能应用。

现阶段，这类新概念电池体系的研究大多还在实验室研究或者示范运行的阶段，能否真正实现产业化应用，还需要进一步深入研究，攻克相关技术难题。

（一）钠离子电池

近年来，随着电动汽车的推广和智能电网的发展，锂资源不断消耗，亟须寻求一种新的可持续发展的替代电池储能技术来满足全球日益增长的能源需求。钠和锂的性质相似，且资源丰富、成本低廉，因此室温钠离子电池被认为是可以代替锂离子电池的下一代储能技术。过去十多年来，钠离子电池技术被一些国家列为重要的基础性和前瞻性研究领域，并作为未来重点关注的储能电池技术发展方向，我国大部分高校和研究所也积极投入了钠离子电池方面的研究。

早期关于钠离子电极材料的研究主要借鉴于锂离子电池的经验，正极材料集中在层状过渡金属氧化物、聚阴离子正极、普鲁士蓝类化合物、聚合物等；负极材料集中在碳基材料、合金化负极、钛基氧化物等。和锂离子相比，钠离子的体积较大，扩散动力学较慢，且在嵌入-脱出的过程中容易造成主体晶格结构的坍塌，严重影响了材料的循环稳定性。因此，同类型钠离子电池的能量/功率密度与循环寿命均低于锂离子电池。发展具有较宽离子通道、良好的导电骨架且结构稳定的储钠材料，是构建高能量密度与长循环寿命的钠离子电池的关键。

在正极方面，层状金属氧化物（$NaFeO_2$、$P2-Na_{2/3}[FeMn]_{1/2}O_2$、$Na_3Ni_2SbO_6$等）具有较高的理论比容量和较低的钠离子迁移势垒，是研究最广泛的一类正极材料。大部分层状氧化物在钠离子的嵌入脱出过程中，都会有一个以上的相变，因此表现出多重台阶状的充放电曲线，这种复杂的相变会导致结构变形和电化学性能恶化，这是限制钠离子电池应用的一个主要原因。为了解决这个问题，美国阿贡国家实验室首先提出在过渡金属层中引入少量的Li。过渡金属层中有锂离子的存在，可以使更多的钠离子留在晶格中，即使在4.4V的高电压下也能保持P2型相结构的稳定性。部分学者认为Li的掺杂可以提高材料的导电性，也有的认为由于Li—O键比Ni—O键和Mn—O键强，Li的存在可以抑制铁离子的迁移。这种Li-Na共存的层状氧化物材料体系将成为商业化钠离子电池材料的候选材料之一。

聚阴离子型化合物具有开放的框架结构、良好的结构稳定性和热稳定性及稳定的电压平台等诸多优势而备受青睐，这一类化合物包括钒基和铁基的磷酸盐、焦磷酸盐及混合聚阴离子盐。但受较低的本征电导率和工作电压的限制，其功率密度尚不能满足储能电池的要求。在聚阴离子型化合物中引入氟，不仅可构造出新的结构体系，获得较好的电化学活性，而且高电负性的氟吸电子能力强，可提高材料的结构稳定性和工作电压。武汉大学研究团队在焦磷酸铁钠中引入氟离子获得了一系列氟代焦磷酸铁钠新型化合物，以 $Na_{10}Fe_7(P_2O_7)_{5.4}F_{2.4}/C$ 为例，该正极放电容量为 105mA·h/g，在 100C 和 300C（12s 内完成放电过程）的超高放电电流密度下，仍保持 57mA·h/g 和 35mA·h/g 的可逆容量，循环 4500 次容量保持率为 69%，功率密度可达 50 000W/kg。普鲁士蓝类化合物 $Na_{1+x}M_1M_2(CN)_6$（$x = 1\sim2$，M = Fe、Mn 等）具有三维的开放结构，有利于钠离子的脱出和嵌入，因此表现出较高的储钠活性、循环稳定性和倍率性能，加之成本较低，所以被认为是储能钠离子电池正极材料的一种理想选择。在充放电过程中，Fe、M 发生可逆的氧化还原反应，伴随 Na 的嵌入/脱出。由于这类材料存在一定的空位和缺陷，影响材料的稳定性和反应活性，研究方向主要集中于低缺陷、富钠态的材料。此外，普鲁士蓝在高温下的不稳定性及 CN 潜在的毒性都是制约其商业化应用的桎梏。

在负极方面，碳基负极是最具应用前景的一类储钠材料。但是，受限于能带结构与活性位点，普通硬碳材料的储钠容量较小，倍率性能较差。华中科技大学研究团队提出了多原子杂化耦合的碳电极改性思路与方法，设计并实现了高电负性硫原子掺杂硬碳储钠负极，基于"扩展+活化"的机制，大幅提升硬碳电极电荷输运速率，硬碳电极的储钠容量由 126mA·h/g 增大到 561mA·h/g，在规模储能领域展现了较好的应用前景。另外，对于硬碳材料储钠机制的认识不够深入也将导致碳基电极的改性存在盲目性。现阶段，碳基材料的研究主要集中在通过新型原位表征与理论模拟技术的发展，深入探究碳基材料的储钠机制，从而理性指导高性能碳基电极材料的设计合成。合金类负极包括 Sn、Sb、P 等，在电化学反应过程中通过与钠合金化，实现可逆储钠反应，理论比容量为 370~2000mA·h/g。但是，这类材料最大的问题是储钠过程中体积膨胀较大，在反复充放电过程中容易导致电极材料粉化脱落，电池循环稳定性较差。现阶段，改善这类问题的主要思路是限制充放电深度或电极材料的纳米化、引入缓冲基质等。

在应用研究方面，日本住友电工公司于 2011 年就成功开发出一种新型钠离子蓄电池，正极采用的是 $NaCrO_2$，负极采用的是钠合金，电解液采用的是双（氟磺酰）亚胺钠（NaFSA）和双（氟磺酰）亚胺钾（KFSA）的混合物熔融盐，工作温度是 70~80℃。这种新型电池价格是锂离子电池的 1/10，比能量是普通锂离子电池的 2 倍，电池的续航里程数也是相同体积锂离子电池的 2 倍。2015 年，法国国家科学研究中心的研究人员开发出了锂离子电池行业标准的 18650 规格的钠离子电池，其能量密度可达到 90W·h/kg，充放电循环持续超过 2000 次，可与磷酸铁锂等锂离子电池相媲美。在国内，依托中国科学院物理研究所的中科海钠科技有限责任公司推出了首辆钠离子电池电动车。该体系的正负极材料分别选用成本低廉的钠铜铁锰氧化物和无烟煤基软碳，具备明显的成本优势。目前，钠离子电池的能量密度已达到120W·h/kg，是铅酸电池的3倍左右，如图7-8所示。2019年3月，该公司又推出了100kW·h钠离子电池储能电站，并在江苏溧阳示范运行，这是全球首次将钠离子电池技术应用于储能领域。

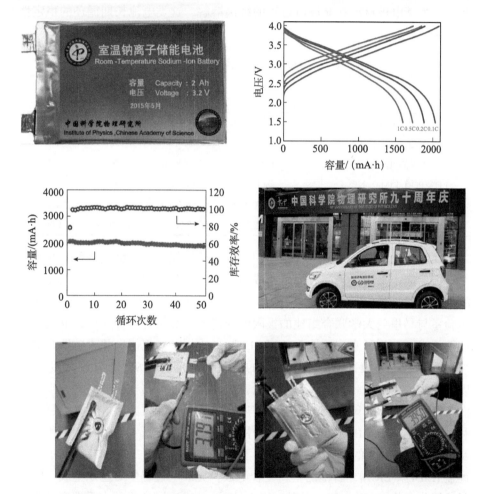

图7-8 中科海钠科技有限责任公司推出的首辆钠离子电池电动车

（二）水溶液电池

与有机电解质相比，水溶液电解质价格便宜、安全性好，且离子电导率高，更适合在注重成本与安全性的大规模储能领域应用[21]。近年来，为了进一步发展高电压、大容量的水溶液电池，学者们开展了基于嵌入反应构建"摇椅式"水溶液二次电池的探索。国际上许多课题组开展了水系锂离子电池的材料研究，先后报道了一些具有一定能量密度和循环性能的新体系。表 7-4 归纳了几类典型水溶液锂离子电池的电化学性能。可以看到，这类电池仍然受制于水溶液体系的电压限制（不超过 1.5V），能量密度很难突破。此外，由于电极材料在充放电过程的缓慢溶解，这类电池长期循环的稳定性尚不能令人满意。

表 7-4　几类典型水系锂离子电池的电化学性能

体系	电解液	能量密度 /（W·h/kg）	最大循环次数	平均输出电压 /V
$LiV_3O_8/LiMn_2O_4$	2M Li_2SO_4	64.2(1)	400	1.04
V_2O_5 xerogel/$LiMn_2O_4$	sat.$LiNO_3$	69(1)	100	1.0
$LiV_3O_8/LiNi_{0.8}Co_{0.09}O_2$	1M Li_2SO_4	30-60(30)	100	1.5
$LiTi_2(PO_4)_3/LiMn_{0.05}Ni_{0.05}Fe_{0.9}PO_4$	sat.Li_2SO_4	78.3(1)	50	0.9
$Li_xV_2O_5$-PANI/$LiMn_2O_4$	5M $LiNO_3$	51.7(1)	120	1.1
$LiV_3O_8/LiCoO_2$	sat.$LiNO_3$	57.7(1)	100	1.05

在此类水溶液嵌入型二次电池中，水分子仅仅作为电解质溶剂，并不参与电极反应，采用适当的表面修饰或通过改变水分子的缔合状态大幅提高水的分解电压，从而大幅提升水系离子嵌入型电池的工作电压。美国陆军研究实验室与马里兰大学联合组建的极限电池研究中心结合多种光谱、电化学和计算技术，分析了水溶液体系负极 SEI 膜形成的基本规律，并成功地在水溶液体系构建 SEI 膜，使水系电解质的电化学稳定窗口从 1.23V 扩大到 4.0V 以上，构建了一系列高电压、高能量密度的水溶液锂离子电池。进一步，他们报道了盐包水（water-in-salt）电解质，在石墨中引入卤素转化-插层化学，利用卤素阴离子（Br⁻ 和 Cl⁻）在石墨中的氧化还原反应，将无水 LiBr 和 LiCl 及石墨在 2∶1∶2 的最佳质量比条件下混合，制备得到一种含有等摩尔卤化锂盐 $(LiBr)_{0.5}(LiCl)_{0.5}$-石墨的全新复合电极，充放电过程中可逆地生成一阶石墨插层化合物 $C_{3.5}[Br_{0.5}Cl_{0.5}]$。基于以上体系，构建了 4V 级的水系锂离子全电池，能量密度高达 460W·h/kg。

为进一步降低材料成本，水系离子嵌入型电池的研究进一步拓展到钠离子、钾离子、锌离子及碱土金属和其他电负性过渡金属离子体系。在各种水系电池中，水系锌离子电池近年来备受关注。这主要是因为金属锌具有理论容量大（质量比容量为 820 mA·h/g，面积比容量为 5854 mA·h/cm^3）、析氢反应过电位高、在水中的稳定性优异且资源丰富、低毒易处理等优点，因此具有理论能量密度高、安全性好、成本低廉、清洁环保等特点，是一类极具潜力的电化学储能技术[22,23]。锌离子电池二次电池的研究还处于起步阶段，正极材料主要包括锰基氧化物、普鲁士蓝衍生物、钒基氧化物、聚阴离子化合物、Chevrel 相化合物、有机正极材料等。负极材料的研究主要集中在金属锌，其电极反应是基于溶解-沉积机制。在充放电过程中，锌离子会在金属锌表面反复溶解和沉积，易形成枝晶，引起电池内部短路。此外，金属锌负极在循环过程中的库仑效率偏低，目前报道的锌溶解-沉积的库仑效率大多仅为 95%～98%，即锌负极循环 50 周以后的容量保持率也仅有 36.4%。美国海军研究实验室通过设计三维泡沫锌来抑制枝晶生长问题，可以明显改善大电流密度下锌负极的循环性能。华中科技大学研究团队通过在锌电极表面构筑多孔结构和优化电解质成分的协同策略，调控锌的溶解-沉积行为，有效抑制了锌负极枝晶的生长，显著提高了锌电极的循环性能。

在水溶液电池的应用方面，对于固定式大规模储能而言，能量密度并非首要的考虑因素，因此水系钠离子电池以其廉价、安全的特点更具应用优势。基于这一思想，美国 Aquion Energy 公司在 2015 年率先推出以氧化锰为正极、磷酸钛钠为负极、硫酸钠水溶液为电解质的水系钠离子电池。这一电池系统已用于美国夏威夷 1MW·h 的离网太阳能微电网，也分别用于美国加利福尼亚州 80kW·h 的农场太阳能储能系统和 90kW·h 的离网居民区太阳能储能系统，成功地替代了传统的发电机和铅酸电池系统。可以预期，随着技术完善和性能提升，水系钠离子电池将具有巨大的市场竞争力和储能应用机遇。国内的恩力能源科技（南通）有限公司已经获得了该专利的独家使用权，正在积极投入水系钠离子电池的开发中，技术参数已经达到 Aquion Energy 电池的水平，甚至部分指标已经领先。

（三）全固态电池

全固态化是提升现有高能量密度二次电池安全性的一种共性技术。以热稳定性无机固体电解质替代可燃性有机液体电解液构建全固态电池，则可有效提升电池体系的安全性能。然而，大多数固态电解质在室温下的离子电导率不过 10^{-5}S/ cm 或更低，很难满足电池的应用要求。研发电导率高、化学稳定性好且电化学窗口宽的固体电解质，是构建新一代兼具高能量密度和长寿命的全固态电池的关键。在锂电池的应用推动下，近 20 年来锂离子导体的研究受到广泛重视，一批具有较高室温电导率的材料体系脱颖而出，展示出较好的应用前景。钙钛矿结构 $La_{0.51}Li_{0.34}Ti_{2.95}$ 的室温离子电导率可达 $10^{-3}S/cm$ 数量级，NASICON 结构锂离子导体 $Li_{1.3}Al_{0.3}Ti_{1.7}(PO_4)_3$ 的室温体相电导率可以达到 $3 \times 10^{-3}S/cm$，而有些玻璃态的硫化物如 $Li_{10}GeP_2S_{12}$，其室温离子电导率甚至可达 $10^{-2}S/cm$ 数量级。特别是，NASICON 和石榴石结构的氧化物固体电解质表现出优异的空气稳定性，而硫化物固体电解质也具有较宽的电化学窗口和一定的化学稳定性，这些均为电化学应用奠定了基础。中国科学院宁波材料技术与工程研究所近年来开展了 NASICON 结构、玻璃态硫化物的制备技术研究，所制备的第三代 $Li_{1.5}Al_{0.5}Ge_{1.5}(PO_4)_3$ (LAGP) 量产材料相对密度超过 97%，室温离子电导率可以达到 $6.21 \times 10^{-4}S/cm$。中国科学院青岛生物能源与过程研究所针对聚合固态电解质进行了系统设计与制备工艺研究，成功开发出多种高性能聚合物固态电解质，在材料的电化学窗口、室温离子电导率等方面达到国际领先水平。

基于锂离子固体电解质的突破性进展，近年来国际上积极开展了固态锂二次电池的研究。日本丰田汽车公司推出的全固态锂原型电池，正负极和固体电解质层分别采用钴酸锂、石墨和 $Li_7P_3S_{11}$ 电解质。日本出光兴产株式会社在 2010 年即实现试产 A6 尺寸的层压型固体锂二次电池组。该电池的电解质采用固体无机硫化物材料；单体电池中固体电解质层厚度约为 $100\mu m$，正负极均采用与现有锂离子电池相同的材料。与采用液体有机电解质的普通锂离子电池相比，这类全固态锂离子电池的容量、安全性、高温特性、耐过充电性等方面并不逊色。理论上，质量比能量密度可能由目前的 $100\sim150W\cdot h/kg$ 提高至 $300W\cdot h/kg$。日本三星横滨研究所与三星电子开发出的固态锂电池正极为 $LiNi_{0.8}Co_{0.15}Al_{0.05}O_2$、负极为石墨类材料，电解质采用 $Li_2S\text{-}P_2S_5$ 体系。除此之外，日本、韩国、美国等国家科研机构和企业也纷纷加紧布局固态电池技术储备。日本丰田汽车公司、本田、日产等 23 家汽车、电池和材料企业，以及京都大学、日本理化学研究所等 15 家学术机构将共同合作，计划到 2022 年全面掌握全固态电池相关技术；为大幅降低电池起火风险，三星 SDI 提出了 "全固态电池技术发展蓝图"；美国先进电池联合会提出，在 2020 年将电芯能量密度提高至 $350W\cdot h/kg$，一些初创的电池企业如 Sakit3、SEEO、QuantumScape 和 SolidPower 等纷纷宣布在全固态锂电池研发方面取得重大进展。可以预期，这些突破性的进展为固态电池在储能领域的应用提供了良好的示范作用。

在国内，赣锋锂业股份有限公司正在尝试产业化陶瓷类电解质固态电池，目前第一代固态锂电池的单体容量为 $10A\cdot h$、能量密度为 $240W\cdot h/kg$，

1000 次循环后容量保持率大于 90%，电池单体已通过多项第三方测试。清华大学南策文院士的团队所投资创办的清陶（昆山）能源发展股份有限公司开发出单体能量密度达到 430W·h/kg 的高能量密度固态电池，可应对到 2020 年实现国家要求的 300W·h/kg 的挑战。依托中国科学院物理研究所的北京卫蓝新能源科技有限公司已经研发出能量密度大于 300W·h/kg，循环寿命可达 300～500 次的固态锂电池，并掌握了固态电池技术领域的多项关键性技术。宁德时代新能源科技股份有限公司（CATL）以硫化物电解质为主要研发方向，采用正极包覆解决正极材料与固态电解质的界面反应问题，开发出容量为 325mA·h、能量密度为 300W·h/kg 的固态电池。华中科技大学电气与电子工程学院固态电池研发团队依托武汉新能源研究院进行有机-无机复合电解质固态电池的产业化，实现了 20A·h 软包固态电池制备工艺，完成 320W·h/kg 比能量密度测试认证（循环 500 次 >90%），研究团队目前正在优化基于该固态电解质的金属空气固态电池样机。珈伟新能源股份有限公司以第二代聚合物锂离子导体作为固态电解质，研发出 36A·h 类固态软包三元材料动力锂离子蓄电池通过国家机动车质量监督检验中心强制性检验，能量密度达到 230W·h/kg，循环次数达 4000 次。这些初步的产业化成果为固态锂电池在未来储能领域的应用奠定坚实的基础。

（四）液态金属电池

液态金属电池（liquid metal battery）是一类最新提出的电化学储能技术。在这类电池中，负极采用低电势的碱金属（锂、钠等）或碱土金属（镁、钙等），正极采用较高电势的金属单质或者合金（锡、锑、铅及其合金），电解质为含卤素的无机熔盐，结构如图 7-9 所示。由于正负极均为低熔点金属或合金，在 300～700℃的中等温度下电池内部所有组分均处于液态；且由于各组分的密度不同，电池内部正负极与电解质形成自动分层的结构：负极液态金属密度最小处于上层，正极液态金属密度最大位于底层，熔盐电解质层密度居中处于中间层。相对于传统的固态电池，液态金属电池这一特殊结构赋予其快速的液-液界面动力学性质、更高的循环稳定性及安全特性，在固定化、大规模储能领域极具竞争力。

2012 年，美国麻省理工学院提出了一种新型的全液态储能电池设计——液态金属电池，报道了首个以镁为负极，锑（Sb）为正极，$NaCl-KCl-MgCl_2$ 为熔盐电解质的液态金属电池。这种电池的充放电库仑效率为 97%，能量效率为 69%，但平均放电电压只有 0.4V，且电池的运行温度为 700℃。这一体

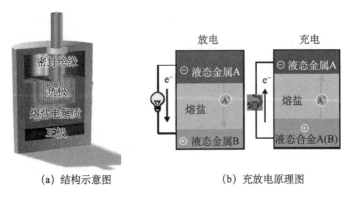

(a) 结构示意图　　　　　　　(b) 充放电原理图

图 7-9　液态金属电池结构示意图和充放电原理图

系虽然从概念上证明了液态金属电池的可能性，但其低电压、高温度的特性并不符合实际应用要求。2014 年，该团队提出了合金化电极设计思路，发展了一类 Li-Sb-Pb 电池体系，将电池操作温度从 700℃降至 450℃，是迄今最具实用化潜力的体系之一[24]。为了进一步降低液态金属电池成本，提高电池的单体电压，华中科技大学的电化学储能团队先后设计了 Li-Sb-Sn 和 Li-Te-Sn 体系，将电池单体工作电压提高到 1.6V，实现了液态金属电池电极材料体系能量密度的重大突破（495W·h/kg），进一步拓宽了液态金属电池的应用范围。此外，西安交通大学、北京科技大学等研究团队在液态金属电池材料体系方面开展了系列研究，先后开发了 Li/Bi-Sb、Li/Bi-Sb-Sn 等液态金属电池新体系[25]。此外，德国德累斯顿亥姆霍兹研究所、法国国家力学与工程计算科学研究所等采用理论模拟方法对液态金属电池的内部磁流场分布、界面特性进行了系列研究，为大容量液态金属电池的优化设计提供了参考。

在产业化发展方面，基于 Li-Sb/Pb 的新型液态金属电池技术的 Ambri 公司于 2010 年在美国麻省波士顿成立。该公司发展迅速，先后获得包括 Bill Gates、Total 等投资方超过 5000 万美元的风投资金，相关产品将会在麻省 Cape Cod 和夏威夷装机试运行。华中科技大学电气学院的"先进电工材料与器件中心"联合中国西电集团有限公司、威胜集团有限公司在电池单体放大、成组设计、能量管理方面开展了系列深入的研究，致力于实现低成本、长寿命、大容量的 Li/Sb-Sn 液态金属电池的规模化生产。基于上述工作，2018 年华中科技大学牵头组建了含清华大学、西安交通大学、武汉理工大学、北京科技大学、西电集团、威胜集团等 13 家校企联合团队，获批了国家重点研发计划智能电网与装备专项项目，致力于突破液态金属电池的关键材料与技术，推动该技术在电力储能中的实际应用。

第三节 关键科学问题与技术挑战

一、关键科学问题

电化学储能体系的性能取决于关键材料，涉及的基础科学问题包括电极微结构与材料反应性质的调控、电极/电解质界面的结构修饰与功能调控、电荷多尺度输运特性与调控机制及电池反应的安全性控制机制等。

（一）电极微结构与材料反应性质的调控

许多潜在的大容量化合物（如单质硫、高价金属氟化物、有机醌化合物等）由于电化学可逆性差、反应中间产物溶解流失，一直难以作为活性正极材料。此外，许多高电负性金属（如锂、锌、铝等[26-29]）在充放电过程产生的巨大形变、枝晶等导致循环性能差，一直难以作为实用化负极应用。因此，如何通过电极微区结构的构筑，创建新的反应环境、使这些传统的"不良"材料成为大容量实用化电极活性材料，是发展和创建低成本、高性能二次电池新体系的关键科学问题。

原则上，通过微纳尺度限域反应的结构设计，可以使传统的反应组分固定化，成为循环稳定的电极材料；通过固体电解质的应用，可以解决反应产物的溶解流失，实现长寿命循环；通过电极结构内部反应界面的优化可以改善离子传输动力学行为，提高电池的功率性能。

（二）电极/电解质界面的结构修饰与功能调控

界面反应是决定电池性能的主要因素，不同的应用对于界面的结构与性质要求不同。如何实现界面结构的功能化调控，构建电极界面膜和特定界面，是构建高功率/高能量、长寿命电池所涉及的一个共性科学问题[30]。

通过界面改性可以拓宽水溶液体系的电化学窗口，实现高电压水系离子嵌入型电池。创造适当的界面结构，调控金属沉积反应动力学行为，可以提高金属负极的循环稳定性。建立稳定的"固/固"反应界面，解决传统"固/液"界面的不稳定问题，实现稳定的大容量储能反应；通过控制界面微结构的演变与动态自修复，实现高效率充放电循环，解决二次电池的长寿命问题[31]。

（三）电荷多尺度输运特性与强化机制

电池的充放电过程中涉及电子从集流体向电极层颗粒表面及内部的传输，离子从电解液相朝着电极层、活性颗粒内部的传输。部分骨架离子也由于结构不稳定在骨架内迁移。离子的输运是从原子尺度的迁移，电池的充放电是宏观尺度，因此，锂离子电池充放电过程中涉及多尺度非均相介质中的混合电子离子输运，而且输运过程中还伴随着表面的电化学与化学的副反应及离子与电子的储存过程。

目前的电化学模拟已经基本能通过整合不同尺度的计算方法实现多尺度复杂输运过程的模拟，从而为电源管理软件的可靠运行提供准确的科学基础。但是，实验上对于这一复杂体系，分别测到电子、离子在各相中的输运特性，并且分离出它们在空间中每相的动力学参数，仍然具有较大的挑战。在本征输运参数与宏观动力学方面建立起可靠的依赖关系并非易事。由于锂离子电池速率控制步骤一般是离子在固相中的扩散，因此根据材料的化学扩散系数来判断该材料是否能够大倍率充放电，达到或接近理论容量，在仅受扩散控制时具有一定的可信度。

（四）电池反应的安全性控制机制

安全可靠性是储能电池应用发展必须解决的首要问题。特别是高能量密度、大容量电池体系，一般均由强氧化性正极、高还原性负极和易燃有机电解质组成，在热冲击、内部微短路等条件下容易发生起火、爆炸等危险性事故。不安全性行为源于单体电池内部的热失控和电压失控反应，同时也可能产生与组合系统的相互影响。如何从内部电池反应到外部组合电池系统安全性建立自发的、可靠的安全性控制机制，确保整个生命周期的安全性，是储能电池工程应用的关键科学问题。

电池的电化学反应包括串联进行的多个基元步骤，如离子在电解质相的扩散，界面电荷转移，以及电子和离子在电极内部的迁移等。建立一种能够根据电池内部微区温度变化和界面电势变化，随时调节反应电流并快速切断危险性副反应的机制，可以从反应原理上保证单体电池的安全性。通过发展阻燃性电解液及水溶液和固态电解质，应该能有效解决有机溶剂电池的安全性问题。

二、技术挑战

（1）锂离子电池关键材料的可控制备，综合技术指标的优化及先进表征

与模拟技术的应用 [32]。

（2）降低钠硫电池关键材料和电池的制造成本及较高温度运行带来的维护成本，解决大容量与高倍率的矛盾，从根本上提高钠硫电池的安全可靠性 [33]。

（3）开发高稳定性液流电池电解液，高选择性低成本离子交换膜及高反应活性电极等。对于有机体系液流电池及锌/溴、锌/镍单液流电池等新型液流电池技术，着重解决电池的循环寿命、安全可靠性及电池成本控制等问题。

（4）解决铅酸电池中重要先进电池材料大多依赖进口的问题，提高先进工艺与装备的技术指标参数与稳定可靠性问题，以及大容量先进铅酸电池及其储能系统的推广应用问题 [34]。

（5）解决超级电容器生产过程中存在的先进制造设备和生产工艺滞后的问题，先进储能智能管理系统缺乏及大容量混合型超级电容器应用研究相对落后等问题。

（6）对于新概念电池，存在如何拓宽水溶液的电化学窗口，如何抑制枝晶形成，如何解决固体电解质与电极的界面兼容性，如何解决液态金属电池长效高温密封绝缘技术，以及如何消除电池内部的失控反应等问题。

第四节　储能材料的重点发展方向

一、锂离子电池

尽管锂离子电池是现阶段综合性能最优异的一类电池体系，但依然存在一些问题，主要表现在以下几个方面：①有机液态电解液易燃易爆，存在安全隐患。②锂离子电池的充电速度受到限制，大电流充电会引起金属锂在石墨负极不均匀沉积引发短路。③锂离子电池的过度充电会导致正极材料氧气的析出，引发安全问题。

为了发展能量型与功率型第三代锂离子电池，提升电池的循环寿命、安全性、可靠性及环境适应性，锂离子电池的重点发展方向主要表现在以下几个方面：针对电力储能各类应用，最迫切的仍然是提高能量密度，其关键是增大正极材料的容量或电压。重点发展针对电力储能应用的高能量密度、高安全性、低成本的第三代锂离子电池的正极材料 [35]（磷酸锰铁锂、三元正极材料、层状富锂锰基、尖晶石锂镍锰氧、层状镍钴铝正极材料），负极材料（软碳、钛酸锂、纳米硅基、石墨类复合负极材料），电解质材料（离子液体、氟代碳酸酯、醚、5V 功能添加剂、氟磺酰亚胺锂盐）[36,37]，以及先进电解质材料（聚合物凝胶电解质、复合固态电解质）等，重点是提升材料的循环性、储存寿命、能量密度及安全性。此外，能量密度的提高意味着安全性问题将更加突出，因此，下一代高能量密度锂离子电池正极材料的发展还同时取决于安全保护技术的进步。建立电池热失控防范新机制与新技术，提高电池的本征安全性，对于锂离子电池的规模化应用至关重要。

二、高温钠电池

现阶段，高温钠电池的发展主要面对以下挑战。

（1）较高的制造成本，特别是核心材料 β-氧化铝陶瓷管制备成本很高。

（2）较高运行温度增加了对系统进行维护的成本和难度。

（3）大容量与高倍率的矛盾。

（4）尚未形成完整产业链。

（5）存在较大安全隐患。

高温钠电池的重点发展方向为以下几个方面。

（1）提升电池产品的关键技术指标，有效提高电池循环寿命、比能量、比功率、低温可运行性、耐机械冲击性能等指标。

（2）进一步提升钠电池的制造技术，有效降低电池的制造成本，降低单位电池制造的能量消耗。

（3）加快新材料与新体系的开发，进一步提升电池的低温性能和制造的便利性。

（4）优化电池结构的设计，避免电池损坏后可能引起的电池内物质的化学反应，提高电池的安全可靠性。

（5）发展先进的装备技术，研制一批效率高、控制精准、运行可靠的自动化先进生产装备，建成数字化、成套化、智能化电池制造生产线。

（6）逐步形成钠电池的产业链，推动钠电池的发展规模。

（7）研发高导电性、高强度电解质陶瓷体系及提升电解质陶瓷综合性能的技术路线，研制先进的电解质陶瓷制造技术，降低制造成本，达到长寿命钠电池的要求。

（8）开发先进的钠电池的材料部件组合及电池组装技术，提升电池的可靠性与一致性，降低钠电池的制造成本。

（9）开发钠电池规模化制造及其配套的先进制造装备。

三、全钒液流电池

以全钒液流电池为代表的液流电池技术已处于产业化进程中，锌/溴、锌/镍液流电池技术处于产业化推广的前沿。其他液流电池技术还处于技术攻关阶段。目前，全钒液流电池的关键技术挑战在于降低关键材料的生产成本，包括高稳定性电解液、高选择性低成本离子交换膜、高反应活性电极等。新体系液流电池技术包括有机体系液流电池及锌/溴、锌/镍单液流电池等高能量密度液流电池技术，着重需要解决电池的循环寿命、有机体系的安全性、电池系统的可靠性、电池成本控制等问题。

目前，液流电池的重点发展方向如下。

（1）优先发展全钒液流电池关键材料开发及批量化制备技术、系统优化及集成技术。

（2）发展以锌/镍、锌/溴液流电池技术为代表的能量密度较高的水系锌基液流电池体系。

（3）开展高能量密度液流电池体系的基础研究，寻求可靠、安全、成本低廉的液流电池新体系。

四、先进铅酸电池

先进铅酸电池的重点发展方向主要为以下几个方面。

（1）研发低成本、高比表面积活性炭材料，降低电池制造成本，大幅延长循环寿命，提高电池的性价比。

（2）提高铅资源利用效率，削减单位容量产品的铅消耗量。

（3）全流程100%收集生产过程中的含铅粉尘、含铅废水等，确保电池生产过程的安全、环保。

（4）研制一批高效、控制精准、运行可靠的自动化先进生产装备，建成数字化成套化智能化的电池制造生产线。

五、超级电容器

超级电容器的重点发展方向为以下几个方面[38]。

（1）发展混合型超级电容器，提升电池的比能量。

（2）开展高比能量赝电容电极材料、高品质电解液及先进隔膜的研发与生产，从根本上解决当前超级电容器能量密度偏低的技术瓶颈。

（3）发展超级电容器智能管理系统：超级电容器智能管理系统由带触摸

屏的监控单元、电压温度监测及电压均衡单元、智能管理软件等构成，可同时对超级电容组进行监测、管理和维护，并对电容的异常状态报警，是大容量超级电容器应用的保障，有利于降低使用成本，提高能量的实际转化与利用效率。

（4）自主化生产设备及生产工艺的实现[39]，能极大地提高国内超级电容器产品的质量和性能指标，推动产业创新、企业创新和产品创新，提高国际竞争力。

六、新概念电池

总体而言，高效储能电池的发展方向应当是追求电池的成本低廉、寿命长与能量效率高。因此，以钠离子电池、水溶液电池、全固态电池及液态金属电池为代表的新概念电池体系原则上可以实现这一目标。根据这几类电池反应的特点和应用性质，所需要重点发展的方向如下。

（一）钠离子电池／水溶液电池

1. 关键电极材料的设计与合成

目前已知的高性能嵌入电极材料大多为金属氧化物，适合于有机溶剂嵌锂反应，而这些材料体系用于水系储锂（钠）反应时大都表现不佳。因此，需要根据钠或其他碱/碱土金属离子半径较大的特点，设计合成具有较大离子隧道结构的氧化物晶格，或者选择对离子束缚较弱的无机配合物骨架结构，以实现高效可逆的钠离子嵌入反应。重点发展体系包括大容量钛酸盐负极、普鲁士蓝正极材料的制备技术；通过低缺陷合成、纳米化、表面包覆改善容量输出和倍率性能，开发具有良好稳定性的水系锂离子和钠离子嵌入材料，构建高电压、大容量水系嵌入型电池。

2. 提升水系电池工作电压的技术和方法

通过正负极界面修饰、电解液组成调控等方式，抑制水分解反应；采用离子导电材料表面包覆，隔断溶剂水分子与正负极的直接接触和相互作用，大幅度提高水系锂离子电池的工作电压和循环稳定性。此外，水溶液电解质体系的组成与性质对于不同离子嵌入反应的影响也是有待阐明的基础问题。除了足够的离子电导外，电解质的种类、电解液添加剂、pH溶液值均会显著影响活性材料上氢和氧的吸附、表面复合，进而影响离子嵌入反应的效率和材料的稳定性。

3. 水系反应新材料和新体系的研究

利用丰富的电活性有机电极材料和电化学活性聚合物作为一种柔性链段结构，对于嵌入离子的半径限制较少，更适合于作为钠离子电极材料，应当作为一个重要的储钠材料发展方向。聚阴离子型材料稳定性好，是水系锌离子电池正极的主要发展方向。高库仑效率的非锌金属负极材料如层状过渡金属硫化物（MoS_2、TiS_2 等）是提升水系锌离子电池性能的关键材料。

（二）全固态电池

尽管全固态电池具有良好潜在优势，要实现全固态电池的产业化还面临几个主要的挑战。

（1）高性能固态电解质要满足倍率条件下的高离子传导率，也要满足制备工艺中的温和工艺条件以避免对微结构的破坏。

（2）与材料匹配的制备技术，以表/界面传质与界面阻抗为核心的关键工艺与装备，材料体系、结构工艺的改变必定需要系统性的改变来匹配制造工艺，一体化、卷对卷制备工艺是现阶段重点关注的工程技术方向。

（3）全寿命周期性能演化规律及其机制尚不明确，实况下全寿命周期的监测耗时太长（>10 年），对演化机制的研究带来巨大挑战[40]。

基于以上考虑，全固态电池的重点发展方向为以下几个方面。

（1）高稳定性室温离子电解质的设计和制备技术。进一步优化材料组成的设计，发展合适的批量化材料制备工艺，提高晶界和晶粒离子电导率，改善表面的化学稳定性，以满足大规模应用的要求。

（2）电化学兼容性固/固界面的构筑和实现技术。固体电解质与正负极之间的界面是决定全固态电池性能的关键因素，弄清界面的性质对电池的储能效率、倍率特性和循环性的影响，发展先进的界面结构调控与界面修饰技术。

（3）基于人工智能材料基因组与机器学习的前沿技术为高性能固态电解质材料的设计、开发提供了高效途径，从而摒弃传统试错模式下的材料开发，将会极大地促进固态电池的产业化发展[41]。

（三）液态金属电池

进一步降低电池成本，降低运行温度，延长电池寿命，是推进液态金属电池进入规模化储能应用的必由之路。为实现这一目标，需要重点发展的技术方向有以下几个方面。

1. 低熔点熔盐的设计与界面稳定性技术

高温条件下的电池部件失效是影响液态金属电池寿命的主要原因，降低电池运行温度是延长电池寿命、降低运行成本的有效途径。通过熔盐成分和组成的优化，开发新型低温熔盐体系是降低液态金属电池运行温度的直接方法。另外，液-液界面是这类电池的最重要特性，在赋予电池诸多优异性能的同时，也容易产生界面不稳定性，导致电池失效。而且，在不同材料和尺度的液态金属电池中，界面受到不同材料的表面张力、黏度等特性的影响呈现不同的状态。因此，通过创新的电池结构设计、建立液-液界面的自愈合机制，是解决高温条件下长期稳定性的研究内容。

2. 新型密封材料与技术

目前几种液态金属电池的研发虽然在实验室小型装置上获得充分的验证，但大规模实用化仍然面临高温条件下电池的密封及绝缘部件的耐腐蚀问题。发展新型陶瓷密封材料、高温防腐技术是液态金属电池的关键。

3. 高效液态金属电池新体系

为解决低成本化和环境兼容性所遇到的问题，应积极探索资源丰富、价格低廉的液态金属电池新体系，包括：基于钠、钙及其合金的负极材料体系；更高电压的类金属或者非金属（如磷、硫及其化合物）正极材料；更低熔点的熔盐电解质（如低温、室温熔盐），或者离子液体体系、宽电位窗口的络合离子熔盐体系等。通过新材料和新体系的开发，进一步提高电池功率和能量密度、降低电池运行温度、大幅度降低电池的储能成本。

本章参考文献

[1] Zhou X, Fan Z, Ma Y, Gao Z, Zhang X, Zhang J. Research review on energy storage technology in power grid. Proceedings of 2018 IEEE International Conference on Mechatronics and Automation Changchun: Proceedings of 2018 IEEE, 2018.

[2] Yetkiner I H, Pamukcu M T, Erdil E, Global I. Industrial dynamics, innovation policy, and

economic growth through technological advancements. Information Science Reference, 2013.

[3] 张宇, 俞国勤, 施明融, 杨林青, 何维国, 卫春. 电力储能技术应用前景分析. 华东电力, 2008, 4: 91-93.

[4] Armand M, Tarascon J M. Building better batteries. Nature, 2008, 451: 652-657.

[5] 李建林, 王明旺, 孙威. 能源互联网：储能系统商业运行模式及典型案例分析. 北京：中国电力出版社, 2017.

[6] Energy Storage Technology roadmap. International Energy Agency (IEA), 2014.

[7] Okubo M, Hosono E, Kim J. Nanosize effect on high-rate Li-ion intercalation in $LiCoO_2$ electrode. J Am Chem Soc, 2007, 129(23): 7444-7452.

[8] Kim D, Muralidharan P, Lee H, Ruffo R, Yang Y, Chan C. Spinel $LiMn_2O_{4n}$ anorods as lithium ion battery cathodes. Nano Letters, 2008, 8(11): 3948-3952.

[9] Yamada A, Chung S C, Hinokuma K. Optimized $LiFePO_4$ for lithium battery cathodes. Cheminform, 2010, 32(29): 17.

[10] Chen L, Fan X, Hu E, Ji X, Chen J, Hou S, Deng T, Li J, Su D, Yang X, Wang C. Achieving high energy density through increasing the output voltage: a highly reversible 5.3V battery. Chem, 2019, 5 (4): 896-912.

[11] 陆浩, 李金熠, 刘柏男, 等. 锂离子电池纳米硅负极材料研发进展. 储能科学与技术, 2017, 6(5): 864-870.

[12] 田孟羽, 詹元杰, 闫勇, 等. 锂离子电池补锂技术. 储能科学与技术, 2021, 10(03):800-812.

[13] Wang J, Yamada Y, Sodeyama K, Chiang C H, Tateyama Y, Yamada A. Superconcentrated electrolytes for a high-voltage lithium-ion battery. Nat Commun, 2016, 7 (1): 12032.

[14] Zeng Z, Murugesan V, Han K S, Jiang X, Cao Y, Xiao L, Ai X, Yang H, Zhang J G, Sushko M L, Liu J. Non-flammable electrolytes with high salt-to-solvent ratios for Li-ion and Li-metal batteries. Nat Energy, 2018, 3 (8): 674-681.

[15] 孙文, 王培红. 钠硫电池的应用现状与发展. 上海节能, 2015, (2): 85-89.

[16] 高晓菊, 白嵘, 韩丽娟, 满蓬, 谢威, 张涛. 钠硫电池制备技术的研究进展. 材料导报, 2012, 26(S2): 197-199.

[17] 温兆银, 俞国勤, 顾中华. 中国钠硫电池技术的发展与现状概述. 供用电, 2010, 27(6): 25-28.

[18] Aaron D S, Liu Q, Tang Z, Grim G M, Papandrew A B, Turhan A, Zawodzinski T A, MenchM M. Dramatic performance gains in vanadium redox flow batteries through modified cell architecture. J Power Sources, 2012, 206: 450-453.

[19] Ding C, Zhang H, Li X, Liu T, Xing F. Vanadium flow battery for energy storage: prospects

and challenges. J Phys Chem Lett, 2013, 4: 1281-1294.

[20] 刘涛, 李先锋, 张华民. 一种液流电池用双极板及其制备和应用. CN108129747B, 2020.04.07.

[21] Suo L, Oh D, Lin Y, Zhuo Z, Borrdin O, Gao T, Wang F, Kushima A, Wang Z, Kim H C, Qi Y, Yang W, Pan F, Ju L, Xu K, Wang C. How solid-electrolyte interphase forms in aqueous electrolytes. J Am Chem Soc, 2017, 139(51): 18670-18680.

[22] Yang C, Chen J, Ji X, Pollard T, Lu X, Sun C. Aqueous Li-ion battery enabled by halogen conversion-intercalation chemistry in graphite. Nature, 2019, 569: 245-250.

[23] Li W, Wang K, Cheng S, Jiang K. An ultrastable presodiated titanium disulfde anode for aqueous "rocking-chair" zinc ion battery. Adv Energy Mater, 2019, 9(27): 1900993.

[24] Wang K, Jiang K, Chung B. Lithium-antimony-lead liquid metal battery for grid-level energy storage. Nature, 2014, 514 (7522): 348-350.

[25] Li H, Wang K, Zhou H, Guo X, Cheng S, Jiang K. Tellurium-tin based electrodes enabling liquid metal batteries for high specific energy storage applications. Energy Storage Mater, 2018, 14: 267-271.

[26] 王朔, 周格, 禹习谦, 李泓. 储能技术领域发表文章和专利概览综述. 储能科学与技术, 2017, 6(4): 810-838.

[27] Liu J, Bao Z, Cui Y, Dufek E J, Goodenough J B, Khalifah P, Li Q, Liaw B Y, Liu P, Manthiram A. Pathways for practical high-energy long-cycling lithium metal batteries. Nat Energy, 2019, 4: 180-186.

[28] Li C, Shi X, Liang S, Ma X, Han M, Wu X, Zhou J. Spatially homogeneous copper foam as surface dendrite-free host for zinc metal anode. ChemEng J, 2020, 379: 122248.

[29] Xie X, Liang S, Gao J, Guo S, Guo J, Wang C, Xu G, Wu X, Chen G, Zhou J. Manipulating the ion-transfer kinetics and interface stability for high-performance zinc metal anodes. Energy Environ Sci, 2020, 13: 503.

[30] Dai X, Wan F, Zhang L, Cao H, Niu Z. Freestanding graphene/VO$_2$ composite films for highly stable aqueous Zn-ion batteries with superior rate performance. Energy Storage Mater, 2019, 17: 143-150.

[31] Li H, Yang Q, Mo F, Liang G, Liu Z, Tang Z. MoS$_2$ nanosheets with expanded interlayer spacing for rechargeable aqueous Zn-ion batteries. Energy Storage Mater, 2018, 19: 94-101.

[32] Kim T, Song W, Son D Y, Ono L K, Qi Y Lithium-ion batteries: outlook on present, future, and hybridized technologies. J Mater Chem A, 2019, 7(7): 2942-2964.

[33] Yang T, Gao W, Guo B, Zhan R, Xu Q, He H, Bao S, Li X, Chen Y, Xu M. A railway-like network electrode design for room temperature Na-S battery. J Mater Chem A, 2018, 7(1): 150-156.

[34] Pan H, Geng Y, Dong H, Ali M, Xiao S Sustainability evaluation of secondary lead production from spent lead acid batteries recycling. Resour Conserv Recycl, 2018, 140: 13-22.

[35] Zhang J, Hu J, Liu Y, Jing Q, Yang C, Chen Y. Sustainable and facile method for the selective recovery of lithium from cathode scrap of spent LiFePO$_4$batteries. ACS Sustain Chem Eng, 2019, 7(6): 5626-5631.

[36] Xu G, Huang S, Cui Z, Du X, Wang X, Lu D. Functional additives assisted ester-carbonate electrolyte enables wide temperature operation of a high-voltage (5V-class) Li-ion battery. J Power Sources, 2019, 416: 29-36.

[37] Karayaylali P, Tatara R, Zhang Y, Chan K L, Yu Y, Giordano L. Coating-dependent electrode-electrolyte interface for Ni-rich positive electrodes in Li-ion batteries. J Electrochem Soc, 2019, 166(6): A1022-A1030.

[38] Raza W, Ali F, Raza N, Mehmood A, Kwon E E. Recent advancements in supercapacitor technology. Nano Energy, 2018, 52: 441-473.

[39] Zhang L, Hu X, Wang Z, Sun F, Dorrell D G. A review of supercapacitor modeling, estimation, and applications: a control/management perspective. Renew Sust Energy Rev, 2017, 81(2): 1868-1878.

[40] Xia S, Wu X, Zhang Z, Cui Y, Liu W. Practical challenges and future perspectives of all-solid-state lithium-metal batteries. Chem, 2019, 5(4): 753-785.

[41] Dirican M, Yan C, Zhu P, Zhang X. Composite solid electrolytes for all-solid-state lithium batteries. Mater Sci Eng R Rep, 2019, 136: 27-46.

第八章 资助机制与政策建议

一、统筹规划、引领发展

电工材料是电气装备的基础，材料特性直接决定电气装备的极限运行参数。发展高性能电工材料能够助力电气装备挑战更高的参数极限，进一步促进电气工程学科的发展，为探索更多未知自然规律奠定基础。电工材料的发展需要电气、化学、机械、材料、物理、电子信息等多学科方向交叉融合，新型电工材料的研发过程涉及电气装备应用需求牵引、电子器件设计要求、材料物性调控等多个层面。因此，电工材料科学的发展需要建立材料、器件、装备和服役应用的顶层设计与规划，需要国家从政策层面进行统筹规划，促进我国电工材料向坚实、创新的方向发展，提出如下几条具体建议。

（一）需求牵引，部署重大科学任务

电工材料是输配电网络、轨道交通、电力电子、生物医疗等关系国家重要国计民生工程的基础。由于工程规模大、涉及学科领域宽，需依据国家科技创新战略部署和顶层设计，以国家重大需求为牵引，形成从原材料到工艺设计到产品的整个价值链的项目规划，突破国家电工材料领域的"卡脖子"难题。

建议科学技术部在国家重大基础研究与发展规划中开辟电工材料专项，针对国家重大工程中对"受制于人"的高参数电工材料的需求，设立重点研发计划，加强对相关科学前沿研究、基础理论创新研究的资助，促进成果的

产出。建议国家发展和改革委员会、工业和信息化部进一步统筹布局，加强对支撑极限电磁参数电工材料的重要基础设施项目建设的支持力度，为电工材料的长远发展打下基础。建议国家自然科学基金委员会对支撑国家重大工程的关键电工材料研发项目的前期、后续基础科学研究通过重大项目、重点基金及与任务主管部门的联合基金予以资助，对专项工程中的重大基础科学前沿方向，建议通过设立定向基金项目予以长期资助。

（二）加强财政支持力度

高水平的电工材料类项目一般涵盖基础材料、器件开发及电气装备三个层面的研发过程，需要形成完整的研究链条，项目经过精心筛选培育、长期积累，开展理论设计和实验研究，开发新技术、新方法，构建科研平台，最终通过集成多个基础项目的研究成果，开发新型电气装备，突破关键参数。整个研发过程中需要耗费大量的人力和物力，往往需要多次迭代及长达数年的摸索。

当前国家自然科学基金委员会、科学技术部对于电工材料领域涉及的各类二级学科方向均有针对基础研究的项目支持，但是存在项目零散、相互割裂、不成体系的问题，而且基础研究成果转化的资金支持严重不足，导致大量的基础研究成果仅停留于实验室阶段，无法及时高效地孵化成新产品、新技术服务于电工装备领域。建议国家各部门在电工材料科学的规划下统筹分工，保障电工技术领域研究项目从材料、器件到装备的全过程投入，鼓励多渠道、多部门筹资共同支持，同时吸引社会各界和国际机构的资助，多方面培育和支持电工材料方向的全面发展。

（三）建立电工材料领域"产学研用"联盟

建议由相关部门倡导建立电工材料领域的"产学研用"联盟，并在联盟中发挥政府机构的政策引导作用，及时追踪产业界、学术界和用户侧的动态需求，制定完善相关政策，支持调配各界研发力量以用户侧需求为导向开展高效交流与合作，攻克行业技术挑战。加强用户侧与产业界和学术界的反馈与交流，提高研发效率。充分发挥行业协会和产业联盟的桥梁和纽带作用，不断向企业传达政府的政策导向，同时向政府反映企业的诉求，指导企业坚持科学发展观，自主创新，结构调整，加强管理，降低成本，提高质量，为实现我国电工材料和器件产业的可持续发展向政府建言献策，为企业出谋划策。

（四）加强科研队伍建设

尽管近几年来电工材料科学方面科技人员流失的现象已经有所改善，但与全国电工材料生产总量/出口量大幅增长、新产品需求不断提高的现实情况仍不相适应，这不利于电工材料领域/行业的科技进步。建议国家或地方政府制定相关政策，支撑相关企业采取各种措施招聘高端人才、留住人才、培育人才、补充人才，加强材料、物理、化学、电气等多学科交叉知识体系的建立和人才的培养；提高我国电工材料的科研及产品开发能力，增强具有自主知识产权的技术开发及产品创新。

（五）完善国家及行业标准体系建设

先进电工材料在我国已经具有良好的发展基础，但电工材料相关技术产品种类繁多，目前没有统一的国家或行业技术标准，尤其是随着用户质量与功能需求的快速发展，市场亟须规范指导，建议有关部门组织制定、细化包括导电材料、绝缘材料、半导体材料、磁性材料、储能材料和半导体材料的相关国家和行业标准，推进和完善标准体系建设，正确引导和支撑电工材料相关产业的健康发展。

二、国际合作和交流

从学科领先程度上看，发达国家在学术思想创新、多学科交叉、成果产业化、研究条件等方面具有较大优势，有很多值得我们学习的经验和借鉴的资源，因此，应加强与国际上先进电工材料研究机构的国际合作与交流，定期组织或参加相关主题国际会议，通过开展高层次的国际合作和交流，可以了解国外最新的技术成果、发展动向，这将有助于国内先进电工材料领域的发展。

（一）畅通国际合作与交流渠道

实施积极的开放政策，坚持国际合作与自主发展并行的方针，积极创建一个开放、畅通的国际合作与交流环境。充分重视和发挥科学研究人员在开展学术交流及形成具体国际合作项目中的作用，建立和加强我国电工材料与技术领域与国外专业机构间的密切交流，支持建立国际联合实验室等合作机构；发挥政策引导作用，鼓励国内高科技企业与跨国公司合作和开展核心技术领域合作。

（二）提升国际影响力

积极鼓励和支持以我国为主的国际合作项目，开放我国部分重大专项的建议征集，吸纳国外科学家的项目建议。积极参加并组织相关领域的高水平国际会议，积极参与国际重要研究计划。鼓励参加和举办高水平的国际学术会议，加强我国在相关领域国际学术组织（如 IEEE 等）中的活动和作用；鼓励支持我国电工材料领域科学家在国际学术会议或国际学术组织中任职。通过一系列举措显著提升我国电工材料科学的国际影响力。

（三）加强国际化人才引进计划

加强引进高水平海外专家和外籍访问学者的工作力度，聘请有国际影响力、高水平的专家、学者到国内任职，开展科学研究和交流，并对相应领域的人才进行培训，参与学科的建设及相关政策的制定，以此促进本领域的快速发展和提高。

三、学科建设和人才培养

（一）加强学科建设

电工材料学科目前不是一个独立的学科，其研究领域涉及工学、理学等多个学科门类下的电气工程、材料科学与工程、机械工程、物理学、化学等多个学科。因此，电工材料的学科建设也分散到上述母学科，总体上看有利于电工材料各领域扎根母学科，不断从母学科发展中汲取营养并反哺母学科。但是电工材料具有自身的特点，尤其是各领域应用需求日趋复杂、服役环境要求日益严苛，电工材料的快速发展需要设置或加强一批二级学科和交叉性学科，培养和增设相关国家重点学科，这将有助于推进电工材料学科建设和专门人才的培养。

加强电工材料领域二级学科建设，统筹规划，突出重心，制定翔实的学科建设方案和推进计划。在学科建设中要重视学科交叉，要同时解决跨学科综合型人才、科学与工程复合型人才培养不足的问题。电工材料科学涵盖了基础材料到工程应用多领域，既要关注基础理论研究，又要发展"高精尖"工程技术人才。建议培养选拔出一批学术功底深厚的科学领军人才及兼具理论知识和专业技术的工程专家，培养一支梯度合理、学科方向齐全的高水平人才队伍。建立灵活的人才机制，激发青年科技人才的创新热情，奖励有突出成就的人才和团队。上述需求建议在学科规划建设中部署。

高等院校是学科建设的主要阵地，建议加强重点高校电工材料相关专业的建设，优化与完善相关专业的课程体系和培养方案，增设电工材料类二级学科硕士和博士学位授予点，加大研究生培养力度。建议给予国家重大工程支撑项目的任务团队研究生招生优惠政策，促进电工材料学科人才队伍的建设。

加强电工材料领域基础性研究设施建设，如增设电工材料领域的国家实验室、国家重点实验室、省部级重点实验室等平台，打造国际化科研平台，以平台揽人才、以平台育人才、以平台促发展，助力我国电工材料科学的快速发展。

（二）加强人才培养

我国高性能电工材料产业的快速发展，需要大量电气工程、化学和材料科学方面的专业人才，同时支持电气、电子专业与化学、材料学科的融合与交叉培养。在电气、电子学科中培养具有化学、材料基础良好的人才，同时在化学、材料学科中开展具有电学背景人才的培养，重点支持交叉学科人才队伍建设。结合我国重大需求的特点与特殊领域的发展目标，国家、企业、科研院所及高等院校在基础理论研究、新材料制造和应用等专业领域重点培养以下几个方面的人才。

1. 基础研究型人才

需大力增强人才培养计划，提供良好的实验设施及科研环境，培养具有深厚理论基础、掌握国际先进技术、引领未来高性能电工材料研发的领军型人才。

2. 开发型人才

高等院校、科研院所等单位应重视具备材料设计、制备等技术的人才培养。国家和企业也应提供政策制度支持，保证资金投入，推动符合实际应用的技术推广，培养出具有专业知识、创新思维、设计制备技术的高级开发型人才。

3. 生产型人才

提供良好的生产环境和平台，培养出熟悉高性能电工材料特性、具备大规模生产技术且能推动新型电工材料在未来电气装配中应用的生产型人才。

关键词索引